Rainer Oswald
Heinrich Rojahn

# Schäden an genutzten Flachdächern

# Schadenfreies Bauen

Herausgegeben von
Professor Günter Zimmermann und Dr.-Ing. Ralf Ruhnau

Band 35

# Schäden an genutzten Flachdächern

Von
Prof. Dr.-Ing. Rainer Oswald
und Dipl.-Ing. Heinrich Rojahn

Mit 311 Abbildungen und 11 Tabellen

Fraunhofer IRB Verlag

**Bibliografische Information Der Deutschen Bibliothek**

Die Deutsche Bibliothek verzeichnet diese Publikation in der Deutschen Nationalbibliografie; detaillierte bibliografische Daten sind im Internet über <http://dnb.ddb.de> abrufbar.
ISBN 3-8167-6480-0

Umschlaggestaltung: Manfred Köster, Grafik-Design, München
Herstellung und Satz: Georgia Zechlin
Druck: Ungeheuer + Ulmer, Ludwigsburg



Für den Druck des Buches wurde chlor- und säurefreies Papier verwendet


Fraunhofer-Informationszentrum Raum und Bau IRB
Postfach 80 04 69, 70504 Stuttgart
Telefon (07 11) 970-25 00
Telefax (07 11) 970-25 99
E-Mail: irb@irb.fraunhofer.de
http://www.irbbuch.de

# Vorwort der Herausgeber

So wichtig Lehrbücher über Baukonstruktionslehre sind, sie haben das Entstehen vieler Bauschäden nicht verhindern können. Erst die spezielle Darstellung der Bauschäden ermöglicht ihre gezielte Vermeidung. Solche Darstellungen sind für die Planer warnende Hinweise, vergleichbar den Warnschildern im Straßenverkehr: Sie warnen vor gefährlichen Stellen.

Die Fachbuchreihe „Schadenfreies Bauen“ stellt in vielen Einzelbänden das gesamte Gebiet der Bauschäden dar. Erfahrene Bausachverständige beschreiben die häufigsten Bauschäden, die anerkannten Regeln der Technik und den Stand der Technik abgegrenzter Konstruktionsteile oder Problemstellungen. Ziel und Programm dieser Fachbuchreihe ist das schadenfreie Bauen.

Eine Alternative zum klassischen Medium Buch bietet die Volltextdatenbank SCHADIS, die alle Bände der Fachbuchreihe auf CD-ROM enthält. Die Suchfunktionen der Datenbank ermöglichen den raschen Zugriff auf relevante Buchabschnitte und Abbildungen zu jeder Fragestellung.

Der vorliegende Band 35 der Fachbuchreihe „Schadenfreies Bauen“ behandelt „Schäden an genutzten Flachdächern“, also an Dachterrassen, an begrünten Flachdächern und an Parkdächern. Das sind besonders schadensträchtige Bauteile. Ein Blick auf das Inhaltsverzeichnis zeigt die außerordentliche Vielfalt der Schäden.

Mit Herrn Professor Dr.-Ing. Rainer Oswald und Herrn Dipl.-Ing. Heinrich Rojahn konnten zwei Autoren gewonnen werden, die denkbar geeignet sind, die vielfältigen Probleme und Schäden bei genutzten Flachdächern darzustellen. Für den Leser besonders wertvoll ist es, dass er nicht nur eine Vielzahl von typischen Schadensfällen nachlesen kann, sondern dass er auch eine ausführliche Darstellung der Problemkreise und Konstruktionsregeln nutzen kann.

Wir danken den beiden Autoren, dass sie trotz starker beruflicher Inanspruchnahme die Mühe auf sich genommen haben, dieses wichtige Buch zu erarbeiten.

Stuttgart, im Februar 2005

Günter Zimmermann
Ralf Ruhnau

# Vorwort der Autoren

Die Bauformen und Schadensbilder bei Dachterrassen, begrünten Dächern und Parkdächern sind außerordentlich vielfältig. Es war daher ein langer Prozess, aus der Vielzahl der selbst bearbeiteten Schadensfälle und Instandsetzungsberatungen eine sinnvoll geordnete Auswahl zu treffen. Vor allem für den Bereich der Parkdächer und die Bauweise der Verbundabdichtung konnte Herr Dipl.-Ing. Heinrich Rojahn als Koautor gewonnen werden, der auf eine jahrzehntelange Ausführungspraxis, besonders bei diesen Bauweisen, zurückblicken kann. In jahrelanger kritischer Diskussion ist schließlich ein Buch entstanden, in dem es nicht sinnvoll ist, einzelne Abschnitte nur einem Autor zuzuordnen.

Wer – wie die Verfasser – selbst miterleben muss, welchen Riesenaufwand die Instandsetzung großer, undicht gewordener genutzter Dachflächen zur Folge haben kann, wird verstehen, warum die Autoren bei ihren Empfehlungen Konstruktionen favorisieren, die eine besonders hohe Zuverlässigkeit haben. Selbstverständlich wurde aber darauf geachtet, dass keine der gängigen Bauweisen bei der Bewertung zu kurz kam.

Mein Dank gilt zuerst Herrn Rojahn für seine Zähigkeit und Toleranz bei der gemeinsamen Arbeit. Besonderen Dank möchte ich der Mannschaft des AIBAU – Aachener Institut für Bauschadensforschung und angewandte Bauphysik aussprechen. Ohne ihre geduldige Mühe – von der Sichtung der Gutachten auf brauchbare Fälle, über die umfangreiche Zeichentätigkeit bis hin zu den Schreib- und Korrekturarbeiten – wäre das Buch nicht zu Stande gekommen.

Schließlich danke ich Professor Zimmermann und dem Fraunhofer IRB Verlag für den Langmut und das Verständnis für den langen Entstehungsprozess. Ich hoffe, dass am Ende der Mühen ein leicht lesbares, übersichtliches und gut brauchbares Werkzeug für die Planung, Ausführung und Beurteilung von genutzten Flachdächern entstanden ist.

Aachen, im Februar 2005 Rainer Oswald

# Inhaltsverzeichnis

# 1 Einleitung

In den letzten Jahrzehnten werden Flachdachflächen zunehmend genutzt. Sei es als Dachterrassen, als begrünte Dachflächen oder als Parkdächer.

Ein Entscheidungsspielraum für oder gegen die Ausführung von genutzten Flachdächern ist in Bezug auf begrünte Dächer und Parkdächer häufig gar nicht mehr gegeben, wenn bauordnungsrechtliche Auflagen bei Neubauten eine Dachbegrünung fordern oder der anzubietende Parkraum nur auf Parkdächern realisierbar ist. Es ist also – unabhängig von der sonstigen Wertschätzung von Flachdächern – meist unumgänglich, sich mit dem Thema der sachgerechten konstruktiven Gestaltung genutzter Dächer auseinander zu setzen.

Genutzte Flachdächer erfordern ebenso wie ungenutzte Flachdächer ein Tragwerk mit einer hautförmigen Abdichtung – es sei denn, die tragende Stahlbetonkonstruktion ist selbst so wasserundurchlässig, dass sie weiterer abdichtender Maßnahmen nicht bedarf. Wasserundurchlässige Dächer aus Stahlbeton sollen hier nicht weiter angesprochen werden, da sie einen völlig eigenständigen Problemkreis darstellen.

Ebenso beschränkt sich die Arbeit auf Dachflächen, die bahnenförmig mit Werkstoffen gemäß DIN 18 195-2, abgedichtet werden, behandelt also nicht dichtende Beschichtungssysteme.

Schließlich werden keine Schadensprobleme angesprochen, die in gleicher Weise auch bei nicht genutzten Flachdächern entstehen können, also z. B. Nahtfügeprobleme von Kunststoffbahnen oder die Folge von Lücken in Dämmschichten.

Die hier behandelten Schäden lassen sich in zwei Gruppen aufteilen. Es handelt sich zum einen um Schäden durch die besonderen Beanspruchungen, die die Nutzung und die Aufbauschichten auf die Abdichtung, die Wärmedämmung, ggf. sogar die Unterkonstruktion des Flachdachs ausüben; zum anderen handelt es sich um Schadensphänomene, die auf die Belagsschichten selbst beschränkt sind.

Konstruktionsregeln für die mangelfreie Planung und Ausführung von genutzten Dachflächen müssen daher darauf abzielen, die Beanspruchung der Abdichtung und Wärmedämmung durch die darüber befindlichen Belagsschichten und die Nutzung selbst zu minimieren bzw. angemessen zu berücksichtigen und andererseits die Belagsaufbauten im Hinblick auf die hygrischen, thermischen, mechanischen und biologischen Beanspruchungen so auszuwählen und anzuordnen, dass diese nicht schadhaft werden.

# 2 Überblick über die Nutzungs- und Konstruktionsarten

Nach der Art der Nutzung wird bei den genutzten Flachdächern unterschieden zwischen

- Dachterrassen,
- begrünten Dachflächen,
- Parkdächern.

Nachfolgend wird zunächst im Überblick auf die unterschiedlichen Nutzungsarten und die typischen Konstruktionsmerkmale kurz eingegangen. Im Hinblick auf die Zuverlässigkeit wird besonderes Augenmerk auf die Leckstellenproblematik und die Nachbesserbarkeit gelegt.

## 2.1 Dachterrassen

Unter **Dachterrassen** werden hier Dachflächen verstanden, die meist als aufenthaltsraumnahe Freiflächen genutzt werden und in der Regel über beheizten Räumen liegen. Die spezifischen Probleme von **Balkonen**, die in der Regel als Kragplatten oder auf einer eigenen Tragkonstruktion **vor** den Fassaden angeordnet werden und auch unterseitig außenluftberührt sind, sollen hier nicht behandelt werden. **Loggien** als in die Fassade oder das Dach **rück**springend einbezogene Freiflächen zählen konstruktiv zu den hier behandelten „Dachterrassen", wenn sie über Wohnräumen liegen, zu den „Balkonen", wenn sie über mehrere Geschosse übereinander liegend angeordnet werden.

Die Nutzflächen sind üblicherweise mit Fliesen, Beton- oder Naturwerksteinplatten ausgestattet. Seltener sind Asphaltbeläge oder Holzrostkonstruktionen anzutreffen. Die Beläge können direkt im Mörteldickbett oder im Dünnbett auf Estrich, großformatige Plattenbeläge auch auf einer Kiesschicht oder auf Stelzlagern verlegt werden.

Dachterrassen weisen **oberhalb** der Abdichtung grundsätzlich folgende Schichten – von oben nach unten – auf:

- Fliesen- oder Plattenbelag
- Estrich, Mörtelbett, Kiesbett oder Stelzlager
  - bei wenig wasserdurchlässigen Estrichen oder Mörtelbett wird eine Dränschicht erforderlich;

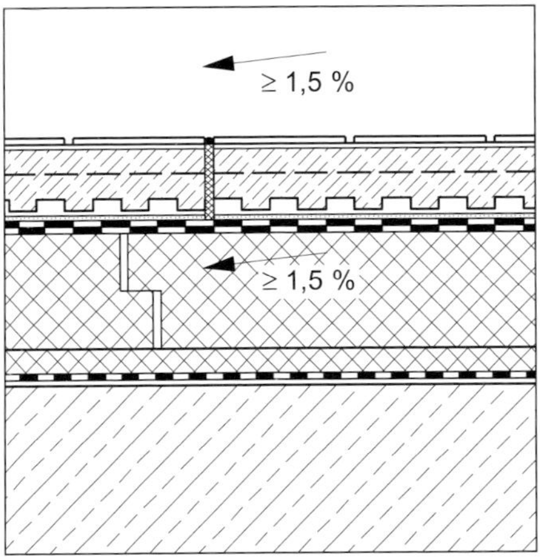

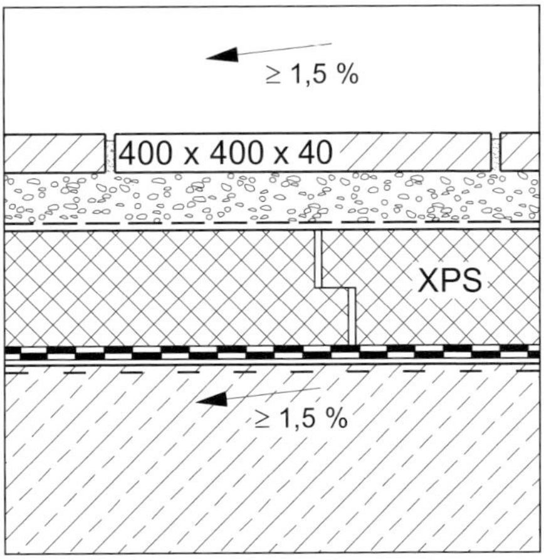

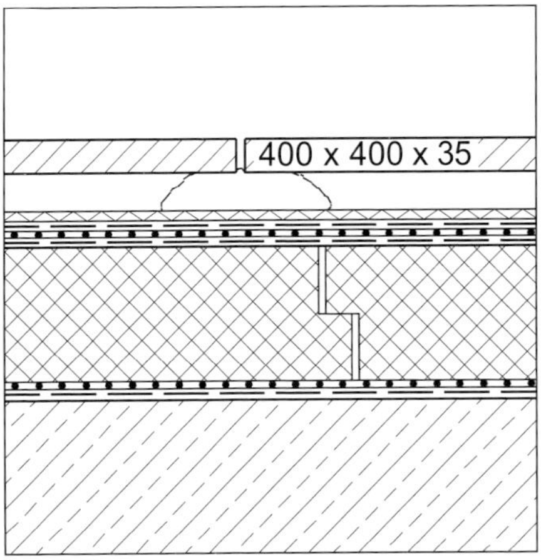


**Abb. 2.01–2.03: Typische Querschnitte von Dachterrassen**

**Abb. 2.01 (oben links) :** Keramischer Plattenbelag im Dickbett auf Dränschicht; Warmdachaufbau
**Abb. 2.02 (oben rechts):** Betonwerksteinplatten im Splittbett; Umkehrdachaufbau;
**Abb. 2.03 (links):** Naturwerksteinplatten auf Stelzlager auf Bautenschutzmatte; Warmdach mit Kunststoffbahnenabdichtung

– bei Stelzlagern muss ggf. eine lastverteilende Schutzschicht eingebaut werden.

- Trennlage
- bei Umkehrdächern: feuchteunempfindliche Wärmedämmung

Gegenüber einem ungenutzten Flachdach ist auf Dachterrassen mit folgenden zusätzlichen Beanspruchungen der Abdichtung zu rechnen:

- Belastung der Abdichtung durch die Nutzschicht und Verkehrslast;
- ggf. punktförmige Belastung der Abdichtung durch Stelzlager, dies wirkt sich vor allem bei weichen Dämmschichten aus;
- Spannungen in der Abdichtungsschicht bei starrem Nutzschichtaufbau durch Schwind- und Temperaturverformungen. Diese wirken sich vor allem an den Rändern des Belages aus;

- Spannungen in der Abdichtungsschicht im Bereich von Rissen in den Belagsschichten (fehlende Dehnungsfugen und fehlende Trennlagen);
- ggf. langanhaltende Wasserbeanspruchung aufgrund eines geringen Gefälles der Abdichtung;
- mechanische Einwirkungen auf die Abdichtung während der Estrich- oder Plattierungsarbeiten.

Eine relativ gute Überprüfbarkeit und Nachbesserbarkeit der Abdichtung ist bei Umkehrdachkonstruktionen mit Plattenbelag auf Stelzlagern oder im Kiesbett gegeben. Bei diesen Konstruktionen ist einerseits die Unterläufigkeit reduziert, zum andern lässt sich ein Plattenbelag auf Stelzlagern oder im Kiesbett im Falle einer Nachbesserung ohne großen Aufwand aufnehmen und anschließend wieder verlegen. Problematischer sind Warmdächer, die mit einem Fliesenbelag im Mörtelbett ausgestattet sind. Im Falle einer Undichtheit ist bei der Leckortung mit Problemen zu rechnen, da die Wasserein- und Austrittstellen ggf. weit auseinander liegen können. Der Belag muss meist zum Aufspüren der Wassereintrittstelle zerstört werden. Dies erschwert die Lecksuche und Nachbesserungsarbeiten zusätzlich.

## 2.2 Begrünte Dachflächen

Bei den begrünten Dachflächen wird zwischen **extensiver** und **intensiver Begrünung** unterschieden. Die **extensive Begrünung** besteht aus niedrigen Bepflanzungen, die nur einen geringen Anspruch an das Nährstoff- und Wasserangebot und die Substratdicke haben. Extensive Begrünungen sind schon mit Aufbauhöhen von 5 bis 10 cm möglich und auch auf geneigten Dachflächen realisierbar. Hier sollen nur Extensivbegrünungen auf Flachdächern angesprochen werden.

Intensive Begrünungen stellen Bepflanzungen mit Aufbauhöhen von ca. 15 cm bis 1,5 m dar. Je nach Art der beabsichtigten Bepflanzung und den damit verbundenen Anforderungen an die Aufbauhöhe, an das Substrat und das Wasserangebot wird zwischen „**einfachen Intensivbegrünungen**" (Gräser, Stauden, Kleingehölze) und **„Intensivbegrünungen"** unterschieden, die auch Gehölze und Bäume als Bepflanzung erlauben und bodengebundenen Freiräumen vergleichbar sind.

Mängel, die lediglich die Begrünung und das Substrat betreffen – also dem Fachgebiet des Garten- und Landschaftsbaus zuzuordnen sind – werden hier nicht besprochen. Es wird dazu auf die „Schadensfallsammlung für den Landschaftsbau" der FLL [52] verwiesen.

Eine begrünte Dachfläche weist oberhalb der Abdichtung grundsätzlich folgende Funktionsschichten von oben nach unten auf:

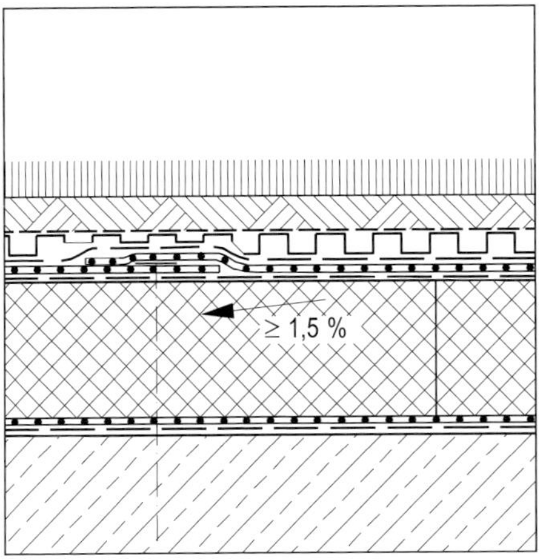


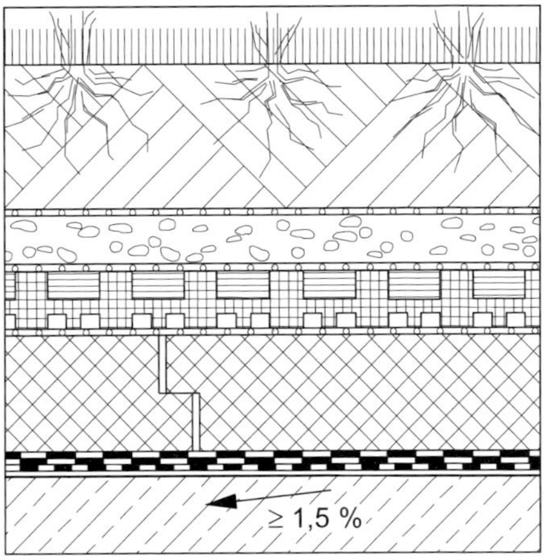


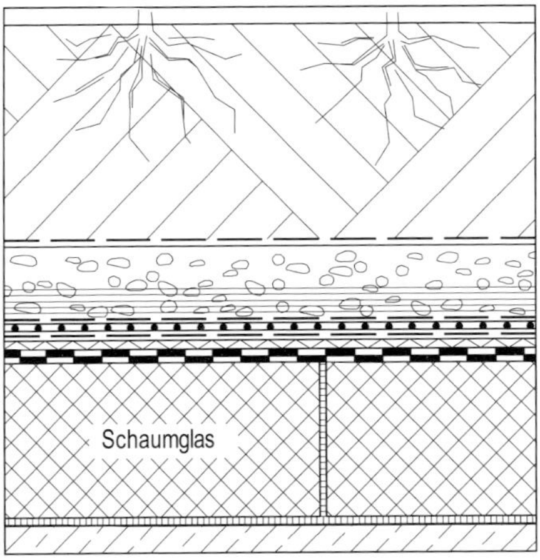


**Abb. 2.04–2.06: Typische Querschnitte begrünter Dächer**

**Abb. 2.04 (oben links) :** Extensiv begrüntes Dach mit Dränmatte, Warmdach mit Kunststoffdachbahn;

**Abb. 2.05 (oben rechts):** Einfache Intensivbegrünung mit Dränanstauplatten, Umkehrdach mit Verbundabdichtung;

**Abb. 2.06 (links):** Intensivbegrünung mit Anstaubewässerung; Warmdach mit Schaumglasdämmung

- Vegetationsschicht: dient als Wachstumsschicht für die Pflanzen;
- Filterschicht: verhindert, dass Bodenfeinteile die Dränschicht zusetzen;
- Dränschicht: leitet überschüssiges Wasser ab bzw. staut Wasser an;
- Schutzschicht gegen mechanische Beschädigung: schützt die Wurzelschutzschicht und die Abdichtung vor Beschädigung;
- bei Umkehrdächern: feuchteunempfindliche Wärmedämmung
- Wurzelschutzschicht: schützt die Abdichtung vor Durchwurzelung (bei durchwurzelungssicherer Abdichtung nicht erforderlich).

Ggf. können mehrere Funktionen von einer Bauteilschicht übernommen werden, z. B. Dränschicht, Anstauschicht und Schutzschicht bei der Verwendung von vorgefertigten Dränanstauplatten. Bei Extensivbegrünungen können alle Funktionen über der Wurzelschutzschicht durch eine dränfähige und wasserrückhaltende Substratschicht übernommen werden.

Bei extensiver Begrünung sollte die Abdichtung im Gefälle von ca. 2 % – mindestens 1,5 % – liegen. Bei Intensivbegrünungen wird wegen der weitgehenden Ausnutzung des Niederschlagswassers und wegen des genauer dosier- und kontrollierbaren Wasserangebots häufig eine Anstaubewässerung auf gefälleloser Abdichtung realisiert.

Die Dachabdichtung ist zwar durch die Begrünung vor thermischen Einflüssen geschützt, es ist jedoch mit zusätzlichen Beanspruchungen zu rechnen, durch:

- Wurzeln,
- gärtnerische Arbeiten und Nutzungen, bei denen erhöhte mechanische Beschädigungsrisiken bestehen,
- stehendes Wasser, insbesondere bei Anstaubewässerung,
- die Auflast hoher Substratschichten bei Intensivbegrünungen, ggf. auch die dynamischen Lasten windbeanspruchter Aufbauten und Bäume.

Zur Bedeutung stehenden Wassers für die Schichtenfolge im Warmdach s. 3.1.1.

Bei Extensivbegrünungen mit geringer Aufbauhöhe ist der Aufwand zur Lecksuche oder Nachbesserung ähnlich wie z.B. bei Dachterrassen mit Platten im Kiesbett. Bei Intensivbegrünungen – insbesondere solchen mit Estrichschutzschicht, großer Aufbauhöhe und aufwendiger Busch- und Baumbepflanzung – kann dieser Aufwand dagegen extrem hoch sein.

Auch bei extensiv begrünten Dachflächen haben sich Umkehrdachkonstruktionen, bei denen bereits in der Bauzeit ein geringeres Perforations- und Unterläufigkeitsrisiko besteht, im Hinblick auf die Nachbesserbarkeit bewährt. Im Falle einer erforderlichen Nachbesserung lässt sich der Schichtenaufbau relativ gut entfernen und nach Beseitigung des Lecks größtenteils wieder verwenden. Über das Langzeitverhalten der Wasseraufnahme von ständig in Erdfeuchte lagernden Dämmplatten besteht allerdings Uneinigkeit. Bei Anstaubewässerung sind Umkehrdächer nicht realisierbar.

Im Gegensatz dazu kann ein Warmdachaufbau mit einer unter der Abdichtung befindlichen Wärmedämmung bei unzureichenden Schutzmaßnahmen bereits bei den gärtnerischen Arbeiten zur Erstbepflanzung des Daches beschädigt werden. Die Lecksuche gestaltet sich in einem solchen Fall als schwierig, da Wassereintritts- und Leckaustrittsstelle in der Regel nicht unmittelbar übereinander liegen. Die bei Anstaubewässerung intensiv genutzter Dächer notwendige Ausführung von Warmdächern sollte daher möglichst mit Bauweisen erfolgen, die die Unterläufigkeit in der Ebene der Wärmedämmung minimieren (hohlraumfrei vergossene Schaumglasdämmlagen).

## 2.3 Parkdächer

Als **Parkdach** wird hier die obere unmittelbar bewitterte befahrbare Fläche eines Gebäudes bezeichnet. Auch befahrene Hofkellerdecken zählen zu den Parkdächern. Je nach der darunter gegebenen Nutzung kann dieses Dach gedämmt oder ungedämmt sein. Falls unter dem Parkdach noch weitere befahrbare Flächen liegen, werden diese häufig als **Parkdeck** bezeichnet. Je nach Beanspruchungssituation müssen sie ähnlich oder gleich wie Parkdächer behandelt werden. Im Folgenden wird nur auf Parkdächer eingegangen.

In den Parkhäusern werden die Zwischenebenen häufig als ungedämmte Parkdächer mit Bauweisen aus WU-Beton ausgebildet, deren Oberfläche teilweise versiegelt oder beschichtet sind. Diese Bauweisen werden – wie unter 1. begründet – nicht weiter behandelt. Hier angesprochen werden Bauweisen mit mehrschichtigem Aufbau auf Stahlbetondecken, bestehend aus einer Abdichtung, ggf. Wärmedämmung, ggf. Lastverteilungsschichten und einer befahrenen Nutzschicht.

### 2.3.1 Wärmegedämmte Parkdächer

#### 2.3.1.1 Dachaufbau als Warmdach

Wärmegedämmte Parkdächer im Aufbau als Warmdach werden mit hautförmigen Abdichtungen oberhalb der Wärmedämmung abgedichtet. Bei diesen Konstruktionen ist oberhalb der Abdichtung eine lastverteilende Schicht zur Ableitung der Radlasten in den Untergrund sowie zum Schutz der Abdichtung erforderlich. Bei üblicher Beanspruchung durch Pkw-Verkehr kann diese Schicht z. B. aus einer direkt befahrenen Ortbetonplatte von ca. 10 cm Dicke über einer Trenn -und Gleitschicht bestehen. Alternativ können auch auf runden Speziallagern (ø 40 bis 50 cm) aufgeständerte Betonfertigteilplatten, ca. 1,00 x 1,00 m sowie Großflächenplatten auf anbetonierten Stelzlagern bzw. auf einer Splittbettungsschicht eingesetzt werden.

Seit etwa 15 Jahren findet man auch Beläge aus Betonsteinpflaster. Beim Warmdach benötigt man unterhalb des Pflasters eine Druckverteilungsschicht, die auch gleichzeitig die Schutzfunktion für die Abdichtung übernimmt. Diese Schicht kann entweder aus Beton oder aus Gussasphalt bestehen.

Wird ein Fahrbelag aus Gussasphalt für ein wärmegedämmtes Parkdach gefordert, so ist unterhalb des zweilagigen Gussasphaltes eine ca. 10 cm dicke armierte Verteilungsplatte aus Beton anzuordnen. Die Abdichtung wird entweder unterhalb oder oberhalb der Verteilungsplatte angeordnet. Eine Verteilungsplatte aus Beton ist zumindest im nicht überdachten Bereich eines Parkdaches erfor-

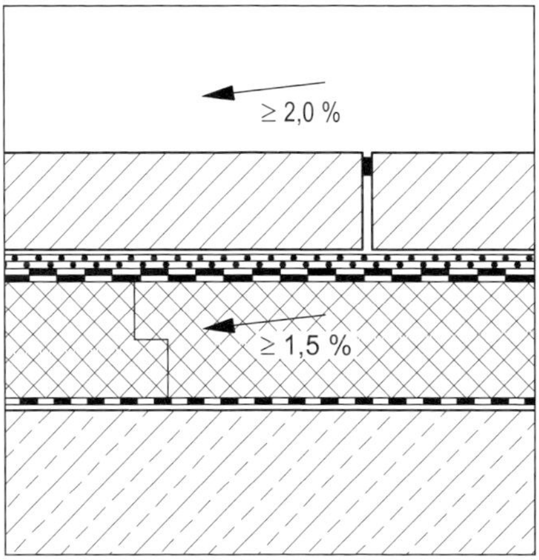


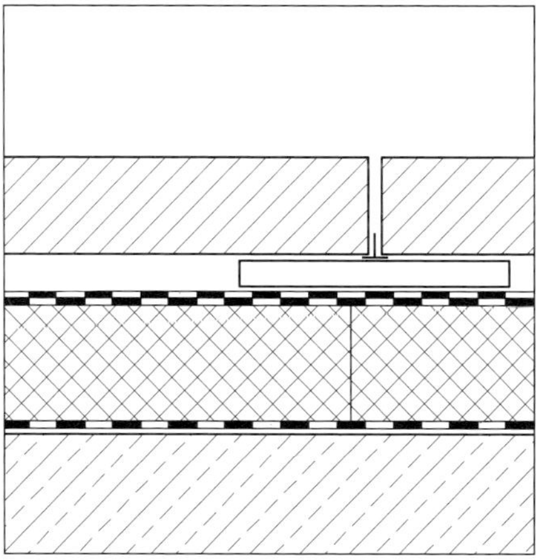

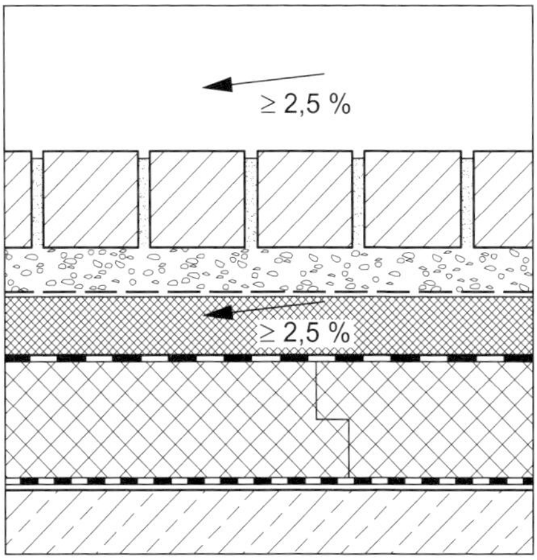


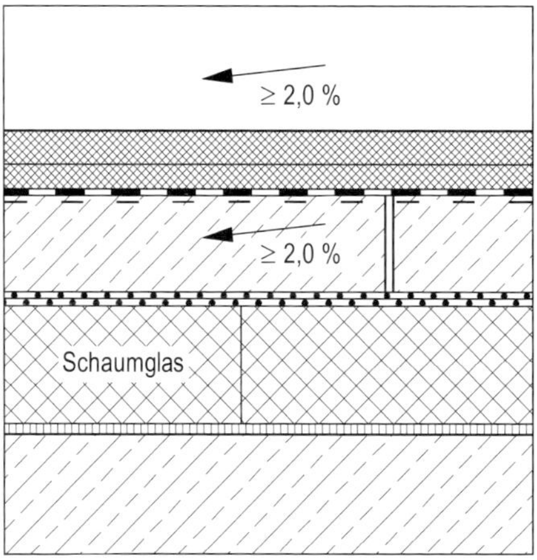


**Abb. 2.07–2.11: Typische Querschnitte: Pkw-Parkdach als Warmdach mit Abdichtung aus Bitumendachdichtungsbahnen**

**Abb. 2.07 (oben links):** Fahrbelag aus Ortbetonplatten (ca. 2,50 x 2,50 m, d > 10 cm)
**Abb. 2.08 (oben rechts):** Fahrbelag aus aufgeständerten Betonfertigteilplatten (ca. 1,00 x 1,00 m, d ≥ 8 cm)
**Abb. 2.09 (Mitte links):** Fahrbelag aus Betonsteinpflaster mit Gussasphaltschutzschicht
**Abb. 2.10 (Mitte rechts):** Fahrbelag aus Gussasphalt (Parkdach im Freien), Abdichtung auf der Lastverteilungsplatte
**Abb. 2.11 (rechts):** Fahrbelag aus Gussasphalt (Parkdach im Freien), Abdichtung unter der Lastverteilungsplatte mit Schutzschicht aus Gussasphalt

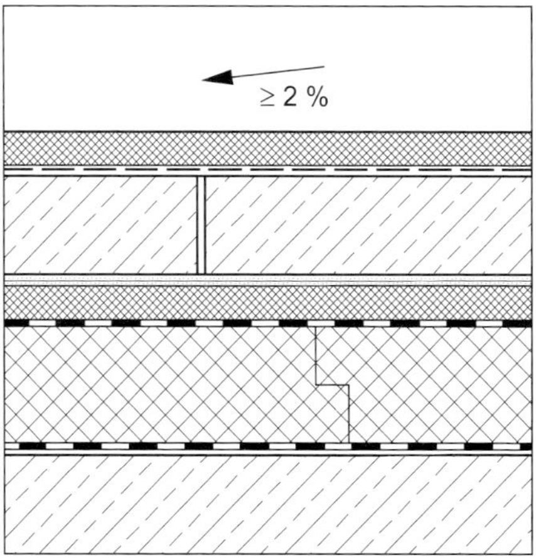

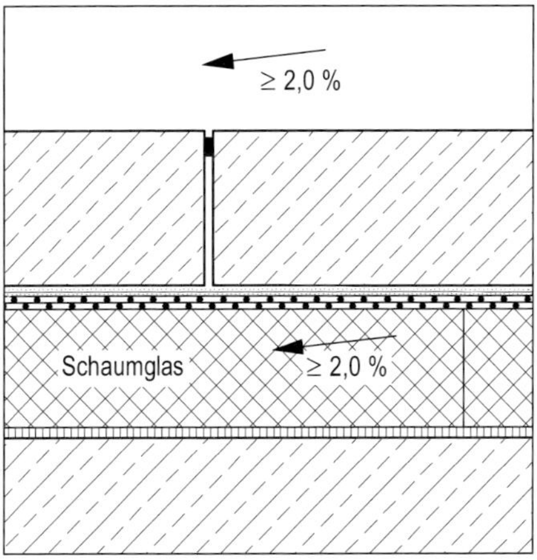


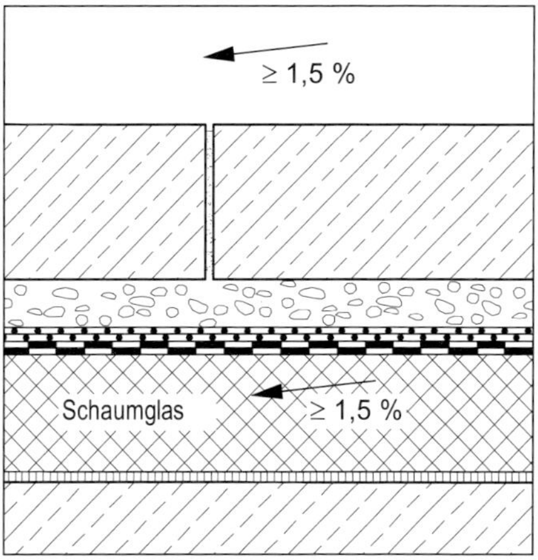


**Abb. 2.12–2.13: Typische Querschnitte – Lkw-Parkdeck als Warmdach mit Schaumglasdämmung**

**Abb. 2.12 (links):** Fahrbelag aus Ortbetonplatten (mind. 16 cm) auf doppelter PE-Folie;
**Abb. 2.13 (rechts):** Fahrbelag aus großformatigen Betonfertigteilplatten (ca. 2,50 x 2,50 m, d = 16 cm) im Splittbett 5/8; d > 4 cm, Fugenbreite 2 cm

derlich, bei dem die Erwärmung und damit Erweichung des Gussasphaltes durch Sonneneinstrahlung beträchtlich sein kann.

Für Parkdächer im Warmdachaufbau mit Lkw-Verkehr scheiden Fahrbeläge aus Gussasphalt wegen starker Spurenbildung aus. Ebenfalls ungeeignet sind aufgeständerte kleinformatige Betonfertigteilplatten, ca. 1,00 x 1,00 m wegen mangelnder Lagestabilität und Plattenbruch. Geeignet sind dagegen ca. 16 cm dicke Ortbetonplatten auf druckfester Wärmedämmung (in der Regel Schaumglas) mit Trenn- und Dränlage oder großformatige Betonfertigteilplatten, ca. 2,0 x 2,0 x 0,16 m auf Schutzlage und im Splittbett verlegt.

### 2.3.1.2 Dachaufbau als Umkehrdach

In zunehmenden Umfang werden wärmegedämmte Parkdächer als Umkehrdächer ausgebildet. Hierbei übernimmt die Wärmedämmung gleichzeitig die Funktion einer Schutzschicht für die Abdichtung. Es dürfen nur solche Wärmedämmplatten verwendet werden, die über eine bauaufsichtliche Zulassung für den Einsatz im Umkehrdach – in diesem Fall speziell auch für das Umkehr-Parkdach – verfügen [21]. Dafür kommen ausschließlich hochdruckfeste Wärmedämmplatten aus extrudiertem Polystyrol in Frage (XPS-Platten).

Im Prinzip gelten die Aussagen über Art und Anordnung der Fahrbeläge beim Warmdach sinngemäß auch für das Umkehrdach. Lediglich beim Fahrbelag aus Betonsteinpflaster wird üblicherweise auf eine lastverteilende Betonplatte oder

Gussasphaltschicht verzichtet. Dennoch kann es zweckmäßig sein, z.B. eine Schicht aus Gussasphalt oder Mastix direkt auf die Abdichtung aufzubringen, um eine ebenere Oberfläche zu erzielen und damit Hohllagen unter den lose zu verlegenden Wärmedämmplatten zu minimieren.

Selbstverständlich dürfen im Umkehrdach unter Fahrbelägen keine dampfdichten Trenn- und Gleitfolien, sondern nur diffusionsoffene Vliese verwendet werden (siehe 2.1.2).

**Abb. 2.14–2.17: Pkw Umkehrdach**

**Abb. 2.14 (oben links):** Fahrbelag aus Ortbetonplatten (> 10 cm); Fugen mit Dichtstoff geschlossen; **Abb. 2.15 (oben rechts):** Fahrbelag aus großformatigen Betonfertigteilplatten auf Stelzlager ø 40 bis 50 cm; **Abb. 2.16 (unten links):** Fahrbelag aus Betonsteinpflaster (> 10 cm); **Abb. 2.17 (unten rechts):** Fahrbelag aus Betonsteinpflaster (> 10 cm) auf Gussasphaltverbundabdichtung

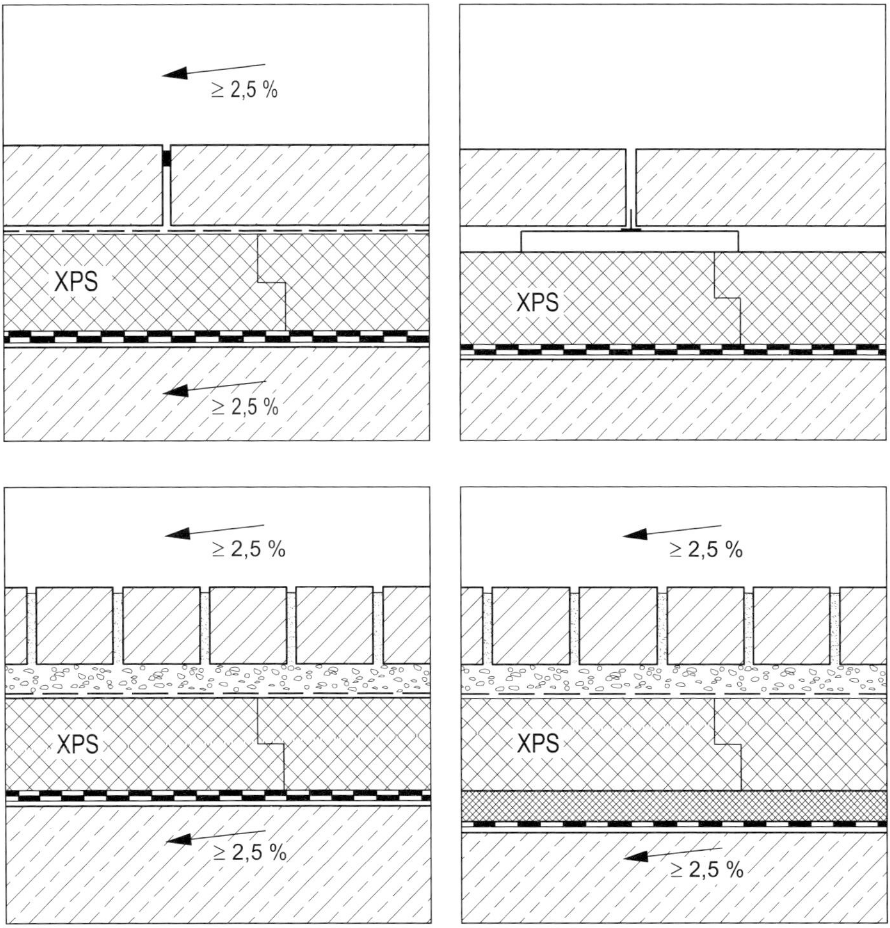

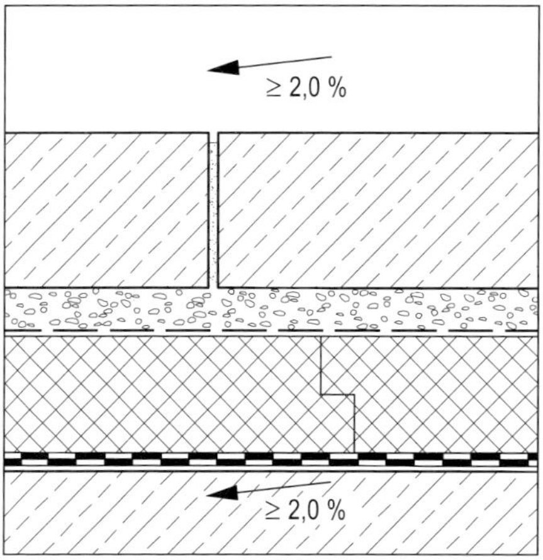


**Abb. 2.18:** Querschnitt eines Lkw-befahrenen Umkehrdachs mit großformatigen Betonfertigteilplatten (d > 16 cm) im Splittbett (5 cm; 5/8)

Bei gedämmten Parkdächern mit Lkw-Verkehr hat sich auch der Umkehrdachaufbau mit einem Fahrbelag aus großformatigen Betonfertigteilplatten, ca. 2,00 x 2,00 x 0,16 m auf Splittbett verlegt, bewährt.

### 2.3.2 Ungedämmte Parkdächer

Bei einem ungedämmten Aufbau verringert sich wegen des Fortfalls der Dämmung die Zahl der Kombinationen zwischen den einzelnen Aufbauschichten. Da die Dämmschicht mit ihrer vergleichsweise geringen Druckfestigkeit und teilweise geringen elastischen Verformbarkeit nicht mehr im Aufbau vorhanden ist, wird auch die Schadensanfälligkeit eines ungedämmten Aufbaues deutlich geringer als bei einem gedämmten Aufbau. Der Fahrbelag hat die Funktion, die Abdichtung zu schützen und Einzelradlasten großflächig auf die Betondecke zu verteilen.

Auf befahrenen ungedämmten Hofkellerdecken und Tiefgaragen werden ebenfalls die nachfolgend aufgeführten Fahrbeläge aufgebracht. Aufgrund der dort üblichen größeren Aufbauhöhe unter den Fahrbelägen wird die Abdichtung durch Verkehr geringer beansprucht als auf den üblichen Parkdächern.

Als Fahrbeläge für Pkw-Verkehr oberhalb der Abdichtung kommen die in den Abbildungen 2.19–2.22 dargestellten in Frage.

Für Lkw-Verkehr haben sich die in den Abbildungen 2.23–2.24 gezeigten Fahrbeläge bewährt.

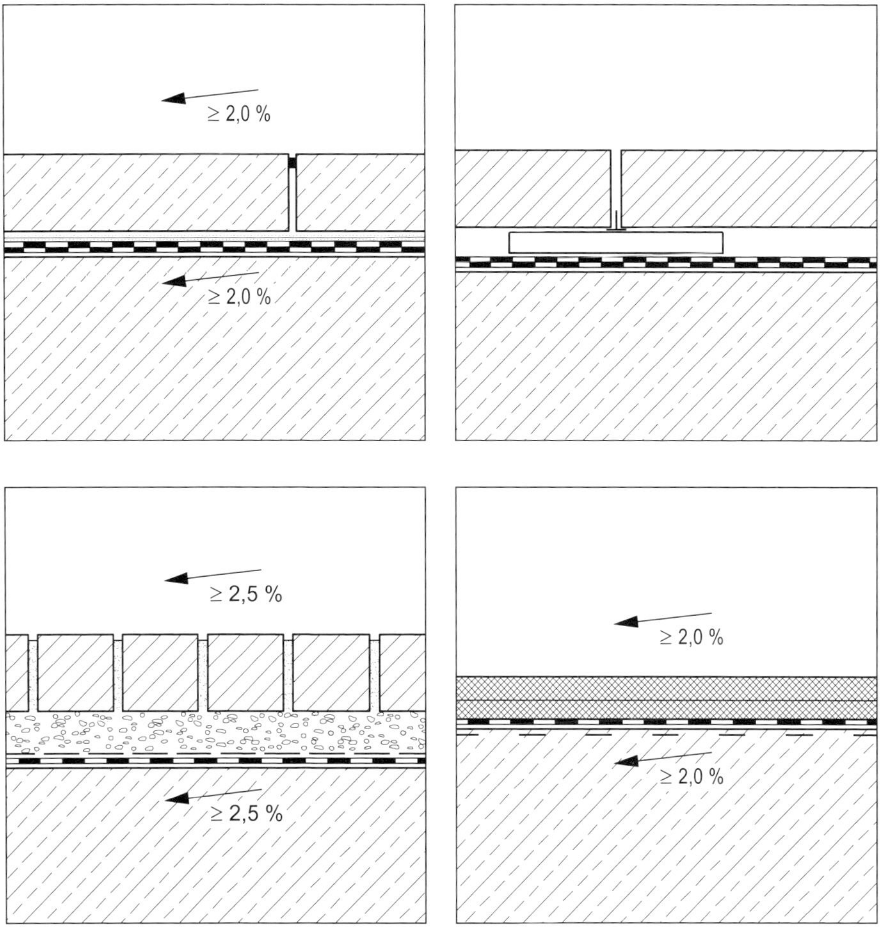


**Abb. 2.19–2.22: Typische Querschnitte Pkw-Parkdeck, ungedämmt**

**Abb. 2.19 (oben links):** Ortbetonplatten, ca. 10 cm dick auf Trennlage; **Abb. 2.20 (oben rechts):** Aufgeständerte Betonfertigteilplatten, ca. 1,00 x 1,00 m auf Speziallager; ø 40 bis 50 cm; **Abb. 2.21 (unten links):** Betonsteinpflaster (d > 10 cm) im Splittbett (d = 3 bis 5 cm; 1/5) auf Schutzlage; **Abb. 2.22 (unten rechts):** Gussasphalt, in der Regel zweilagig auf Verbundabdichtung

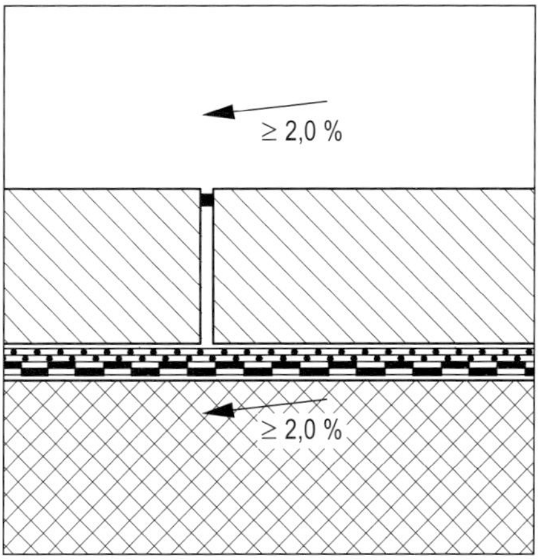


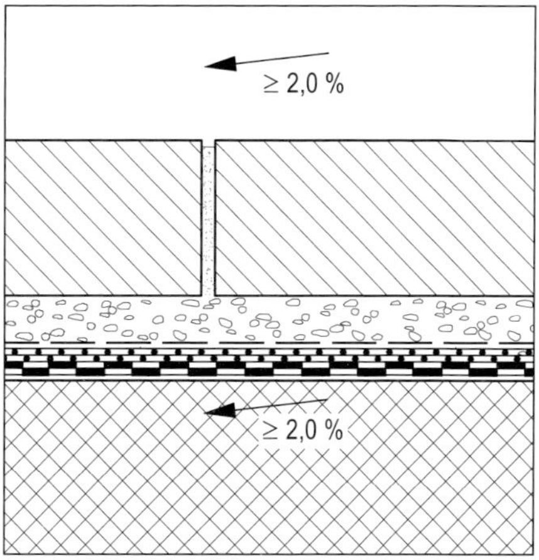


**Abb. 2.23–2.24: Typischer Querschnitt Lkw-Parkdeck, ungedämmt**

**Abb. 2.23 (links):** Fahrbelag aus Ortbetonplatten, ca. 1,00 x 1,00 m; **Abb. 2.24 (rechts):** Fahrbelag aus großformatigen Betonfertigteilplatten auf Splitt, d = 5 cm, ca. 2,00 x 2,00 m

## 2.3.3 Konzepte für Parkdachquerschnitte

### 2.3.3.1 Beanspruchungen von Abdichtungen in Parkdächern

Auf Parkdächern ist gegenüber einem ungenutzten Flachdach mit folgenden zusätzlichen Beanspruchungen zu rechnen (zu den Verkehrslasten s. 5.2.4):

- Belastung der Abdichtung durch Fahrbelag und Verkehrslast
- Beanspruchung durch Brems- und Beschleunigungsvorgänge sowie in den Kurven
- Ggf. durch eine punktförmige Belastung unter Stelzlagern bzw. Lagerplatten
- Beanspruchung durch Fahrbetrieb an den Übergängen von Großflächenplatten oder an den Fugen in der Lastverteilungsschicht
- Beanspruchung der Abdichtung durch Verformungen der direkt aufliegenden Betonplatte aus Temperaturschwankungen
- Beanspruchung durch Spannungen im Bereich von Rissen in der Lastverteilungsschicht, z. B. infolge fehlender oder ungenügender Fugenteilung
- Beanspruchung der Abdichtung durch Verformungen des Tragwerks unter den Verkehrslasten, z. B. durch unterschiedliches Setzungsverhalten beim Radübergang an den Plattenfugen von Fertigteildeckenplatten
- Einwirkung auf die Abdichtung während der Bauzeit, z. B. durch Beton- oder Pflasterarbeiten

• Vor aufgehenden Bauteilen Beanspruchung durch Spannungen an den Rändern des Belags, vor allem bei starrem Nutzschichtaufbau

Aus der Aufzählung der vielfachen und zusätzlichen Beanspruchungen einer Parkdachabdichtung wird ersichtlich, dass die Wahl einer geeigneten Abdichtung und Wärmedämmung für die Lebensdauer eines funktionsfähigen Parkdaches sehr wichtig ist. Vor allem muss die Abdichtung robust und gleichzeitig flexibel sein. Dennoch sind Undichtigkeiten trotz sorgfältiger Auswahl der Materialien und erfahrener Handwerker prinzipiell nie ganz auszuschließen, z. B. durch Fremdeinwirkung. Für einen solchen Fall lohnen sich gerade bei Parkdächern und insbesondere bei solchen mit Lkw-Belastung Überlegungen zur Verbesserung der Überprüfbarkeit und Nachbesserbarkeit sehr.

### 2.3.3.2 Zuverlässige Parkdachquerschnitte

Bei Warmdächern mit bewehrten Ortbetonplatten als Fahrbelag oder in der Funktion als Lastverteilungsschicht unter einer zusätzlichen Verschleißschicht gestaltet sich eine ggf. erforderliche Lecksuche aufgrund langer Sickerwege als sehr schwierig. Das Entfernen der Nutz- und Schutzschichten ist meist mit sehr hohem Aufwand und Zerstörungen an der Abdichtung und der Wärmedämmung verbunden. Verschiedene Lecksuchverfahren, wie z. B. die elektrischen Verfahren versagen aufgrund der eingebauten Bewehrung. Bei vorhandenen Undichtigkeiten bleibt oft nur die kostenintensive Möglichkeit, den Dachaufbau sukzessive zu entfernen und die Abdichtung zu überarbeiten. Häufig bleibt als einzige kostengünstige realisierbare Behelfsmöglichkeit das Unterhängen von Auffangrinnen unter den Tropfstellen. Die technische Lebensdauer solcher durch Leckwasser (das Tausalze enthalten kann) beanspruchter Konstruktion ist vermindert.

Sollen Parkdächer als Warmdach ausgeführt werden (bei Lkw-Verkehr ist dies häufig unumgänglich), so sind vollflächig und hohlraumfrei mit hoher Sorgfalt in Heißbitumen „eingeschwommene“ Schaumglaswärmedämmschichten mit vollflächig im Gießverfahren verklebter Bitumenbahnabdichtung anzuwenden, bei dem eine Hinterläufigkeit weitgehend ausgeschlossen werden kann.

Im Hinblick auf die gute Überprüfbarkeit und Nachbesserbarkeit eignen sich bei ausschließlich von Pkws genutzten Parkdecks besonders Umkehrdachkonstruktionen mit aufgeständerten Plattenbelägen oder Pflasterbelägen auf Splittbettung. Bei diesen Ausführungsarten ist die Unterläufigkeit auf ein Minimum reduziert. Im Falle einer erforderlichen Nachbesserung lassen sich die oberhalb der Abdichtung entkoppelt voneinander verlegten Schichten separat entfernen und nach Durchführung der Arbeiten wieder verwenden. Der eingesetzte Dämmstoff muss allerdings ausreichend druckfest sein.

In einem Umkehrdachaufbau, der nicht unterläufig sein soll, ist die Abdichtung vollflächig mit der Tragkonstruktion zu verkleben. Hierbei müssen Abdichtungsmaterialien verwendet werden, die über einen dauerhaft guten Verbund zur Tragkonstruktion verfügen. Sie müssen gleichzeitig in der Lage sein, bei der Vielzahl der Lastübergänge auf Dauer Risse in der Tragkonstruktion zu überbrücken (z. B. über vermörtelte Fugen in Fertigteildecken). Hier haben sich Verbundabdichtungen seit langem bewährt, bei denen die Abdichtungsbahnen direkt mit der Betondecke verklebt werden, z. B. aus Polymerbitumen-Dachdichtungsbahnen, die im Gießverfahren mit einem heißen Spezial-Polymerbitumen aufgebracht werden [104].

# 3 Überblick zu den Regelaufbauten unter genutzten Dachflächen

## 3.1 Regelaufbauten über beheizten Räumen

Bei der Konstruktion eines wärmegedämmten Flachdaches werden folgende Ausführungsformen unterschieden:

- Einschaliges Flachdach (Warmdach)
- Umkehrdach
- Zweischaliges Flachdach (Kaltdach)

### 3.1.1 Warmdach

Im Flachdach werden überwiegend Dämmstoffe verwendet, die bei wiederkehrender Niederschlagsbeanspruchung bzw. bei Feuchtelagerung mit Frost-Tau-Wechsel nicht beständig sind bzw. zumindest ihre Dämmeigenschaften weitgehend einbüßen. Sie müssen daher oberseitig hautförmig abgedichtet werden. Da Abdichtungen überwiegend hohe diffusionshemmende Eigenschaften haben, muss gemäß DIN 4108-3 [18.3] in der Regel unter der Wärmedämmung eine diffusionshemmende Schicht mit einer wasserdampfdiffusionsäquivalenten Luftschichtdicke von mindestens 100 m („Dampfsperre") eingebaut werden; diese Schichtenfolge wird als Warmdach bezeichnet. Bei Dachabdichtungen aus Kunststoff-Dachbahnen mit relativ niedriger Wasserdampf-Diffusionswiderstandszahl (z. B. PVC-P: $\mu$ = 10000/ 30000; $s_d$ der 2 mm dicken Bahn: 50 m) werden im nicht genutzten Flachdach auch für die Dampfsperre-Kunststoff-Dachbahnen mit wasserdampfäquivalenten Luftschichtdicken unter 100 m voll funktionsfähig verwendet. Im genutzten Flachdach kann dies theoretisch zu Tauwasserproblemen unter der Dachhaut führen, wenn – z. B. bei Anstaubewässerung oder nassen Sandschichten oberhalb der Abdichtung – langanhaltend Luftfeuchten um 100 % herrschen. Den Verfassern sind zwar selbst keine entsprechenden Schadensfälle bekannt geworden – sicherheitshalber sollten in solchen Situationen aber grundsätzlich als Dampfsperren Schichten mit $s_d$ > 100 m verwendet werden. Bei Schaumglas auf starrer, ebener Unterlage kann auf die Dampfsperre verzichtet werden, da Schaumglas bei sorgfältiger Verlegung diffusionsdicht ist.

Während der Ausführungsphase bzw. durch ungünstige Auflagerung der Nutzschichten kann die auf der Dämmung liegende Abdichtung Punktbelastungen ausgesetzt sein, die die Druckfestigkeit des Dämmstoffes überschreiten bzw. zu großen Stauchungen führen. Es besteht daher ein erhöhtes Perforationsrisiko für die Abdichtung. Bei auftretenden Undichtigkeiten kann sich eingedrungenes Wasser meist in der Ebene der Dämmung quer verteilen, da in der Regel die Dämmstoffe selbst nicht wasserdicht bzw. an Fugen unterläufig sind, die Dampfsperre aber auch wie eine Abdichtungsschicht wirkt. Nur bei vollsatt in Bitumen „eingeschwommenen" Schaumglasdämmplatten kann dieser Vorgang verhindert werden, wenn mit höchster Sorgfalt gearbeitet wird. Meist tritt bei allen Ausführungsformen von Warmdächern das eingedrungene Wasser erst an Lücken in der Dampfsperre und ggf. nach längerem Sickerweg auf der Stahlbetondecke nach unten aus. Eine Leckortung ist aufwendig, da Leckstelle und Wasseraustrittstelle nicht unmittelbar übereinanderliegen, die Durchfeuchtungsfolgen können groß sein, wenn weite Teile der Dämmung langanhaltend im Wasser liegen, insbesondere wenn nicht feuchtebeständige Dämmstoffe verwendet werden oder die Wärmeleitfähigkeit (λ) durch eine hohe Wasseraufnahme stark zunimmt.

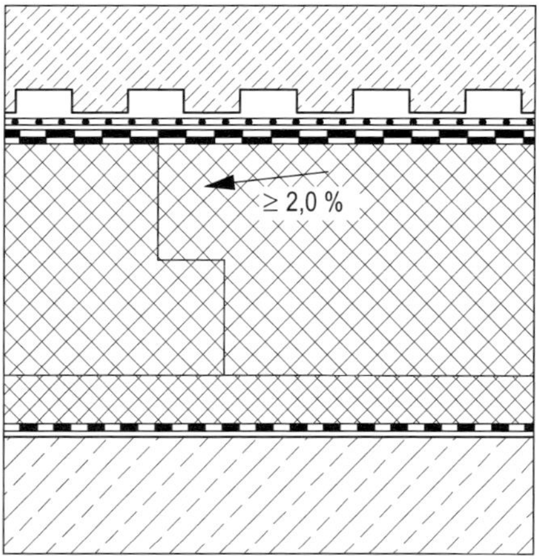


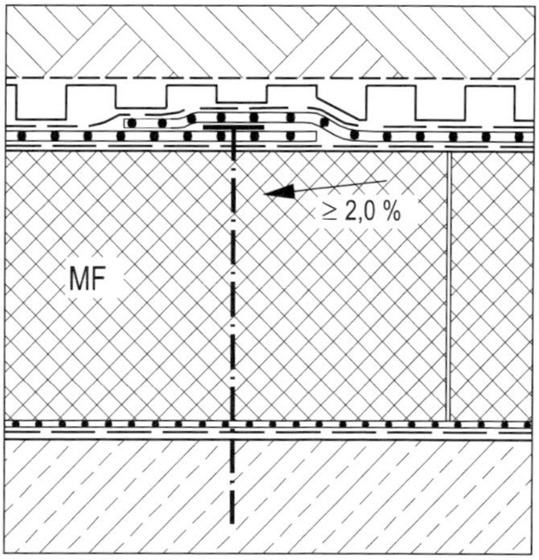


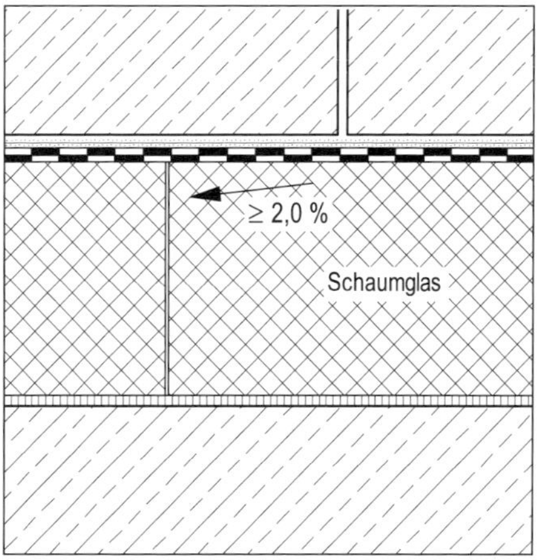


**Abb. 3.01–3.03: Typische Querschnitte Warmdach (Ausschnitte)**
**Abb. 3.01 (o. li.):** Dachterrasse: Dampfsperre (z.B. G200DD); Trittschalldämmung (z.B. elastifiziertes PS); Hartschaumdämmung Typ WD, z.B. als Gefälledämmschicht; zwei Lagen Dachdichtungsbahn, obere Lage PYPV; PE-Trennlage; **Abb. 3.02 (o. re.):** Extensiv begrüntes Dach: Kunststoffbahn als Dampfsperre auf Trennvlies ($s_d \geq 100$ m); Mineralfaserdämmschicht; eine Lage Kunststoffdachdichtungsbahn, verdübelt; Vlies-Trennlage; **Abb. 3.03 (li.):** Parkdeck: Schaumglas (z.B. Gefälledämmschicht) in Heißbitumen verlegt, zwei Lagen Dachdichtungsbahn, obere Lage PYPV; zwei PE-Trennlagen

### 3.1.2 Umkehrdach

Bei einem Umkehrdach kann die Abdichtung unmittelbar auf der tragenden Schale aufgebracht werden, wenn Dämmstoffe – überwiegend extrudierte Polystyrolhartschäume (XPS) – verwendet werden, die auch bei wechselnder Wasserbeanspruchung keine nennenswerte Wasseraufnahme aufweisen. Die Wärmedämmung wird über der Abdichtung in der Regel lose verlegt und ist damit den Witterungseinflüssen ausgesetzt. Hierfür eignen sich nur Wärmedämmstoffe, die für diesen Verwendungszweck eine bauaufsichtliche Zulassung [21] besitzen.

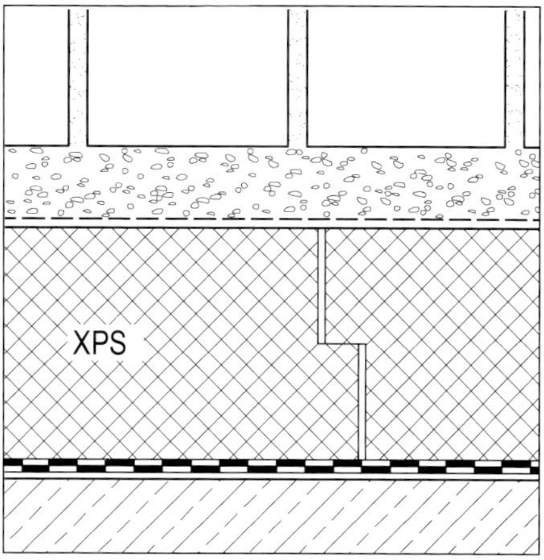


**Abb. 3.04 (rechts):** Typischer Querschnitt des UK-Daches (Pkw-Parkdach mit Betonsteinpflaster)

**Abb. 3.05–3.06: Diffusionsvorgänge beim UK-Dach**

**Abb. 3.05 (links):** Keine Tauwasserbildung im Dämmstoff; Abdeckung unter Kies darf keine dampfsperrende Folie (z. B. PE) sein, sondern ein Vlies; **Abb. 3.06 (re.):** Tauwasser im Dämmstoff bei stehendem Wasser/wassergesättigten Sanden/Erdsubstrat **über** der Dämmung

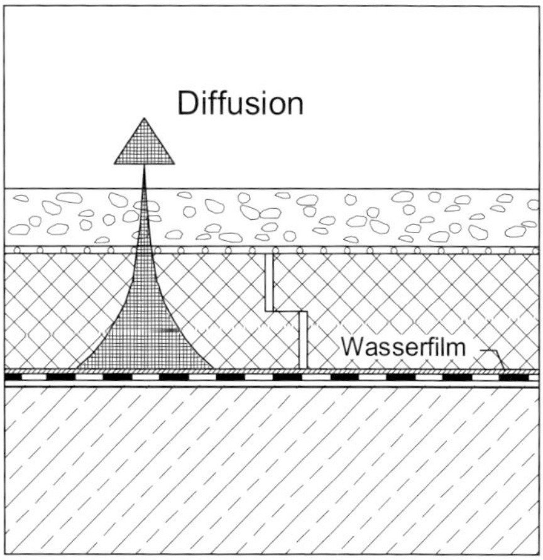


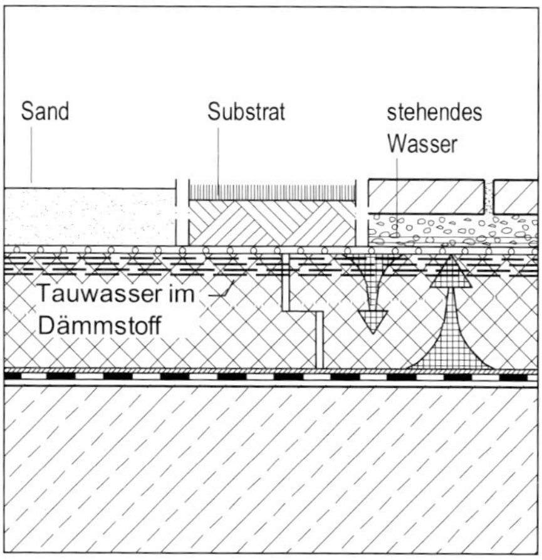

Da extrudierte Polystyrolhartschäume nicht diffusionsdicht sind, kann es über lange Frist durch Tauwasserbildung im Dämmstoff zu einer bedeutenden Verminderung der Wärmeschutzeigenschaften kommen, wenn unter der Dämmung langanhaltend ein aus Niederschlägen herrührender Wasserfilm zu erwarten ist und zugleich oberseitig eine Schicht mit hoher diffusionshemmender Wirkung angeordnet ist. Während beim nicht genutzten UK-Flachdach die in DIN 4108-3 daher geforderte „dampfdurchlässige Auflast" z.B. durch Grobkies in der Regel ausgeführt wird, muss besonders beim genutzten Flachdach auf dieses Problem geachtet werden. Wichtig ist, dass nicht nur Folienabdeckungen auf der UK-Dämmung, sondern auch dauerfeuchte Schichten – z.B. das Sandbett von Terrassenbelägen – mittelbar auf der Dämmung aufliegende Erdsubstratschichten von Dachbegrünungen und erst recht Wasserüberstauungen praktisch wie oberseitige Dampfsperren wirken und daher vermieden werden müssen. Die Bauaufsichtlichen Zulassungen machen zu den verschiedenen Einbausituationen genauere Ausführungsanforderungen.

Im Parkdachbereich realisierte Schichtenfolgen, bei denen unmittelbar auf die UK-Dämmung der Fahrbelag aus Ortbeton aufbetoniert wird, sind daher nur dann dauerhaft funktionsfähig, wenn durch Gefällegebung und weitgehende Abdichtung der Fugen dafür gesorgt wird, dass es trotz der oberseitigen, deutlich diffusionshemmenden Betonschicht nicht zu erheblichen Tauwasserbildungen im Dämmstoff kommt, da praktisch unter dem Dämmstoff kein nennenswerter aus Niederschlägen herrührender Wasserfilm vorliegt. Bei Parkdächern mit aufgeständerten, unterlüfteten Betonfertigteilen besteht kein Durchfeuchtungsproblem der UK-Dämmung durch Diffusion.

**Abb. 3.07:** Feuchtezunahme und Minderung des Wärmeschutzes bei extensiv begrünten Umkehrdächern über beheiztem Innenraum in Abhängigkeit von der Luftfeuchte, dem Wassergehalt und der Dämmplattenoberseite von 95 bzw. 100 % [78]

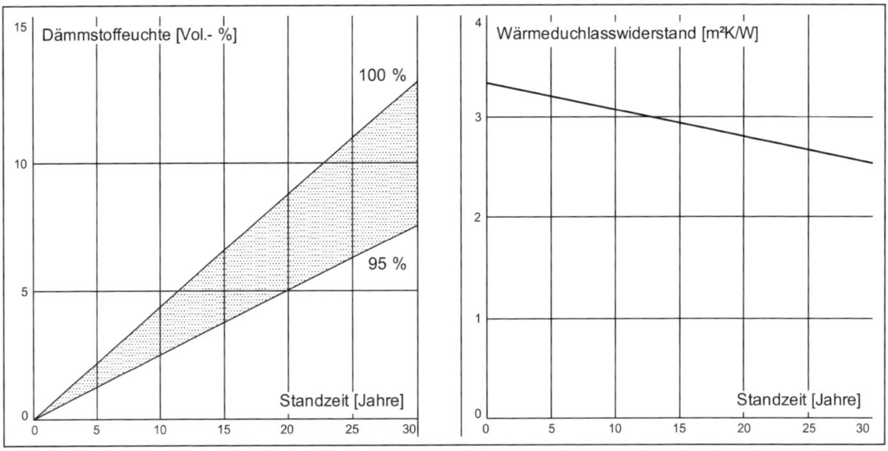

Je nach dem Verklebungsgrad der Abdichtung auf dem Untergrund (lose verlegt, punkt- oder streifenweise verklebt, vollflächig verklebt) und der Dichtheit des Untergrundes selbst können bei dieser Konstruktion Unterläufigkeiten der Abdichtung reduziert oder ganz ausgeschlossen werden.

Das Perforationsrisiko der Abdichtung wird in zweifacher Weise vermindert, da die Abdichtung auf einem druckfesten Untergrund aufliegt und die Wärmedämmung als Schutzschicht gegen mechanische Beschädigungen wirkt. Nachteilig ist allerdings, dass Unebenheiten und Verformungen des Untergrundes unmittelbar auf die Abdichtung einwirken und diese ggf. beschädigen können. Ebenso können Unebenheiten der Abdichtungsoberfläche (z. B. Bahnenüberlappungen bei Bitumendachdichtungsbahnen – insbesondere bei 5 mm dicken Schweißbahnen) zu Hohllagen des Dämmstoffs führen, die besonders bei befahrenen Flächen mit Belägen aus Betonsteinpflaster problematisch sein können. Es kann daher erforderlich werden, die Ebenheit der Abdichtungsoberfläche durch mehrfache Heißbitumen-Deckaufstriche oder noch effektiver durch eine Gussasphalt-Schutzschicht, d = 25 mm, zu verbessern.

### 3.1.3 Kaltdach

Das Kaltdach besteht aus zwei Schalen, die durch eine Belüftungsebene voneinander getrennt sind. Die Dämmung wird in der Regel auf der tragenden Schale verlegt, die Abdichtung auf der unterlüfteten Schale angeordnet. Schädigende Tauwasserbildung unter der Abdichtung bzw. der oberen Schale soll bei dieser Konstruktion durch die Belüftung vermieden werden. Die Regeln für die Belüftung (Luftspaltmindesthöhe, Größe der Zu- und Abluftöffnungen) sind für belüftete Flachdächer mit Abdichtungen unter 5°-Neigung nicht (mehr) durch Regelwerke beschrieben, da eine Belüftung allein durch die Windverhältnisse bestimmt wird, und daher nicht dauernd sichergestellt werden kann. DIN 4108-3 fordert daher unter der Wärmedämmung den gleichen Dampfsperrwert (mind. 100 m) wie beim Warmdach.

Zusätzlich über der Abdichtung aufgebrachte Schichten und Nutzlasten müssen von der oberen Schale aufgenommen und in die Tragkonstruktion weitergeleitet werden. Die Dämmschicht wird nicht zusätzlich belastet. Es sind daher kostengünstige Dämmstoffe mit geringer Druckfestigkeit verwendbar.

Das Perforationsrisiko wird vermindert – allerdings können die beim genutzten Dach meist aus Fertigteilen bestehenden Platten der oberen Dachschale an den Elementfugen schädigend auf die Abdichtung wirken.

Eine funktionsfähige Belüftung vorausgesetzt, weisen Kaltdächer gegenüber Warmdächern den Vorteil auf, dass während der Bauzeit in die Dämmung gelan-

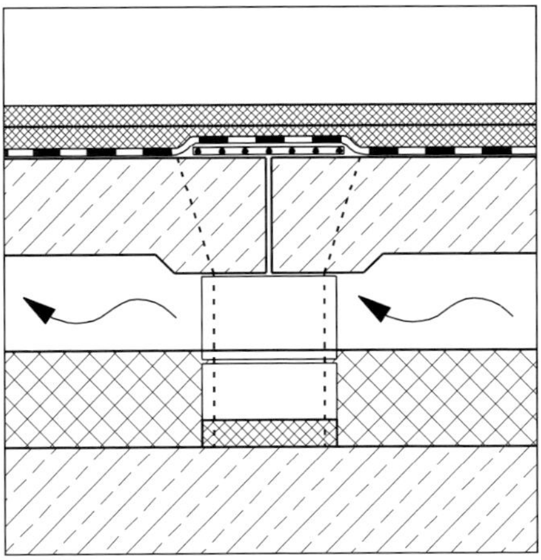

**Abb. 3.08:** Querschnitt zweischaliges belüftetes Parkdach; obere Schale als Fertigteilsystem mit Gussasphalt-Verbundabdichtung

gendes Wasser abtrocknen kann; sehr geringe Lecks aufgrund der Austrocknungsmöglichkeit keine Auswirkungen haben und nach der Beseitigung größerer Undichtheiten mit einer Austrocknung ohne Abriss der Dachschichten gerechnet werden kann.

Die Leckortung ist allerdings aufwändig, da lange Sickerwege, z. B. in den Lufthohlräumen, auftreten können.

Genutzte Dächer werden wegen der auftretenden Belastung durch die Nutzung und dem damit verbundenen Konstruktionsaufwand für die obere Schale, der häufig schwierigen Sicherstellung einer konsequenten Belüftung und der Leckortungsprobleme, selten als Kaltdächer ausgeführt. Diese Konstruktionsweise soll daher im Weiteren nicht mehr näher behandelt werden.

## 3.2 Regelaufbauten über unbeheizten Räumen

Meist über Tiefgaragen, Kellerlagerräumen (Hofkellerdecken) und Durchfahrten, seltener bei Vordächern oder Überdachungen von Loggien, werden genutzte Flachdachflächen über unbeheizten Räumen oder Zonen ausgeführt. Eine Wärmedämmung ist dann in der Regel auch für den thermischen Schutz der Konstruktion selbst nicht wirkungsvoll, da die Außentemperaturbedingungen – wenn auch ggf. herabgemindert – auch von der Dachplattenunterseite einwirken. Ggf. kann die Temperaturträgheit der meist als Stahlbetonbauteil ausgeführten Tragkonstruktion bei Wetterumschwung zu unterseitigen Oberflächentauwasserbildungen führen, die Abtropfungen und ggf. Schäden – z. B. an Pkws – hervorrufen können.

**Abb. 3.09:** Regelquerschnitt ungedämmte Tiefgaragendecke aus Π-Fertigteilplatten mit bewehrtem Aufbeton mit Gussasphaltverbundabdichtung

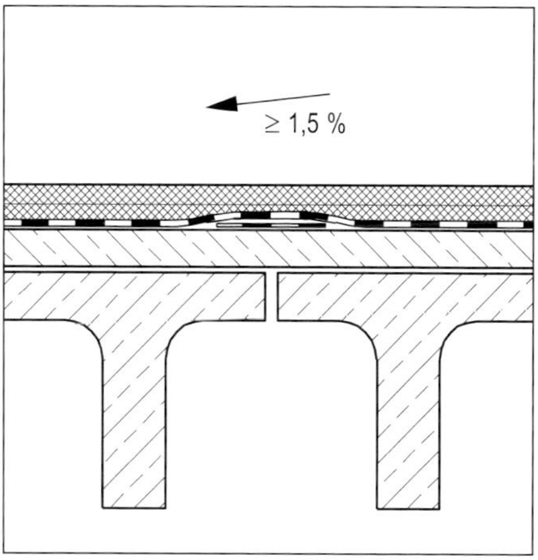


Soweit derartige Konstruktionen nicht unmittelbar als wasserundurchlässige Bauteile aus Beton ausgebildet werden, weisen sie hautförmige Abdichtungen unmittelbar unter den weiteren Belagsaufbauten auf, die bereits bei den Nutzungsarten, Kapitel 2, beschrieben wurden. Zur Vermeidung einer Unterläufigkeit ist auch bei derartigen Konstruktionen von gesonderten zwischen Stahlbetonuntergrund und Abdichtung angeordneten Gefälleschichten (meist aus Gefällebeton) abzusehen, da in diesen über lange Strecken Wasser bei Undichtheiten in der Abdichtung sickern kann. Die Tragkonstruktion sollte daher unmittelbar im Gefälle betoniert sein und dann möglichst vollflächig die bahnenförmigen Abdichtungslagen aufnehmen.

# 4 Kommentierender Überblick zu den Regelwerken

Wäre von Bauteilen und Gebäuden nur während der Gewährleistungszeit – bei einem BGB-Vertrag in der Regel fünf Jahre lang, beim VOB-Vertrag häufig im Dachbereich durch Einzelvereinbarung auf bis zu zehn Jahre verlängert – eine Schadensfreiheit zu fordern, so wären Regelwerke weitgehend entbehrlich, da man im Schadensfall auf den Gewährleistungspflichtigen zurückgreifen könnte.

Festlegungen in Regelwerken zielen im Hinblick auf die Schadensfreiheit im Wesentlichen auf zuverlässige Konstruktionen ab, die bei der ungünstigsten noch als üblich zu bezeichnenden zukünftigen Überlagerung von Beanspruchungen, über die gesamte übliche Lebensdauer bei sachgerechter Wartung voll gebrauchstauglich bleiben. DIN ISO 8930: 1991-03 – „Allgemeine Grundsätze für die Zuverlässigkeit von Tragwerken" definiert diese Qualitätsanforderung wie folgt: „Die Zuverlässigkeit beinhaltet sowohl die Sicherheit, die Gebrauchstauglichkeit als auch die Dauerhaftigkeit eines Tragwerks." Dies gilt nicht nur für Tragwerke, sondern analog generell für Baukonstruktionen und Gebäude – also auch das genutzte Flachdach.

Werkvertraglich wird demnach nicht nur eine „schadenfreie", sondern eine „mangelfreie" Konstruktion geschuldet, die die oben angedeutete, langfristige Zuverlässigkeit aufweist. Da Regelwerke die Anscheinsvermutung für sich haben, einen mangelfreien, den allgemein anerkannten Regeln der Bautechnik entsprechenden Bauteilzustand zu beschreiben, soll im Folgenden ein kommentierender Überblick zu den Regelwerken bei genutzten Dachflächen gegeben werden.

Wie in DIN 820-1: 1994-04 „Normungsarbeit – Grundsätze" ausdrücklich hervorgehoben wird, stehen grundsätzlich Normen „jedermann zur Anwendung frei", soweit nicht Rechts- oder Verwaltungsvorschriften oder vertragliche Einzelvereinbarungen eine Anwendungspflicht zur Folge haben. Selbstverständlich können daher auch Bauweisen mangelfrei sein, die **nicht** dem Wortlaut der Regelwerke folgen. Gerade bei neueren besonderen Nutzungsanforderungen, wie sie in Begrünungs- und Parkdachbereich gestellt werden, müssen auch neue Wege gegangen werden können. Entscheidend für die Bewertung solcher neuer Bauweisen ist die Frage, ob sie im Sinne der Zuverlässigkeit, also der Sicherheits-, der Gebrauchstauglichkeits- und der Dauerhaftigkeitseigenschaften den genormten Verfahren zumindest gleichwertig sind. Auch zur Beurteilung der Frage der Gleichwertigkeit neuer Bauweisen muss man aber die Regelwerke kennen.

## 4.1 Tragkonstruktion

Der Zustand der Tragkonstruktion kann sich im Hinblick auf die Schadensfreiheit genutzter Dachflächen im Wesentlichen in dreierlei Hinsicht auswirken.

- Bei mangelhafter Gefällegebung kann die Durchbiegung des Tragwerks zu umfangreichen Pfützenbildungen auf der Abdichtung führen, die ggf. die Abdichtung zusätzlich beanspruchen, insbesondere aber die Belagsschichten schädigen können.
- Bei Parkdächern – ggf. auch bei intensiv begrünten Dächern mit Baumbewuchs – können die dynamischen Belastungen zu so erheblichen Verformungen des Tragwerks führen, dass Abdichtungen oder auch Oberbeläge beschädigt werden.
- Schließlich können Ebenheitstoleranzen des Tragwerks (z. B. Überzähne benachbarter Fertigteildachdeckenplatten) Schäden an den weiteren Aufbauschichten verursachen, wenn die Toleranzen nicht im Rahmen der Herstellung des Daches ausgeglichen werden.

Im Hinblick auf die Dachtragkonstruktion, die weitaus überwiegend aus Stahlbeton besteht, ist daher als Regelwerk

**[1] DIN 1045-1: 2001-07 – Tragwerke aus Beton, Stahlbeton und Spannbeton, Teil 1: Bemessung und Konstruktion** – aufzuführen, die u. a. Angaben zur zulässigen Durchbiegung von Stahlbetondecken in Abschnitt 11.3.1 (8) macht.

Auf die Folgen der dynamischen Belastung der Plattenränder bei Parkdachkonstruktionen wird in Regelwerken im Detail nicht eingegangen.

Zum Thema der Ebenheitstoleranzen ist

**[2] DIN 18 202: 1997-04 – Toleranzen im Hochbau – Bauwerke**,

im Hinblick auf die zulässigen Toleranzen bei Fertigteilplatten ist

**[3] DIN 18 203-1: 1997-04** – Toleranzen im Hochbau – Teil 1: **Vorgefertigte Teile aus Beton, Stahlbeton und Spannbeton**, anzuwenden und zu berücksichtigen.

Im Hinblick auf die Lastannahmen ist auf

**[4] DIN 1055-3: 2002-10 – Einwirkungen auf Tragwerke; Eigen- und Nutzlasten für Hochbauten**

sowie im Hinblick auf Parkdächer mit Lkw- und Mischverkehr (Lkw u. Pkw) auf

**[5] DIN 1072: 1985-12 – Straßen und Wegbrücken; Lastannahmen**

zu verweisen.

Detaillierte Angaben zur Beschaffenheit des Abdichtungsuntergrunds sind

**[7.3] DIN 18195-3: 2000-08 – Bauwerksabdichtungen; Anforderungen an den Untergrund und die Verarbeitung** zu entnehmen.

Weiter ist im Hinblick auf die Anforderungen an die Oberflächenbeschaffenheit des Abdichtungsgrundes zu beachten:

**[6] DIN 18336: 2002-12; VOB Teil C Abdichtungsarbeiten**

## 4.2 Abdichtungstechnik

Das zentrale Regelwerk für die Abdichtung genutzter Dachflächen ist die zehnteilige

**[7] DIN 18195 Bauwerksabdichtungen**

**[7.1] DIN 18195-1: 2000-08** behandelt **Grundsätze, Definitionen und die Zuordnung der Abdichtungsarten**;

**[7.2] DIN 18195-2: 2000-08** beschreibt die bei der Abdichtung von genutzten Dächern zu verwendenden **Stoffe**;

**[7.3] DIN 18195-3: 2000-08** formuliert die **Anforderungen an den Untergrund und die Verarbeitung der Stoffe**;

**[7.4] DIN 18195-5: 2000-08 Abdichtungen gegen nichtdrückendes Wasser auf Deckenflächen und in Nassräumen, Bemessung und Ausführung** stellt die genaueren Abdichtungsregeln u.a. für genutzte Dachflächen (inkl. intensiv genutzte Flachdächer) dar. Genutzte Dachflächen zählen dabei zu den „hoch beanspruchten Abdichtungen gegen Oberflächen- und Sickerwasser".

**[7.5] DIN 18195-8: 2004-03** sind sehr genaue Angaben über die Ausführung von **Abdichtungen über Bewegungsfugen** zu entnehmen.

**[7.6] DIN 18195-9: 2004-03** macht Angaben zur Detailgestaltung der **Durchdringungen, Übergänge, An- und Abschlüsse**. Die in [7.5] und [7.6] verbal beschriebenen Details sind in

**[7.7] DIN 18195 Beiblatt 1: 2004 – Beispiele für die Anordnung der Abdichtung** exemplarisch zeichnerisch dargestellt.

Da der Schutz der Abdichtung gerade bei genutzten Dächern von großer Bedeutung ist, muss weiterhin

**[7.8] DIN 18195-10: 2004-03 – Schutzschichten und Schutzmaßnahmen** beachtet werden.

Extensiv begrünte Flachdächer zählen gemäß DIN 18 195 nicht zu den „genutzten Dachflächen" und sind damit

**[8.1] DIN 18 531: 1991-09 – Dachabdichtungen; Begriffe, Anforderungen, Planungsgrundsätze**

zugeordnet. Die neue

**[8.2] E DIN 18 531: 2004-07 – Dachabdichtungen – Abdichtungen für nicht genutzte Dächer**; ordnet in Teil 1 – **Definitionen, Anforderungen, Planungsgrundsätze** – extensiv begrünte Dächer der Beanspruchungsklasse IB (hohe mechanische/mäßige thermische Beanspruchung) zu, die verwendeten Dachbahnen müssen nach Teil 2 – **Stoffe** – mindestens der Eigenschaftsklasse E2 zuzuordnen sein. Auch die Neufassung der Norm enthält nur Regeln für die Dachabdichtung, nicht aber für die übrigen Schichten des Flachdachs, wie z. B. zur Dimensionierung und Ausführung von Dampfsperren und Dämmschichten.

Im baupraktischen Bereich wird als Regelwerk zur Abdichtung von genutzten Dachflächen daher meist ein Hauptregelwerk des Dachdeckerhandwerks – die

**[9] Fachregeln für Dächer mit Abdichtungen – Flachdachrichtlinien (2003-09)** – angewandt, die nicht nur alle Schichten des Flachdachs behandeln, sondern auch die handwerkliche Ausführung der Details gerade im Hinblick auf Dachflächen, wesentlich detaillierter beschreiben, als in [7]. Die Flachdachrichtlinien behandeln nicht Parkdächer; dazu wird auf [7.4] verwiesen.

Auf die große Zahl der unterschiedlichen Stoffnormen für die verschiedenen Abdichtungsmaterialien soll hier nicht im Detail eingegangen werden; eine Übersicht geben DIN 18 195 [7.2] bzw. die Flachdachrichtlinien [9] in den Produktdatenblättern für Bitumenbahnen sowie für Kunststoff- und Elastomerbahnen. Die Tabellen 1.1 und 1.2 geben den Stand 2004 wieder.

Die Klassifizierung der im Dach verwendeten Bahnen und deren Eigenschaften werden in Zukunft europaweit in

**[10]** (Norm-Entwurf) **DIN EN 13 969: 2000-10 – Abdichtungsbahnen – Bitumenbahnen für die Bauwerksabdichtung ... – Definitionen und Eigenschaften;**

**[11] DIN EN 13 967: 2000-10 – Kunststoff- und Elastomerbahnen für die Bauwerksabdichtung ... – Definitionen und Eigenschaften**, geregelt werden.

Das nationale Anforderungsniveau wird dann in Anpassungsnormblättern zu [7] und [8] festgelegt werden müssen.

Für die An- und Abschlüsse werden häufig Bleche verwendet. Details zur fachgerechten Ausführung sind dazu den

**Tabelle 1.1:** Bitumen- und Polymerbitumenbahnen für genutzte Flachdächer [7.2]

| Norm/ Regelwerk | Bezeichnung | Kurzbezeichnung | Einlage | | Nenndicke in mm | Haftzugkraft längs/quer (N) | Dehnung bei Höchstzugkraft |
|---|---|---|---|---|---|---|---|
| | | | Glasgewebe 200 g/m² | Polyestervlies 200 g/m² | | | |
| DIN 52 130 | Bitumen-Dachdichtungsbahnen | G 200 DD<br>PV 200 DD | X | <br>X | –<br>– | 1000<br>800 | 2<br>35 |
| DIN 52 131 | Bitumen-Schweißbahnen | G 200 S4<br>G 200 S5<br>PV 200 S5 | X<br>X | <br><br>X | 4<br>5<br>5 | 1000<br>1000<br>800 | 2<br>2<br>35 |
| DIN 52 132 | Polymerbitumen-Dachdichtungs-bahnen | PYE-G 200 DD<br>PYE-PV 200 DD | X | <br>X | –<br>– | 1000<br>800 | 2<br>35 |
| DIN 52 133 | Polymerbitumen-Schweißbahnen | PYE-G 200 S4<br>PYE-G 200 S5<br>PYE-PV 200 S5 | X<br>X | <br><br>X | 4<br>5<br>5 | 1000<br>1000<br>800 | 2<br>2<br>35 |
| ZTV-BEL-B1 | Polymerbitumen-Schweißbahnen mit hochliegender Trägereinlage aus Polyestervlies | | | X | | | |
| | Edelstahlkaschierte Bitumen-schweißbahn | | | | | | |

**Tabelle 1.2:** Kunststoff- und Elastomerbahnen für genutzte Flachdächer [7.2]

| Norm | Bezeichnung | Kurzbezeichnung | Nenndicke *) mindestens |
|---|---|---|---|
| DIN 7864-1 | Elastomerbahnen für Abdichtungen | EPDM<br>CR<br>IIR | 1,5 mm<br>1,5 mm<br>1,5 mm |
| DIN 16 729 | Kunststoff-Dachbahnen und Kunststoff-Dichtungs-bahnen aus Ethylencopolymerisat-Bitumen | ECP | 2,0 mm |
| DIN 16 734 | Kunststoff-Dachbahnen aus weichmacherhaltigem Polyvinylchlorid mit Verstärkung aus synthetischen Fasern, nicht bitumenverträglich | PVC-P-NB-V-PW | 1,5 mm |
| DIN 16 735 | Kunststoff-Dachbahnen aus weichmacherhaltigem Polyvinylchlorid mit einer Glasvlieseinlage, nicht bitumenverträglich | PVC-P-NB-E-GV | 1,5 mm |
| DIN 16 935 | Kunststoff-Dachbahnen aus Polyisobutylen | PIB | 1,5 mm |
| DIN 16 937 | Kunststoff-Dachbahnen aus weichmacherhaltigem Polyvinylchlorid, bitumenverträglich | PVC-P-BV | 1,5 mm |
| DIN 16 938 | Kunststoff-Dachbahnen aus weichmacherhaltigem Polyvinylchlorid, nicht bitumenverträglich | PVC-P-NB | 1,5 mm |
| DIN 18 195-2 | Bitumenverträgliche Kunststoff-Dichtungsbahnen aus Ethylen-Vinyl-Acetat-Teerpolymer | EVA | 1,5 mm |

*) zum Teil einschließlich Kaschierung; weitere Einzelheiten siehe DIN 18 195

**[12] Fachregeln für Metallarbeiten im Dachdeckerhandwerk (2003-03)**

zu entnehmen.

Im Hinblick auf **Gussasphaltbeläge** ist, was den Baustoff betrifft, auf die bereits zitierte DIN 18 195 [7] zu verweisen, die im Teil 2 den Baustoff, im Teil 3 dessen Verarbeitung und im Teil 5 die Schichtenfolge auf genutzten Dächern beschreibt. Auch beim Gussasphalt werden die deutschen Regeln zum Baustoff durch europäische ersetzt:

**[13] DIN EN 12 970 : 2001-02 Gussasphalt und Asphaltmastix für Abdichtungen; Definition, Anforderungen und Prüfverfahren.**

**[14] DIN 18 354: Gussasphaltarbeiten** enthält weitere Einzelheiten.

**[15] Technische Informationen der Beratungsstelle für Gussasphaltanwendung** insbesondere das Heft 42 (2001) „Beläge für Parkhäuser, Tiefgaragen, Hofkellerdecken und Rampen". Hier werden sowohl Schichtenfolgen als auch Detaillösungen genauer dargestellt.

Weitere Hinweise für Dichtungsbahnen unter Asphaltbelägen gibt die

**[16] ZTV-BEL-B, (1999-05)**, Zusätzliche Technische Vertragsbedingungen und Richtlinien für das Herstellen von Brückenbelägen auf Beton, Teil 1: Dichtungsschicht Ausführung aus einer Bitumen-Schweißbahn.

## 4.3 Wärmeschutz und Tauwasserschutz

Im Zuge der europäischen Harmonisierung und der weiteren Verschärfung der Anforderungen zum energieeinsparenden Wärmeschutz sind nach der Jahrtausendwende umfangreiche Änderungen und Ergänzungen in den Regelwerken zum Wärmeschutz zu verzeichnen. Dieser Vorgang ist noch nicht abgeschlossen. Hier wird ein Überblick über die wichtigsten Entwicklungen gegeben.

Der gesetzliche Rahmen für den energieeinsparenden Wärmeschutz wird durch

**[17] Energieeinsparverordnung (2001-11)** festgelegt.

Sonst ist für den bauphysikalischen Entwurf und die wärmeschutz- und tauwasserschutztechnisch angemessene Ausführung das umfangreiche, zehnteilige Regelwerk der

**[18] DIN 4108 Wärmeschutz und Energie-Einsparung in Gebäuden** von großer Bedeutung.

Besonders im Hinblick auf die Mindestdicke von Gefälledämmschichten ist

**[18.1] DIN 4108-2: 2003-07 Mindestanforderungen an den Wärmeschutz** hinzuzuziehen. Dieses Normblatt enthält auch Regelungen für das bekieste und plattierte Umkehrdach.

Zur wärmeschutztechnischen Gestaltung der Details führt

**[18.2] DIN 4108 Beiblatt 2 – Wärmebrücken – Planungs- und Ausführungsbeispiele** zahlreiche Lösungsbeispiele mit Angabe der Wärmeverlustkoeffizienten auf. In

**[18.3] DIN 4108 Teil 3: Klimabedingter Feuchteschutz, Anforderungen, Berechnungsverfahren und Hinweise für die Planung und Ausführung: 2001-07** sind die Regeln zur Verhinderung von Tauwasserproblemen im Dachquerschnitt, z.B. zur Anordnung und Dimensionierung von diffusionshemmenden Schichten (Dampfsperren) dargestellt. Im Anhang werden Berechnungsmethoden zum Tauwassernachweis aufgeführt.

Von besonderer Bedeutung für die Auswahl der Dämmstoffe ist die

**[18.4] DIN V 4108 Teil 10: 2004-06 Anwendungsbezogene Anforderungen an Wärmedämmstoffe – werkmäßig hergestellte Wärmedämmstoffe**.

Dieses Normblatt wurde erforderlich, da die harmonisierten europäischen Produktnormen für werkmäßig hergestellte Wärmedämmstoffe

**[19] DIN EN 13162 bis DIN EN 13171: 2001-10** lediglich eine Klassifizierung der Dämmstoffe vornehmen und Anforderungsniveaus formulieren, aber keine anwendungsbezogenen Angaben enthalten.

Tabelle 2 führt die europäischen Normenblätter der am häufigsten im genutzten Dachbereich verwendeten Dämmstoffe auf.

DIN V 4108 Teil 10 [18.4] definiert die Anwendungsgebiete der Dämmstoffe. Für das genutzte Flachdach sind zwei Anwendungsfälle hervorzuheben:

**DAA** Außendämmung von Dach, vor Bewitterung geschützt, Dämmung unter Abdichtungen und

**Tabelle 2:** EN-Norm der häufig in genutzten Dächern verwendeten Dämmstoffe

| | | | |
|---|---|---|---|
| [19.1] | DIN EN 13162 | (MW) | Mineralwolle |
| [19.2] | DIN EN 13163 | (EPS) | Polystyrol-Hartschaum |
| [19.3] | DIN EN 13164 | (XPS) | Polystyrol-Extruderschaum |
| [19.4] | DIN EN 13165 | (PUR) | Polyurethan-Hartschaum |
| [19.5] | DIN EN 13167 | (CG) | Schaumglas |

**DUK** Außendämmung des Daches, der Bewitterung ausgesetzt (Umkehrdach)

Im Hinblick auf die Druckbelastbarkeit können für genutzte Dachflächen die in Tabelle 3 zusammengestellten Klassen zur Anwendung kommen.

**Tabelle 3:** Klassifizierung der Druckbelastbarkeit von Dämmstoffen im genutzten Dach

| Kurzzeichen | Beschreibung | Beispiele |
|---|---|---|
| dh | hohe Druckbelastbarkeit | genutzte Dachflächen, Terrassen |
| ds | sehr hohe Druckbelastbarkeit | Parkdecks |
| dx | extreme Druckbelastbarkeit | hoch belastete Parkdecks |

Das

**[20] Produktdatenblatt für Wärmedämmstoffe: 2004-03** des Zentralverbands des Deutschen Dachdeckerhandwerks fasst die Anforderungen übersichtlich zusammen. In Tabelle 4 ist ein Auszug für die Anwendungsgebiete und die Differenzierung der Produkteigenschaften in Bezug auf das genutzte Dach wiedergegeben.

**Tabelle 4:** Anwendungsgebiete und Differenzierung der Produkteigenschaften der Wärmedämmstoffe nach DIN V 4108-10, Auszug für genutzte Dächer. Aus [20]

<table>
<tr><th colspan="2">Dämmstoff / Anwendung</th><th>MW</th><th>EPS</th><th>XPS</th><th>PUR</th><th>PF</th><th>CG</th><th>EPB</th><th>ICB</th><th>WF</th><th>WW</th></tr>
<tr><td rowspan="7">Decke/Dach</td><td rowspan="4">DAA</td><td rowspan="4">+</td><td rowspan="2">dm</td><td>dm</td><td rowspan="2">dh</td><td rowspan="4">+</td><td>dh</td><td rowspan="2">ds</td><td rowspan="4">+</td><td rowspan="2">dh</td><td rowspan="4">+</td></tr>
<tr><td>dh</td><td>ds</td></tr>
<tr><td rowspan="2">dn</td><td>ds</td><td rowspan="2">ds</td><td rowspan="2">dx</td><td rowspan="2">M.S.D.<br>b.c.</td><td rowspan="2">ds</td></tr>
<tr><td>dx</td></tr>
<tr><td rowspan="3">DUK</td><td rowspan="3">–</td><td rowspan="3">–</td><td>dh</td><td rowspan="3">–</td><td rowspan="3">–</td><td rowspan="3">–</td><td rowspan="3">–</td><td rowspan="3">–</td><td rowspan="3">–</td><td rowspan="3">–</td></tr>
<tr><td>ds</td></tr>
<tr><td>dx</td></tr>
</table>

Bei Wärmedämmungen für begrünte und befahrene Umkehrdächer sind die jeweiligen produkt- und herstellerbezogenen

**[21] Bauaufsichtlichen Zulassungen des Deutschen Instituts für Bautechnik** zu berücksichtigen, die auch wichtige Hinweise zur konstruktiven Gestaltung und Ausführung solcher Dächer machen.

## 4.4 Schallschutz

Genutzte Dachflächen über Aufenthaltsräumen müssen Schallschutzanforderungen erfüllen. Eine Luftschallschutzproblematik besteht in der Regel aufgrund des hohen Flächengewichts der genutzten Dachkonstruktion nicht. Zur Berücksichtigung des Trittschallschutzes sind die Regelungen von

**[22] DIN 4109: 1989-11** – Schallschutz im Hochbau mit zahlreichen später erschienenen Ergänzungen und Beiblättern zu beachten.

## 4.5 Brandschutz

Zum Brandschutz von Dächern wird auf die Landesbauordnung verwiesen (§ 30 der Musterbauordnung befasst sich mit dem Brandschutz von Dächern). Zur besonderen Brandschutzproblematik begrünter Dächer siehe [24].

## 4.6 Belagsaufbauten

### 4.6.1 Dachterrassenbeläge

Ein wichtiges Regelwerk für Dachterrassenbeläge stellt das Merkblatt des Zentralverbands des Deutschen Baugewerbes

**[23] Belagskonstruktionen mit Fliesen und Platten außerhalb von Gebäuden (Stand: Juli 2002)**

dar, das zur Untergrundausbildung inkl. der Gefällegebung und zu den weiteren Belagsaufbauten detailliert Angaben macht.

Für Gussasphaltbeläge ist auf die bereits zitierten Technischen Informationen der Beratungsstelle für Gussasphaltanwendung [15] hinzuweisen.

### 4.6.2 Dachbegrünungen

Für die Planung und Ausführung von Dachbegrünungen stellt die

**[24] „Richtlinie für die Planung, Ausführung und Pflege von Dachbegrünungen – Dachbegrünungsrichtlinie“** („FLL-Richtlinie“) der Forschungsgesellschaft Landschaftsentwicklung Landschaftsbau e.V. FLL (Ausgabe 2002-01)

die wesentliche Informationsquelle dar. Bis zur endgültigen Verabschiedung der im Entwurf vorliegenden europäischen Prüfregelung „E DIN EN 13948: 2001-02: Bitumen-, Kunststoff- und Elastomerbahnen für Dachabdichtungen, Bestimmung des Widerstands gegen Durchwurzelung“ gelten die in diesen Richtlinie enthaltenen Prüfmodalitäten, das „Verfahren zur Untersuchung der Wurzelfestigkeit von Bahnen und Beschichtungen für Dachbegrünungen“ (aktualisierte Version 1999) als Beleg für die Durchwurzelungsfestigkeit von Abdichtungen. Eine in begrünten Dächern angewandte Abdichtung muss diese Prüfung bestanden haben, um als „wurzelfest“ gelten zu können.

Bei begrünten Umkehrdächern sind die besonderen Auflagen der Bauaufsichtlichen Zulassungen [21] zu beachten.

### 4.6.3 Parkdächer

[25] **DIN EN 206-1: 2001-07 Beton**; Teil 1; **Festlegung, Eigenschaften, Herstellung und Konformität**; in Verbindung der DIN 1045 [1] und

[26] **DIN 1045-2: 2001-07** Tragwerke aus Beton, Stahlbeton und Spannbeton, Teil 2, Beton-Festlegung, Eigenschaften, Herstellung und Konformität

[27] **DIN 1045-3: 2001-07** Bauausführung

regeln die Zusammensetzung und Eigenschaften sowie die Nachbehandlung von Betonfahrbelägen.

Für Verbundpflasterbeläge gilt weiterhin das

[28] **DIN 18318: 2000-12** Verkehrswegebauarbeiten, Pflasterdecken, Plattenbeläge, Einfassungen

sowie weiterhin das

[29] **Merkblatt für Flächenbefestigungen mit Pflaster und Plattenbelägen** der Forschungsgesellschaft für Straßen- und Verkehrswesen, Köln, von 1989/94.

Der darin enthaltene Anhang 2 „Pflaster und Plattenbeläge im Hochbau, Verwendung auf undurchlässiger Unterlage“ traf für Parkdächer und Pflasterbeläge zu. Er wurde 2003 zurückgezogen.

Für Gussasphalt als Fahrbelag auf Parkdächern sind neben [13] bis [16] im Hinblick auf die Härteklassen

[30] **DIN 18560-1: 2004-4** Estriche im Bauwesen, Teil 1; Begriffe, Allgemeine Anforderungen, Prüfung und Ausführung

zu beachten sowie zur Zusammensetzung die

**[31] ZTV Asphalt-StBO1** Zusätzliche Technische Vertragsbedingungen und Richtlinien für den Bau von Fahrbahndecken aus Asphalt (Ausgabe 2001)

zu berücksichtigen.

Bei als Parkdächer genutzten Umkehrdächern sollten die Hinweise der allgemeinen bauaufsichtlichen Zulassungen [21] Berücksichtigung finden. Im Hinblick auf Ortbeton- und Fertigteilplatten gilt weiter die Betonnorm [1] und

**[32] DIN 18 500 Betonwerkstein – Begriffe, Anforderungen, Prüfung und Überwachung**.

## 4.7 Dachentwässerung

Zur Dimensionierung und Ausführung der Dachentwässerung ist grundsätzlich

**[33] DIN EN 12 056-3: 2001-01 Schwerkraftentwässerung innerhalb von Gebäuden, Teil 3 Dachentwässerung, Planung und Bemessung** zu beachten. Bei genutzten Dächern liegen häufig geschlossene Brüstungen vor. Dann sind ganz besonders die präzisierenden Regeln zu den Notüberläufen von

**[34] DIN 1986-100: 2002-03 – Entwässerungsanlagen für Gebäude und Grundstücke, Teil 100: Zusätzliche Bestimmungen zu DIN EN 752 und DIN EN 12 056** zu berücksichtigen.

## 4.8 Nutzungssicherheit

Die geforderten Höhen von Brüstungen (Umwehrungen) sind den jeweilig geltenden Landesbauordnungen (Musterbauordnung: § 36) zu entnehmen.

Die maximalen Schwellenhöhen von Türen zu genutzten Dachflächen sind in den Regelwerken für **Barrierefreies Bauen (DIN 18 024, 18 025, 18 030)** mit 2 cm festgelegt.

# 5 Problemkreise und Konstruktionsregeln

## 5.1 Gefällegebung und Entwässerung

Eine große Zahl von Schäden an genutzten Dachflächen hängt mit Fehlern der Gefällegebung und Entwässerung zusammen; es gibt allerdings relativ häufig auch unberechtigte Mangelstreitigkeiten über die Notwendigkeit eines Gefälles. Der Problemkreis der Wasserführung auf genutzten Dachflächen verdient daher unabhängig vom einzelnen Schadensfall und Streitpunkt eine genauere Betrachtung.

Theoretisch dürfte auf einer absolut ebenen Oberfläche bei vorhandener Ablaufmöglichkeit kein Niederschlagswasser stehen bleiben. Praktisch ist aber eine absolut ebene Oberfläche nicht mit vertretbarem Aufwand herstellbar: auf Dächern führen die produktions- bzw. herstellungsbedingten, zulässigen Ebenheitstoleranzen (DIN 18 202: 1997–04 Toleranzen im Hochbau, Bauwerke); die Bahnen- und Ablaufflanschüberlappungen in der Abdichtungsebene und die zulässige – je nach Baustoff des Tragwerks durch Schwind- und Kriechvorgänge auch noch nach der Herstellung der Oberflächenschichten stattfindende – Durchbiegung der Deckentragwerks (DIN 1045 [1]) zu Unebenheiten, die Pfützen zur Folge haben. Wenn Abläufe nicht jeweils in Feldmitte angeordnet werden können, ist – wie Rogier [98] nachweist, – eine völlige Pfützenfreiheit bei Durchbiegung der Dachfläche und der Unterkonstruktion von l/300 erst bei einem Gefälle von 3,6 % erzielbar (die Neufassung von DIN 1045 [1] lässt den ungünstigeren Grenzwert l/250 zu). Ein solches Gefälle auf der Belagsoberfläche würde die Nutzung stark beieinträchtigen und wäre insgesamt aufgrund der großen Aufbauhöhen bzw. der großen Ablaufzahl in engem Abstand äußerst aufwendig.

Deshalb wird das Gefälle von genutzten Dachflächen meist auf 2 % bzw. bei Parkdächern mit Fahrbelägen aus Verbundsteinpflaster auf 2,5% beschränkt. Dann muss aber – worauf die Flachdachrichtlinien [10] ausdrücklich unter 2.1 (3) hinweisen – eine Pfützenbildung in Kauf genommen werden. (Zur generellen Bewertung von Pfützen auf Abdichtungen siehe [88]).

Bei genutzten Dachflächen muss zwischen dem Gefälle der Oberfläche der Nutzschicht und dem Gefälle der Abdichtungsebene unterschieden werden. Beide Problemkreise sollen hier nacheinander behandelt werden.

**Abb. 5.01:** Typische Pfützenbildung aufgrund der Deckendurchbiegung und Lage der Abläufe in Nähe der Deckenauflager auf einem nicht genutzten Flachdach

## 5.1.1 Gefälle und Entwässerung der Nutzschichtoberfläche

Auf Dachterrassen und Parkdächern beeinträchtigen langanhaltende, tiefe Pfützen auf der Belagsoberfläche die Nutzung. Solche Oberflächen sollten daher in der Regel ein Gefälle von 2 % zu den Abläufen hin aufweisen. Es ist dabei darauf zu achten, dass auch Kehlen zwischen Gefälleflächen ein ausreichendes Gefälle haben – hier wird häufig 0,5 % realisiert, das ausreicht, wenn bei der Anordnung der Abläufe in den Kehlen die Deckdurchbiegung berücksichtigt wird – die Abläufe also in Feldmitte liegen.

Werden (meist großformatige) glatte Plattenbeläge (z.B. Betonwerkstein-Gehwegplatten 40 x 40 cm) mit ausreichend breiter (min. 4 mm) offener Fuge so auf Stelzlagern verlegt, dass Niederschlagswasser zügig unter dem Belag abgeleitet werden kann, so ist ein Oberflächengefälle zumindest bei nur privat genutzten Dachterrassen nicht erforderlich. Bei stark genutzten öffentlichen Flächen oder bei Belägen im Kiesbett ist ein Gefälle aber auch bei offenem Fugennetz anzuraten, da sich die Fugen unter diesen Randbedingungen schneller zusetzten und die dann notwendige, häufigere Wartung des Fugenspalts, bzw. Reinigung des Kiesunterbaus nicht vorausgesetzt werden kann.

Die Belagsoberfläche ist grundsätzlich über Einzelabläufe oder Rinnen unmittelbar zu entwässern. Auch bei aufgestelzten Belägen mit offener Belagsfuge sollten die Abläufe – z.B. über Gitterroste im Format des Belags – unmittelbar die Oberfläche erfassen, damit auch bei extremen Niederschlägen und zugesetzten Fugen eine zügige Entwässerung erfolgt. Auch die erforderliche Zugänglichkeit des Ablaufs und der anschließenden Leitungen für Wartungsarbeiten ist damit

**Abb. 5.02:** Gehwegplattenbelag mit zu engen und zugesetzten Belagsfugen – eine solche Oberfläche muss Gefälle haben

gut gewährleistet. DIN 18 195-5: 2000-08 [7.4] weist deutlich darauf hin, das unter Belägen nicht zugängliche Abläufe zu bemängeln sind.)

Für bewitterte Parkdecks gelten grundsätzlich folgende Gefälleregeln für die Nutzschichtoberfläche

- Warmdach mit Ortbetonplatten (ca. 2,50 m–4,0 m möglichst quadratisch) ≥ 2,0 %
- Umkehrdach mit Ortbetonplatten (ca. 2,50 m-4,0 m) möglichst quadratisch) ≥ 2,5 %
- Warmdach mit Betonfertigteilplatten (ca. 1,0 m x 1,0 m) ≥ 2,0 %
- Umkehrdach mit Betonfertigteilplatten (ca. 1,0 m x 1,0 m) kein Gefälle erforderlich (s. o.)
- Warmdach mit Betonsteinpflaster ≥ 2,5 %
- Umkehrdach mit Betonsteinpflaster ≥ 2,5 %
- Gussasphalt gesplittet ≥ 2,0 %
- Gussasphalt abgesandet ≥ 1,5 %
- Längsgefälle in Entwässerungsrinnen ≥ 0,5 %
- Abstand der Abläufe in den Rinnen ≤ 15 m
- Abstand der Abläufe für Trichtergefälle ≤ 15 m

➜ Die Länge der Gefällestrecken zwischen Hochpunkt (First) eines Fahrbelages bis zur Rinne bzw. zum Ablauf sollte nicht mehr als 7,50 m betragen.

Auf nicht bewitterte Parkdecks soll hier nicht detailliert eingegangen werden. Es ist aber darauf hinzuweisen, dass auch diese Flächen je nach geografischer Lage, Orientierung der Fenster- und Belüftungsöffnungen und Benutzungsfrequenz durch Schmelz- und Tropfwasser aber auch unmittelbar über die Öffnungen eingetragenes Niederschlagswasser so stark wasserbelastet sein können, dass eine Gefällegebung und Entwässerung wie bei Parkdächern erforderlich wird. Bei nicht unmittelbar bewitterten Parkdecks mit Asphaltbelägen werden gelegentlich zum Sammeln des von den PKW abtropfenden Wassers zwischen den normalerweise nicht begangenen Stirnseiten aneinander grenzender Stellplatzreihen die Kehlen der Gefälleflächen als so genannte „Verdunstungsrinnen“ ohne Ablauf realisiert. Dies ist nur für nicht unmittelbar bewitterte Parkflächen bei völlig gegen Tausalz resistenten Oberflächen diskutabel und sollte zur Vermeidung späteren Streits als Sonderlösung ausdrücklich zwischen den Vertragspartnern vereinbart werden, da das Fehlen von Abläufen auch das Reinigen der Flächen erschwert.

Besondere Aufmerksamkeit verdient auch Niederschlagswasser, das von Fassaden oder über Regenfallrohre von Vordächern oder anderen angrenzenden Dachflächen auf die genutzte Dachfläche gelangt. Der Schlagregenniederschlag von zur Wetterseite orientierten hohen Fassaden sollte nicht über längere Strecken den Dachbelag zusätzlich belasten, sondern unmittelbar z. B. über Gitterrostrinnen gefasst werden. Gleiches gilt für das abgeleitete Wasser von Dachflächen – besonders als Schmelzwasser kann diese zusätzliche Oberflächenwasserbelastung z. B. zum Vereisen von Zugangswegen führen. Die Fallrohre sollten also nicht auf den Dachbelag entwässern, sondern als Fallleitung bis zum Kanal weitergeführt werden (zum Problem der Rohrdurchführung am Dachabschluss siehe Beispiel 6.4.8).

### 5.1.2 Gefälle und Entwässerung der Abdichtungsebene

Je nach Art der Aufbauschichten sickert eine größere oder kleinere Menge des Niederschlagswassers bis auf die Abdichtungsebene der genutzten Dachfläche. Bei begrünten Dächern, bei aufgestelzten Dachterrassenbelägen mit offener Belagsfuge oder bei Parkdächern mit Rasengittersteinen im Stellplatzbereich kann dies die überwiegende Menge des Niederschlagswasser sein, bei Asphaltfahrbelägen, Ortbetonfahrbelägen mit vergossener Fuge auf Parkdächern oder auch bei Plattenbelägen in Mörtelbett auf Dachterrassen können die bis zur Abdichtungsebene gelangenden Wassermengen aber auch sehr klein sein.

Zur Ableitung dieses Wassers sind in der Regel Abläufe in der Abdichtungsebene erforderlich, es sei denn, bei ebenerdigen genutzten Dachflächen kann über die Deckenkante ins angrenzende Gelände versickert werden.

Ob neben den Ablaufmöglichkeiten in der Abdichtungsebene auch noch ein Gefälle der Abdichtungsoberfläche notwendig ist, hängt davon ab, ob in Pfützen auf der Abdichtung im Belagsaufbau stehendes Wasser die Gebrauchtauglichkeit und Dauerhaftigkeit des genutzten Dachfläche beeinträchtigen kann. Dabei ist zwischen den negativen Auswirkungen auf die Belagsschichten und auf die Abdichtung zu unterscheiden.

#### 5.1.2.1 Auswirkung stehenden Wassers auf die Belagsschichten

Pfützen auf der Abdichtung können zu Eis gefrieren. Werden durch die damit verbundene Volumenvergrößerung Belagsschichten geschädigt, können diese also „auffrieren", so müssen Pfützen vermieden werden. Daher ist bei Plattenbelägen im Mörtelbett immer ein Gefälle auf der Abdichtungsebene und zusätzlich eine ausreichend hohe Dränschicht notwendig (siehe Beispiel 6.4.9). Bei Umkehrdachkonstruktionen besteht dieses Problem nicht, da die Pfütze auf der Abdichtung durch die Wärmedämmung vor Frost geschützt liegt. Allerdings darf es bei Umkehrdächern nicht zu so erheblichen Pfützen kommen, dass die Dämmplattenoberseite langanhaltend überstaut ist. Dies würde nämlich zu einer verstärkten Wasseraufnahme des Dämmstoffs durch Diffusion und Tauwasserbildung führen.

Liegen bindemittelgebundene Schichten (Mörtelbett, Estrich, Gefällebeton, Ortbetonbeläge) unmittelbar auf der Abdichtung im Bereich von Pfützen, so sind starke Ausblühungen und Aussinterungen zu erwarten. Auch in diesen Fällen ist also ein Gefälle der Abdichtung notwendig (siehe Beispiel 6.1.1). Das Sickerwasser unter solchen Schichten enthält allerdings auch wenn ein Gefälle vorhanden ist ausgelöstes Kalkhydrat, das unter Luftkontakt zu Kalkstein sintert. Dies ist bei der Bemes-

**Abb. 5.03:** Aussinterungen am Plattenbelag im Mörtelbett bei fehlendem Gefälle auf der Abdichtungsebene

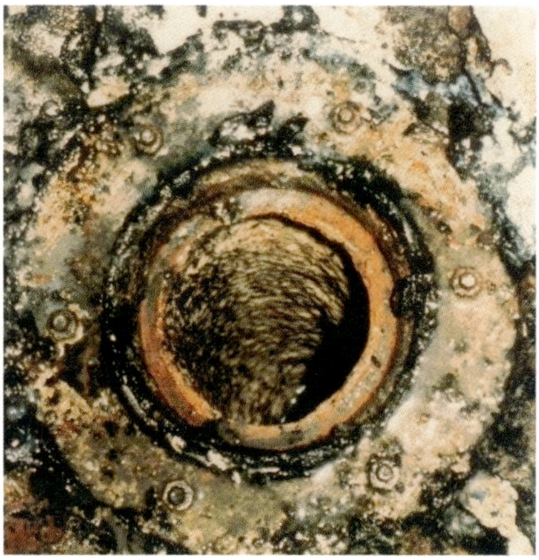

**Abb. 5.04:** Zugesinterter Ablauf

sung und Zugänglichkeit der Abläufe und Fallrohre zu beachten, da diese zusintern können und daher besser überdimensioniert und leicht wartbar sein sollten.

Auch z. B. bei der Gestaltung von Abtropfblechen ist der Sintervorgang zu berücksichtigen, da an offen sichtbaren Blechen die Sinterschichten optisch stark stören können. Ist die Kies- oder Splittbettung z. B. von Verbundsteinpflaster wassergesättigt, so nimmt die Tragfähigkeit erheblich ab – der Belag gibt beim Befahren im wassergesättigten Zustand nach und verschiebt sich. Eine zügige Entwässerung und Gefällegebung der Abdichtungsebene von mindestens 2,5 % ist dann besonders bei häufig befahrenen Flächen wichtig (siehe Beispiel 8.3.1).

Unter aufgestelzten Plattenbelägen langanhaltend stehendes Wasser kann besonders auf Dachterrassen vor Wohnräumen zu Geruchsbelästigungen führen. Hier sind also zumindest tiefe Pfützen entweder durch ein Gefälle oder – bei Abdichtungen aus Bitumenbahnen – durch Abspachtelung mit einer gefüllten Bitumenmasse zu vermeiden.

Bei Intensivbegrünungen ist eine Wasserrückhaltung (Anstaubewässerung) in der Ebene der Dränschicht erwünscht – gefällelose Abdichtungen werden hier also häufig realisiert und werden in DIN 18 195 bis zu einer Anstauhöhe von 10 cm noch als Beanspruchung aus „nichtstauendem Oberflächen- und Sickerwasser“ angesehen.

Bei Extensivbegrünungen muss eine dauernde stauende Vernässung des Substrats vermieden werden. Hier ist also ein Gefälle der Abdichtung sinnvoll – anderenfalls muss die Dränschicht unter dem Substrat so dick sein, dass das in Pfützen auf der Abdichtung stehende Wasser nicht das Substrat unmittelbar benetzt.

### 5.1.2.2 Auswirkung des stehenden Wassers auf die Abdichtung

Grundsätzlich dürfen die in genutzten Dachflächen verwendeten Abdichtungsmaterialien bei einer Beanspruchung aus stehendem Wasser mit geringer Stauhöhe (max. 10 cm bei Intensivbegrünungen) ihre Eigenschaften nicht verändern und müssen dauerhaft dicht bleiben. Während dies bei früher auf Dächern verwendeten Abdichtungslagen (z. B. Teerpappen mit Rohfilzeinlagen) nicht sichergestellt und eine Mindestgefällegebung daher zwingend war, ist grundsätzlich eine Gefällegebung unter diesem Aspekt heute nicht mehr erforderlich und sie wird daher auch in keinem Regelwerk strikt und unabdingbar gefordert.

Bei nicht genutzten Dachflächen ohne schweren Oberflächenschutz können Pfützen bei verschieden Dachbahnmaterialien durch die Krustenbildung eintrocknender Schmutzschichten oder Algen und die wechselnde, unterschiedliche klimatische Beanspruchung besonders an den Pfützenrändern zu einer schnelleren Alterung und einem früheren Versagen der Abdichtung führen. Diese Nachteile sind unter dem vor Sonneneinstrahlung und schnellen Klimaschwankungen schützenden „schweren Oberflächenschutz" der Aufbauschichten genutzter Dachflächen weitgehend auszuschließen. Aus diesem Grund empfehlen die Flachdachrichtlinien bei nicht genutzten Dächern unter 2 % Gefälle einen solchen Schutz – also z. B. eine 5 cm dicke Kiesschüttung.

Für die Wirksamkeit und Dauerhaftigkeit der Abdichtung haben demnach Pfützen im genutzten Dach und generell bei Umkehrdächern – unter Berücksichtigung der unter 5.1.2.1 angesprochenen Aspekte – keine wesentliche Bedeutung. Trotzdem bezeichnen die Flachdachrichtlinien grundsätzlich alle Dächer – also nicht nur nicht genutzte Flachdächer bzw. Dachbereich (z. B. Kehlen) – mit weniger als 2 % Gefälle zu Recht als „Sonderkonstruktionen", die einen qualitativ höherwertigen Abdich-

**Abb. 5.05:** Verrottende Teerpappe im stehenden Wasser einer Pfütze

tungsaufbau erfordern. Dies hängt wohl mit folgendem Sachverhalt zusammen. Während eine geringe Fehlstelle in einer Abdichtung, die lediglich während des Niederschlags durch das über sie hinwegrinnende Sickerwasser beansprucht wird, so gut wie keine merklichen Schäden im Dach verursacht, kann die gleiche Fehlstelle unter dauernd stehendem Wasser zum völligen Versagen („Absaufen") des Daches führen, wenn sich das Leckwasser in sickerfähigen Schichten (wasseraufnahmefähige oder mit offenen Spalten verlegte Dämmschichten, Gefälleestrichen, „Entspannungsschichten") weiträumig unter der Abdichtung verteilen kann. Eine Gefällegebung erhöht daher in dieser Hinsicht die Zuverlässigkeit eines Daches – dies gilt vor allem für die Dauerhaftigkeit, da erfahrungsgemäß geringe Undichtheiten meist im Zuge der Alterung des Daches auftreten.

DIN 18 195 –5: 2000-08 weist daher auch darauf hin, dass besonders an Stellen mit erhöhtem Fehlstellenrisiko stehendes Wasser vermieden werden muss: dies sind die Dachbereiche mit (schlaufenförmigen) Dehnfugenkonstruktionen und Durchdringungen, also Bereiche, die handwerklich besondere Sorgfalt erfordern und die immer wieder dynamisch beansprucht werden und daher ein erhöhtes Fehlstellenrisiko aufweisen. Es sollte also auf jeden Fall durch Gefälle dafür gesorgt werden, dass solche Stellen aus dem stehenden Wasser herausgehoben werden – Dehnfugen und Durchdringungen sind also möglichst als Hochpunkte auszubilden.

Auf ein Gefälle in der Abdichtung genutzter Dachflächen kann aus den dargestellten Gründen dann am ehesten verzichtet werden, wenn auf andere Weise die

**Abb. 5.06–5.07: Folgen von Fehlstellen in Abhängigkeit von der Gefällegebung**
**Abb. 5.06 (links):** Geringe Folgen beim Gefälledach; **Abb. 5.07 (rechts):** Große Folgen bei stehendem Wasser

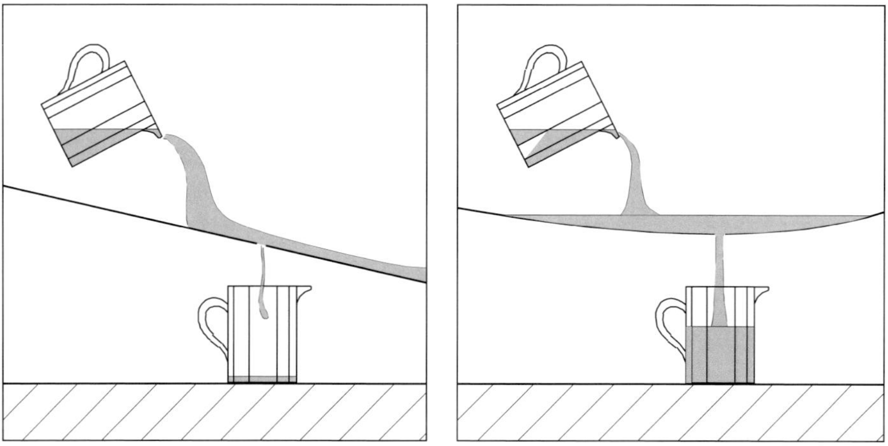

negativen Auswirkungen geringer Fehlstellen minimiert werden. Dies ist z. B. der Fall, wenn die Abdichtung vollflächig auf dem – erfahrungsgemäß auch ohne besondere WU-Beton-Vorkehrungen – weitgehend wasserundurchlässigen Untergrund einer Stahlbetondachdeckenplatte verklebt wird. Das Perforationsrisiko ist dann sehr gering und eine Unterläufigkeit weitgehend unterbunden. Gefälleschichten unter der Abdichtung wären bei diesen Bauweisen eher nachteilig, da das Gefälle meist nicht oder nur mit ungewöhnlichem Aufwand direkt im konstruktiven Betonbauteil ausgebildet werden kann und daher in der Regel aus schlechter verdichtetem Gefällebeton ausgeführt wird. Eine solcher Gefällebetonkeil unter der Abdichtung bildet dann eine Sickerschicht in der sich Leckwasser im Dach quer verteilt.

Zusammenfassend ist festzustellen, dass die Frage nach der Notwendigkeit eines Gefälles auf genutzten Dachflächen auf der Grundlage der dargestellten Sachverhalte und Kriterien differenziert zu behandeln ist: es gibt Anwendungssituationen, in denen sowohl auf der Belagsoberfläche als auch auf der Abdichtung ein Gefälle notwendig ist, aber auch Bauweisen, bei denen weder der Belag noch die Abdichtung im Gefälle liegen muss.

## 5.2 Lasten

Genutzte Flachdächer unterscheiden sich von den ungenutzten u. a. dadurch, dass die Nutzschichten meist erhöhte ständige Lasten zur Folge haben und weitere aus der Nutzung resultierende zusätzliche Verkehrslasten auf sie einwirken. Je nach Nutzungstyp gibt es große Unterschiede in Art und Größe der Lasten, von gering belasteten extensiv begrünten Flachdächern über Dachterrassen und intensiv begrünten Flächen bis hin zu hochbelasteten Parkdächern. Nachfolgend soll ein Überblick über die Nutzlasten und Lastannahmen für die verschiedenen Nutzungsarten gegeben werden. Außerdem werden die Beanspruchungen für die einzelnen Schichten im Dachaufbau und die sich daraus ergebenden Folgerungen für den Einsatz geeigneter Materialien und deren Abmessungen aufgezeigt.

### 5.2.1 Belastung von Terrassendächern

#### 5.2.1.1 Typische zusätzliche Lasten und Lastannahmen

Als ständige Lasten sind die Aufbauschichten des Bauteils zu berücksichtigen.

Gemäß DIN 1055-Blatt 3 [4], Tabelle 1 ist bei einer Grundfläche $< 10$ m$^2$ eine Verkehrslast von 5,0 kN/m$^2$, bei einer Grundfläche $> 10$ m$^2$ 3,5 kN/m$^2$ zu berücksichtigen. Man muss beachten, dass damit lediglich die Belastung des Tragwerks berücksichtigt ist. Blumenkübel, Liegestühle, Tische, Bänke, evtl. Sonderbeanspruchungen durch beladene Schubkarren und andere Punktlasten müssen darüber hinaus im Hinblick auf die Standfestigkeit mit Bruchgefahr der Terrassenbeläge beachtet werden

#### 5.2.1.2 Belastbarkeit und Verschleißwiderstand der Oberbeläge

Bei Terrassenplatten werden u. a. Anforderungen an die Biegezugfestigkeit (bzw. Biegefestigkeit), den Widerstand gegen Verschleiß, die Wasseraufnahme und die Frostbeständigkeit gestellt. Je nach Belagsart wird unterschieden in:

- Keramische Fliesen und Platten

Man unterscheidet stranggepresste und trockengepresste keramische Beläge mit folgenden Anforderungen:

Zuständig ist die DIN EN ISO 10 545. Darin sind geregelt die Prüfung und Anforderung für die Biegefestigkeit in Teil 4, für den Widerstand gegen Tiefenverschleiß von unglasierten keramischen Fliesen und Platten in Teil 6 und der Widerstand gegen Oberflächenverschleiß von glasierten Fliesen und Platten in Teil 7.

- Betonwerksteinplatten sind wie folgt geregelt:

Zuständig ist die DIN 18 500 [32]. Darin wird eine mittlere Biegezugfestigkeit von mindestens 5 $N/mm^2$ gefordert, wobei der kleinste Einzelwert 4 $N/mm^2$ nicht unterschreiten darf. In der Regel bedeutet dies, dass bei den üblicherweise verwendeten Betonwerksteinplatten für Terrassen mit Abmessungen von 40 x 40 cm eine Dicke von 4cm und von 40 x 60 oder 50 x 50 cm eine Dicke von 5 cm nicht unterschritten werden sollte.

In der DIN 18 500 sind außerdem Mindestwerte für den Verschleiß durch schleifende Beanspruchung (Schleifverschleiß) nachzuweisen. Die dafür zuständige Prüfnorm ist die DIN 52 108. Die Wasseraufnahme von Betonwerkstein, der im Freien verwendet wird, darf nicht mehr als 15 Vol % betragen.

- Naturwerksteinplatten:

Eine allgemeine Mindestanforderung an einen Wert für die Biegefestigkeit gibt es nicht. Je nach Art und Herkunft des Natursteins gibt es große Schwankungen, z. B. bei Granitplatten 10-20 $N/mm^2$, Travertinplatten 2-13 $N/mm^2$ oder Quarzit 10-20 $N/mm^2$. Dennoch müssen auch diese Werte aus statischen Gründen entsprechend der Prüfnorm DIN 52 112 ermittelt werden. Hier betragen die von den Herstellern empfohlenen Plattendicken, z. B. bei Granit teilweise nur 3 cm. Dies entspricht der Mindestanforderung in [23]. Eine statische Prüfung im Einzelfall ist erforderlich.

Der Widerstand gegen Schleifverschleiß ist in der Prüfnorm DIN 52 108 geregelt.

• Gussasphaltbeläge:

Gussasphaltbeläge werden nur noch vereinzelt als Terrassenbeläge über einem gedämmten Aufbau eingebaut. Bei ungedämmten Terrassen und Balkonen findet man sie häufiger. Vorteilhaft ist die Fugenlosigkeit und die abdichtende Funktion des Belages (inkl. der damit verbundenen Abdichtung), der auch zugleich Nutzschicht ist. Nachteilig ist die dunkle Farbe, z.T. eine leicht wellige Oberfläche und vor allem die Eindrückungen unter den für Terrassen typischen Punktlasten (siehe 5.2.1.2). Dies gilt insbesondere für Gussasphaltbeläge von frei bewitterten gedämmten Terrassen mit intensiver Sonneneinstrahlung, da dort der Wärmeabfluss in die Betondecke erheblich verzögert und damit die mittlere Belagstemperatur deutlich erhöht wird.

Die Zusammensetzung ist ähnlich wie für Parkdachbeläge. Obwohl dort die Radlast mit 750 kp wesentlich größer als eine Punktlast auf einer Terrasse ist (Beispiel: eine 100 kg schwere Person sitzt vorwiegend auf den beiden vorderen Stuhlbeinen, entsprechend ca. 40 kg pro Stuhlbein). Dafür ist aber die Aufstandsfläche eines parkenden Rades mit 20 cm x 20 cm = 400 $cm^2$ wesentlich größer als die eines Stuhlbeines mit ca 3 cm x 3 cm = 9 $cm^2$. Die Druckspannung auf den Gussasphaltbelag beträgt auf dem Parkdach 750/400 = 1,9 kp/$cm^2$, auf der Terrasse jedoch 40/9 = 4,5 kp/$cm^2$.

Hieraus erklärt sich auch die Forderung nach einer Druckverteilungsplatte sowohl unterhalb als auch nach einem lastverteilenden Belag (Fliesen, Lattenroste etc.) oberhalb der Gussasphaltschicht.

Als Dämmstoffe werden meistens Schaumglas oder Perlite-Dämmplatten genommen, da beide Dämmstoffmaterialien temperaturbeständig sind.

### 5.2.1.3 Einleitung der Lasten in den Schichtenaufbau

#### 5.2.1.3.1 Einleitung der Lasten in einen Warmdachaufbau

Bei einem Warmdachaufbau mit Belägen aus Fliesen oder Platten im Mörtelbett werden die Verkehrslasten über eine Lastverteilungsschicht in den Dachaufbau eingeleitet.

Die über einer Trennschicht/Trennlage bzw. Dränlage angeordnete Lastverteilungsschicht ist in der Regel ein ca. 5 cm dicker Zementestrich nach DIN 18560 mit einer Bewehrung aus Betonstahlmatten nach DIN 488-Teil 4, mit Maschenweiten 50/50 (Stabdurchmesser 2 mm) bis 100/100 (Stabdurchmesser 3 mm). Der Belag kann entweder unmittelbar auf den frischen Estrich verlegt oder im Dünnbett auf den erhärteten Estrich verklebt werden. Nähere Angaben dazu finden sich im Merkblatt für Bodenbeläge aus Fliesen und Platten außerhalb von Gebäuden [23].

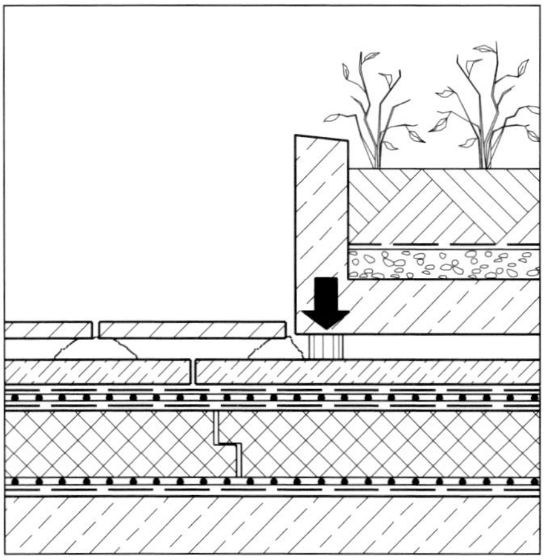

**Abb. 5.08:** Beispiel mit Pflanzkübel und Schutzestrich auf Warmdach

Ob bei einer Verlegung von Werksteinplatten im Kies oder Splitt die Abdichtung eine weitere Schutzschicht, z.B. eine Bautenschutzmatte erhalten muss, um ein Eindrücken der Gesteinskörner in die Abdichtung zu verhindern, hängt von der Nutzungssituation ab. Bei kleineren Wohnhausdachterrassen kann – wie DIN 18 195-Teil 5, ausdrücklich hervorhebt – die Nutzschicht als Schutzschicht dienen – dann reicht z.B. eine zusätzliche Trennlage aus PE-Folie. Werden die Betonplatten auf Stelzlagern verlegt, so ist bei weicheren Dämmschichten eine Druckverteilungsplatte oder bei Schaumglas eine Bautenschutzmatte anzuordnen, wenn höhere Nutzlasten zu erwarten sind.

Nach DIN V 4108-Teil 10 [18.4] gehören Wärmedämmplatten in einem Warmdachaufbau zum Anwendungsgebiet DAA. Es dürfen nur solche Dämmstoffe auf Terrassen eingesetzt werden, die eine Druckbelastbarkeit von dh (genutzte Dachflächen, Terrassen) nachweisen können (siehe Kap. 4.3). Darauf ist besonders beim expandierten Polystyrolschaum zu achten, da dieser auch in der Rohdichtenklasse EPS 15 angeboten wird. Es muss mindestens EPS 20 verwendet werden.

### 5.2.1.3.2 Einleitung der Lasten in einen Umkehrdachaufbau

In einem Umkehrdachaufbau sind Beläge aus Fliesen oder Platten im Mörtelbett ungeeignet. Bewährt haben sich Plattenbeläge im Kies- bzw. Splittbett oder auf speziellen Terrassenlagern.

Bei einer Verlegung auf einer Kies- bzw. Splittschicht werden die Lasten über die Bettung und die XPS-Platten in die Abdichtung und die Konstruktion abgetragen. Die Erfahrung hat gezeigt, dass sich ein Belag aus dünnen Beton- oder Naturwerksteinplatten (< 4 cm) sowie aus kleinformatigen Platten (< 40 cm x 40 cm) unter Punktlasten (Liegestühle!) als nicht lagestabil erweisen kann. Es kommt u.U. zu exzentrischen Belastungen der Einzelplatte, die Verdrückungen in der Bettung und dadurch ein Verdrehen der Platte verursachen können. Geeignet für die Bettungsschicht sind die Körnungen 4/8 mm für Kies und 5/8 mm für Splitt.

Stauwasser in der Bettung reduziert die Lastaufnahme des Plattenbelages. Wichtig für die Lagestabilität eines stark belasteten Plattenbelages ist daher eine einwandfreie Dränung des Bettungsmaterials und die zügige Abführung des Regenwassers durch eine ausreichende Größe und richtige Anordnung der Abläufe. Bei normalen Wohnhausterrassen kann eine gewisse Pfützenbildung aber ohne Schadensfolgen in Kauf genommen werden.

Sowohl bei einer Verlegung im Kies- bzw. Splittbett als auch auf Terrassenlagern müssen die XPS-Platten im Anwendungsgebiet DUK die Druckbelastbarkeit dh aufweisen [18.4].

Durch den Schutz der Abdichtung durch die XPS-Dämmplatten mit einem Rieselschutzvlies werden auf plattierten Terrassen mit einem Umkehrdachaufbau keine Eindrücke durch Gesteine oder Lager in der Abdichtung festgestellt.

### 5.2.2 Belastung von extensiv begrünten Flachdächern

Im Hinblick auf die Eigenlasten können bei extensiv begrünten Dächern deutlich geringere Werte vorliegen als z.B. bei nicht genutzten Flachdächern mit schwerem Oberflächenschutz aus Kies 16/32. Dieser Aufbau wiegt 0,9–1,0 kN/m² während Vegetationsmatten mit Fadengeflecht ca. 0,35–0,45 kN/m² wiegen. Für die Lastannahmen wird dabei von der maximalen Wasserkapazität ausgegangen.

Während Windsoglasten bei allen übrigen genutzten Dachflächen in der Regel aufgrund des hohen Eigengewichts der Nutzschichten problemlos aufgenommen werden, ist bei extensiven Begrünungen sowohl hinsichtlich der Lagesicherheit des Dachaufbaus als auch – bei loser Verlegung der Abdichtung und Dämmung – der übrigen Schichten des Daches die Windsogsicherung im Einzelnen nachzuweisen. Soweit die Windsogsicherung nicht durch mechanische Verankerung erfolgt, ist das Eigengewicht für **diesen** Lastfall im **trockenen** Zustand anzusetzen (siehe Abschnitt 4.7.3 von [9] sowie Abschnitt 5.8 von [24]). Im Hinblick auf die Verkehrslasten gilt bei genutzten, extensiv begrünten Flachdächern das zu den Dachterrassen Dargestellte.

### 5.2.3 Belastung von intensiv begrünten Dächern

#### 5.2.3.1 Typische Lasten

- Ständige Lasten:

Die Begrünungsart kann von Gras-Kraut-Begrünungen über Gehölze bis zu hohen Bäumen reichen. Nach Tabelle 12 der Begrünungsrichtlinie [24] reichen die Lasten von 0,05 kN/m² für Rasen bis 1,5 kN/m² für Bäume bis 15 m Höhe.

Das Gewicht der Vegetationsschichten und Dränschichten ist bei maximaler Wasserkapazität anzusetzen. Werte sind aus den Tabellen 10 bis 12 von [24] zu entnehmen.

- Verkehrslasten:

Es gilt das zu Terrassenbelägen Ausgeführte.

#### 5.2.3.2 Lastannahmen

Die Lasten intensiv begrünter Dächer können je nach Schichtenaufbau und der Vegetationsformen erheblich variieren und müssen individuell ermittelt werden. Für die ständigen Lasten siehe [24] und für die Verkehrslasten gelten die Ausführungen zu den Terrassendächern (5.2.1).

#### 5.2.3.3 Einleitung der Lasten in den Schichtenaufbau

Als Wärmedämmung werden beim intensiv begrünten **Warmdach** (DAK) die selben Anwendungstypen wie beim Terrassendach verwendet.

Für den Schichtenaufbau im **Umkehrdach** (DUK) müssen die XPS-Dämmplatten ebenfalls die Mindestdruckbelastbarkeit dh aufweisen.

Bei der Anpflanzung von hohen Bäumen sollte der Stamm zur Windsicherung mit drei Betonfundamenten (z. B. 1,0 m x 1,0 m, abhängig vom Gewicht und der Größe der Baumkrone sowie der Höhenlage) unter ca. 45° verspannt werden, ggf. sind Einzelnachweise zu führen.

### 5.2.4 Belastung von Parkdächern

#### 5.2.4.1 Allgemeines zur Belastung von Parkdächern

Eine der Hauptursachen für die hohe Schadensquote von Parkdächern sind gravierende Fehler sowohl in der Planung als auch in der Ausführung, wenn die hohe Verkehrsbeanspruchung nur unzureichend berücksichtigt wird. Risikoreiche Entscheidungen sind häufig bereits festzustellen bei der Wahl des Schichtenaufbaues (Warmdach, Umkehrdach), der Art des Fahrbelages (Ortbetonplatten, Betonfertigteilplatten, Betonsteinpflaster, Gussasphalt), der Dämmstoffe (Wasseraufnahme, Druckfestigkeit, Bruchfestigkeit), der Abdichtung (lose Bahnen, Verbundabdichtung) oder bei der mangelhaften Detailausbildung (ungenügende Ausbildung der Fugen und Anschlüsse, unzureichende Entwässerung, keine stabilen Entwässerungsrinnen etc.).

Grundsätzlich werden Bereiche mit ruhendem Verkehr (z. B. Stellplätze) geringer beansprucht als die Bereiche mit ständigem Fahrverkehr (Fahrstraßen, Rampen, Zuwegungen). Es sind besonders diese Zonen mit intensiver dynamischer Verkehrsbelastung, die Schäden nicht nur im Fahrbelag, sondern auch in den darunter liegenden Schichten, der Wärmedämmung und der Abdichtung aufweisen.

Die einzelnen Aufbauschichten werden außer von den ständigen Lasten durch folgende Belastungsarten beansprucht:

• Vertikale und dynamische Beanspruchungen:

Sie ergeben sich direkt aus den Radlasten der Fahrzeuge. Die Radlast in den Fahrstraßen wird zusätzlich mit dem Faktor $\varphi$ für den Schwingbeiwert multipliziert, der die Auswirkungen der dynamischen Belastung berücksichtigt. Diese wird umso größer, je schneller das Fahrzeug fährt und je größer die Unebenheiten im Fahrbelag sind (z. B. Höhensprünge oder Überzahn zwischen den Plastersteinen, zwischen benachbarten Betonplatten oder an Gebäudefugen).

Die dynamische Belastung wird auch erhöht, wenn z.B. beim Umkehrdachaufbau die lose verlegten Dämmplatten nicht voll auf der Abdichtung aufliegen und sich unter der Radlast federnd durchbiegen („Trampolineffekt"). Nachteilig sind außerdem verformungswillige Tragkonstruktionen mit Fertigteilplatten, die keine Querkraftübertragung zu den Nachbarplatten aufweisen und sich verformen.

Der Schwingbeiwert $\varphi$ variiert zwischen 1,0 und 1,4. Für Parkdächer mit verformbareren Belägen (Betonfertigteil-Platten, Betonsteinpflaster) oder einer weichen Tragkonstruktion (z. B. Betondecke aus Fertigteilplatten) wird $\varphi$ sicherheitshalber mit 1,4 angesetzt.

• Horizontale Beanspruchungen:

Diese Lasten ergeben sich aus Bremsen und Beschleunigen des Fahrzeuges und treten verstärkt im Bereich der Rampenein- und -ausfahrten, vor Schranken sowie in Kurven auf. Diese Belastungsart wird in ihrer Bedeutung häufig unterschätzt. Nach der DIN 1072 [5] ist hierfür mindestens $^1/_3$ der Vertikallast des Regelfahrzeuges in Höhe der Straßenoberkante anzusetzen (allerdings ohne den Schwingbeiwert). Die Horizontalkräfte wirken sich häufig nachteilig auf die Lagestabilität von Belägen mit Betonsteinpflaster und solchen mit Gussasphalt aus.

- Thermische Beanspruchung:

Extreme Temperaturunterschiede auf einem frei bewitterten Parkdach werden in [54] mit 90 K (Sommer/Winter) und 20 K (Tag/Nacht) angegeben. Diese Beanspruchung kann sich z.B. nachteilig auf Gussasphaltbeläge auswirken (siehe Schadensfall 8.4.1.2). Bei einer ungünstigen Materialzusammensetzung des Gussasphaltes kann es bei Kälte zu Rissbildungen und bei Hitze zu Reifeneindrücken kommen. Die Temperaturschwankungen können aber auch Schäden in der Abdichtung eines Warmdaches hervorrufen, wenn z.B. die zwängungsfreie Verkürzung eines Betonbelages bei Kälte durch Reibung behindert wird und sich dadurch Spannungen in der Abdichtung aufbauen, die zu Rissen führen können (siehe Schadensfall 8.1.2.2).

Besonders für die Ausbildung der Bewegungsfugen der Tragkonstruktion sind die Temperaturschwankungen zu berücksichtigen.

#### 5.2.4.2 Lastverteilung

Die Ableitung der auf den Fahrbelag einwirkenden Radlasten in die einzelnen Schichten des Dachaufbaues und die Betondecke richtet sich im Wesentlichen nach den Steifigkeiten der einzelnen Aufbauschichten. Die Steifigkeit hängt vom materialspezifischen Elastizitätsmodul und der jeweiligen Schichtdicke ab.

Die E-Module von Beton, Schaumglas und den Schaumkunststoffen sind konstant. Im Unterschied dazu sind die E-Module von Gussasphalt und bitumenhaltigen Abdichtungen von der jeweiligen Temperatur und der Lasteinwirkungszeit abhängig.

Der Lastverteilungswinkel in den einzelnen Aufbauschichten (gemessen zur Horizontalen) kann vereinfacht wie folgt angenommen werden:

- Stahlbetonplatte: ca. 45°
- Gussasphalt in freibewitterten Flächen als Fahrbelag: ca. 60°
- Gussasphalt in überdachten Flächen als Fahrbelag und in den unteren Schichten des Dachaufbaues ca. 45°
- Pflasterdecke (Betonsteine inkl. Splittbettung): ca. 60°

Hierbei wird vorausgesetzt, dass das Pflaster ausreichend in die Bettung eingerüttelt wird, die Pflasterfugen bis Oberkante Belag verfüllt und die Pflastersteine gut miteinander verzahnt sind (Verbundsteinpflaster).

- Die Wärmedämmung liefert praktisch keinen Beitrag zur Lastverteilung.

Die Lastverteilung unter den o.a. Winkeln ist geeignet für die überschlägliche Ermittlung der Druckbeanspruchungen in den Schichten unterhalb der Fahrbeläge,

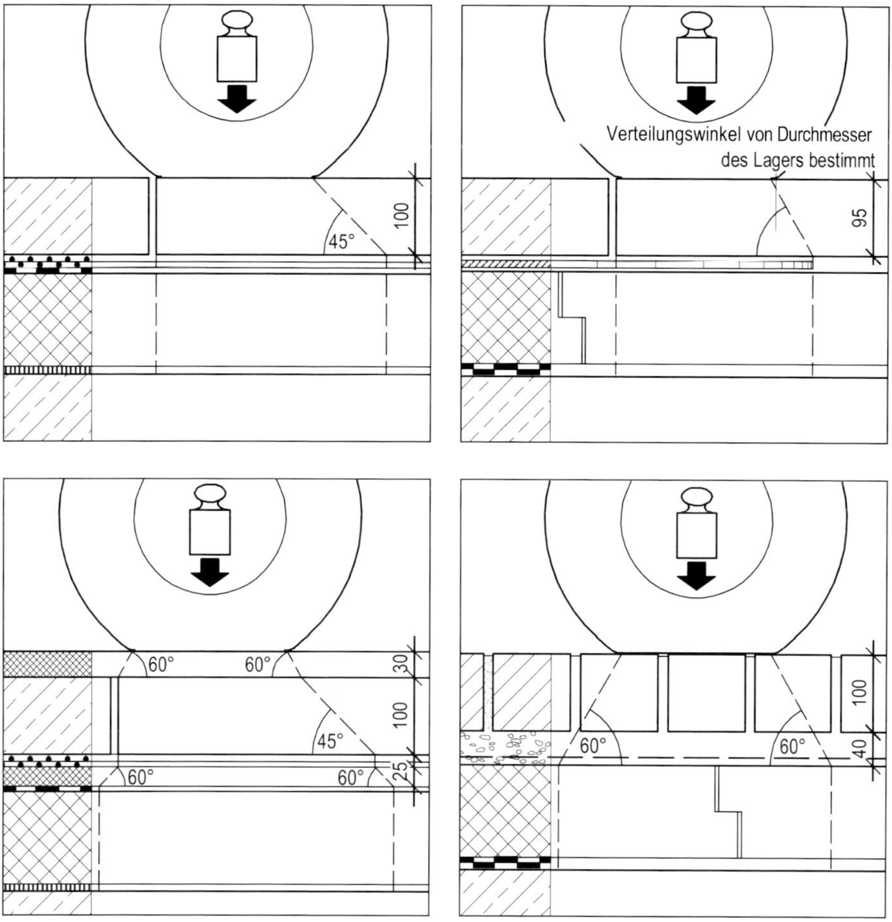


**Abb. 5.09–5.12: Lastverteilung in den Standard-Parkdachaufbauten**

**Abb. 5.09 (o. li.):** Lastverteilung am Plattenrand unter einem Fahrbelag aus Ortbetonplatten; **Abb. 5.10 (o. re.):** Lastverteilung unter einem Fahrbelag aus Betonfertigteilplatten direkt über dem Plattenlager; **Abb. 5.11 (u. li.):** Lastverteilung unter einem frei bewitterten Fahrbelag aus einem Gussasphalt (Abdichtung unter der Druckverteilungsplatte); **Abb. 5.12 (u. re.):** Lastverteilung unter einem Fahrbelag aus Betonsteinpflaster

vor allem der Wärmedämmschicht. Für die Bemessung z.B. einer Ortbetonplatte werden die Spannungen mit dem Systemansatz einer elastischen Bettung ermittelt, bei dem die Verformungen der einzelnen Schichten und der Tragkonstruktion berücksichtigt werden. Auf jeden Fall liegt man mit der o.a. Methode der Lastverteilung unter einem Winkel für eine Abschätzung der Spannungsreserven auf der sicheren Seite – z.B. treffen die Berechnungsannahmen der elastischen Bettung nicht mehr zu, wenn Risse im Fahrbelag aufgetreten sind.

der DIN 18 195-Teil 2: Stoffe [7.2] in der Tabelle 3 und noch detaillierter in der Produktnorm DIN EN 12970 „Gussasphalt und Mastix für Abdichtungen", Tabelle 3, Spannen für die Materialzusammensetzung, also den Anteil an Bindemittel, Füller und Sand sowie für den Erweichungspunkt des Bindemittels und des Festkörpers gefordert [13].

- Außerdem gibt es eine Prüfung über die Eindringtiefe als Aussage über die Materialhärte des Gussasphaltes gemäß der DIN 1996-Teil 13 (Eindringversuch mit ebenem Stempel). In [13], Tabelle A.2, werden Angaben zu den Spannen für die Eindringtiefen gemacht. Hierfür werden die Anforderungen an die Härten von Gussasphaltbelägen in Kategorien I-V eingeteilt. Die dazu gehörige Anwendungsvorschrift mit Aussagen welche Kategorie für welchen Lastfall infrage kommt, existiert noch nicht. Für stark frequentierte Parkdächer in unseren Klimazonen kommen wahrscheinlich nur die Kategorien I und II infrage. Die darin empfohlenen Eindringtiefen betragen für die Kategorie I (größte Härte) 1,0-2,5 mm und für Kategorie II 1,0-3,5 mm.
- Aussage über die Dicke: Als Abdichtung ist die DIN 18 195-Teil 5 zuständig. Danach muss die Schicht aus Gussasphalt in Verbindung mit einer Bitumen-Schweißbahn oder einem Asphaltmastix eine Nenndicke von mindestens 25 mm aufweisen.
- Bei den hier behandelten frei bewitterten Parkdächern sind auf Trennvlies verlegte Mastixschichten als Abdichtung aber nicht empfehlenswert, da sie eine erhöhte Schadensanfälligkeit, geringe Lagestabilität und vor allem eine unkontrollierte Unterläufigkeit aufweisen.
- Als Dicken für die Fahrbeläge wird von [15] empfohlen:
  (1) Gussasphaltbelag ohne Dämmschicht
    - Untere Gussasphaltschicht > 2,5 cm
    - Gussasphalt-Deckschicht > 3,0 cm

  (2) Gussasphaltbelag mit Dämmschicht, Abdichtung auf der Druckverteilungsplatte wie (1)

  (3) Gussasphaltbelag mit Dämmschicht, Abdichtung unter der Druckverteilungsplatte
    - Untere Gussasphaltschicht, unterhalb der Druckverteilungsplatte > 2,5 cm
    - Gussasphalt-Deckschicht, auf der Druckverteilungsplatte > 3,0 cm

#### 5.2.5.2.2 Zulässige Spannungen für Dämmstoffe

Bei einem gedämmten Parkdach ist die Wärmedämmung die empfindlichste Schicht im Gesamtaufbau. Dies wird daran erkennbar, dass bei gedämmten Parkdächern die Schadensquote wesentlich höher ist als bei ungedämmten.

Infolge Überlastung versagt meistens zunächst die Dämmschicht, häufig entstehen erst danach Schäden im Belag und/oder in der Abdichtung. Schon hieraus wird deutlich, dass die Eignung des Dämmstoffes für ein Parkdach sorgfältig geprüft werden sollte.

Bei der Beurteilung, ob ein Dämmstoff für einen Parkdachaufbau geeignet ist, sind verschiedene Kriterien maßgebend. Eine wichtige Kennzahl ist die Langzeitdruckfestigkeit. Bei Schaumglas wird dabei die Druckfestigkeit bei Bruch, bei den elastisch verformbaren Schaumkunststoffen nach DIN 18 164 die Dauerdruckbelastung bei einer Stauchung von 2 % angegeben. Leider wird dieser Wert nicht für alle Dämmstoffe angegeben. In diesem Wert der zulässigen Langzeitdruckfestigkeit sind auch die Sicherheiten gegenüber dynamischen Beanspruchungen erfasst. Verformungen der Wärmedämmplatten aus Schaumkunststoffen < 2 % liegen im elastischen Bereich, bei dem eine Stauchung ohne bleibenden Eindruck voll zurückgeht.

Weitere wichtige Kriterien für die Eignung eines Dämmstoffes sollten dessen Wärmeleitfähigkeit $\lambda$, die Brandschutzklasse, die Biegezugfestigkeit (Aussage über die Elastizität zur Vermeidung von Sprödbrüchen), die Wasseraufnahme etc. sein. Zur Kennzeichnung geeigneter Dämmstoffe siehe die Erläuterungen in den Regelwerken [18.4], [19] und [20] in Kapitel 4.3.

Es ist zwar möglich, durch die Anordnung dickerer Belagsschichten, z. B. dickerer Ortbetonplatten auch Dämmstoffe mit einem deutlich geringeren zulässigen Kriechverhalten einzusetzen. Hiervon wird aber im Hinblick auf die besonders hohe Beanspruchung der Dämmstoffe in einem Parkdachaufbau wegen der geringen Spannungsreserven abgeraten.

#### 5.2.5.2.3 Zulässige Spannungen für Abdichtungen

Die senkrecht zur Abdichtungsebene einwirkenden Flächen-Druckspannungen in Parkdächern werden von den üblichen Abdichtungsmaterialien problemlos aufgenommen. Problematisch sind Punktlasten, die zum Perforieren der Abdichtung führen können.

Viel wichtiger für die Funktionsfähigkeit und damit Langlebigkeit einer Abdichtung im Parkdach sind daher die vollflächige Auflage auf stetiger, druckfester und risssicherer Unterlage (siehe Punkt 5.2.5.4) und Lastverteilungsschichten über den Abdichtungen.

### 5.2.5.3 Überschlägliche Ermittlung von Druckspannungen im Schichtenaufbau am Beispiel eines Umkehrdaches mit einem Verbundsteinpflasterbelag

Da Spannungsüberschreitungen in der Wärmedämmschicht häufig für Parkdachschäden verantwortlich sind, kann es von großem Interesse sein, die auftretenden Spannungen in der Dämmschicht wenigstens überschläglich vorher zu ermitteln. Dies gilt insbesondere dann, wenn es sich um kleinformatige Fahrbeläge handelt, also um Beläge aus Betonsteinpflaster oder Betonfertigteilplatten (ca. 1,0 m x 1,0 m), bei denen eine geringere Verteilung der Radlasten gegeben ist.

- Dazu werden die Pkw-Lasten als Einzelradlasten angesetzt. Da die zur Zeit gültige DIN 1055 keine Angaben über die Radlasten und deren Aufstandsflächen macht, wird hierfür die nächsthöhere Lastenklasse aus der DIN 1072 für das 3 t Fahrzeug verwendet.
- Pkw-Gewicht von 2,5 t (25 kN) wird aufgeteilt auf die Vorderräder mit 2 x 0,5 = 1,0 t (10 kN) und auf die Hinterräder mit 2 x 0,75 t = 1,5 t (15 kN). Die größte Einzelradlast beträgt somit 0,75 t (7,5 kN).
- Zur Berücksichtigung der dynamischen Belastung wird die zuvor ermittelte max. Radlast mit dem Schwingbeiwert $\varphi = 1{,}4$ multipliziert, 0,75 x 1,4 = 1,05 t (10,5 kN).
- Die dazu gehörige Radaufstandsfläche beträgt lt. DIN 1072 20 cm x 20 cm = 400 $cm^2$).
- Mit dieser Radaufstandsfläche und der max. Radlast können dann unter Annahme eines speziellen Druckverteilungswinkels für einen Belag aus Betonsteinpflaster die jeweiligen Druckspannungen ermittelt werden. Bei einer vollflächigen Verfugung bis zur Pflasteroberfläche und der Verwendung von Verbundsteinen mit einer Verzahnung der Steinkanten untereinander wird bei einer Pflasterdecke von einer Lastverteilung unter einem Winkel von ca. 60 ° ausgegangen (Betondecke 45 °,siehe 5.2.4.2)
- Das Eigengewicht der Pflasterdecke beträgt 0,10 m x 25 $kN/m^2$ (Steine) + 0,04 m x 18 $kN/m^2$ (Splitt) = 3,22 $kN/m^2$

Damit beträgt die Ersatzaufstandsfläche bei einer Pflasterdicke von 10 cm und einer Dicke der Bettung von 4 cm in Höhe OK Dämmschicht:

$$F\,(OKD) = (20 + 2 \times 14/\sqrt{3}\,)^2 = 1307\ cm^2 = 0{,}13\ m^2$$

Die Druckspannung in Höhe Oberkante Dämmschicht beträgt somit:

$$\sigma\,(OKD) = 10{,}5 + 3{,}22 \times 0{,}13/13 = 84\ kN/m^2 = 0{,}084\ N/mm^2 < 0{,}18\ N/mm^2$$

Die zulässige Langzeitdruckfestigkeit für hochdruckfeste XPS-Platten muss nach der dafür zuständigen bauaufsichtlichen Zulassung mindestens 0,18 $N/mm^2$ betragen [21]. Die vorhandene Druckspannung, die auf die Dämmschicht einwirkt (0,084 N/mm²), ist somit deutlich geringer als die zulässige Druckspannung für den verwendeten Dämmstoff. Damit sind keine bleibenden Eindrücke im Extruderschaum zu erwarten. Diese Aussage ist aber nur dann gültig, wenn die Pflasterfugen bis oben hin dauerhaft verfüllt bleiben (siehe 5.2.4.2).

In der neuen DIN V 4108-Teil 10 [20] wird für Parkdächer/Parkdecks die Mindestdruckbelastbarleit (sehr hohe Druckbelastbarkeit) gefordert, die in derselben Größenordnung liegt wie die z. Zt. ausgewiesenen Werte.

### 5.2.5.4 Folgen des Versagens von Dämmstoffen

Die DIN 18 195-Teil 5 nimmt Bezug auf die Wechselbeziehung zwischen Dämmschicht und Abdichtung. Sie fordert, dass Dämmschichten, die auf die Abdichtungen unmittelbar aufgebracht werden sollen, für die jeweilige Nutzung und als Untergrund für die Abdichtung geeignet sein müssen.

Bei einem Warmdach versagt im Falle einer deutlichen und häufigen Spannungsüberschreitung nicht nur die Wärmedämmschicht, sondern meistens auch die Abdichtung, die mit der Dämmschicht fest verbunden ist. Es gibt Beispiele in der Praxis, wo an derselben Stelle eines schadhaften Parkdaches mit zeitlicher Verschiebung Risse im Fahrbelag und in der darunter liegenden Abdichtung sowie Eindrückungen und Risse in der Wärmedämmung vorhanden waren.

In einem Umkehrdachaufbau entstehen bei Überschreiten der Langzeitdruckfestigkeit der Wärmedämmschicht ebenfalls Verformungen und Risse in der Dämmung, nicht aber in der Abdichtung. Diese liegt unterhalb der Dämmschicht und ist außerdem entkoppelt, d.h. ohne festen Verbund mit den Dämmplatten.

**Abb. 5.13:** Verformung einer XPS-Wärmedämmplatte unter einer nicht ausreichend dimensionierten Ortbetonfahrbahnplatte

**Abb. 5.14:** Nachträgliche Verfüllung von Fugen zwischen zwei Spannbeton-Hohldielen

### 5.2.5.5 Anforderungen an die Tragkonstruktion – Verformung benachbarter Deckenplatten

DIN 18 195 gibt ausdrücklich Hinweise zu einer häufigen Schadensursache bei Parkdächern, die hauptsächlich Risse in der Abdichtung und damit Undichtigkeiten zur Folge hat. Risseschäden entstehen aber auch in der Wärmedämmung und im Fahrbelag. Es handelt sich um die Folgen von Relativbewegungen benachbarter Beton-Fertigteilplatten in der Tragkonstruktion beim Radübergang eines Pkw.

DIN 18 195-Teil 5 fordert, dass Decken aus großformatigen Einzelelementen für Parkdächer zur Stabilisierung mit einem bewehrten, am Ort hergestellten Aufbeton oder mit anderen Maßnahmen zur Querkraftübertragung versehen sein müssen, um unterschiedliche Durchbiegungen der Einzelelemente zu vermeiden.

Planer und Rohbauer müssen sicherstellen, dass diese Forderung auch verwirklicht wird. Darüber hinaus sollte sich die Abdichtungsfirma vor Beginn ihrer Arbeiten von der konkreten Situation überzeugen. Falls Zweifel an einer Verzahnung der Platten bestehen, müssen die Längs- und Querfugen mit zusätzlichen Abdichtungsstreifen verstärkt werden. Starre Dachaufbauten, wie die z. B. mit einer Wärmedämmung aus Schaumglas, sind für solche verformbaren Plattenübergänge nicht geeignet.

### 5.2.5.6 Unebenheiten und Höhensprünge des Untergrundes

Aufgrund der hohen Lasten können beim Parkdach mit Belägen aus Betonsteinpflaster Lagesicherheitsprobleme sowie Schäden an der Abdichtung und Brüche an spröden Dämmstoffen entstehen, wenn große Unebenheiten in der Beton-

**Abb. 5.15:** Höhensprünge zwischen benachbarten Spannbeton-Hohldielen durch unterschiedliche Verwölbung bei der Vorspannung

decke Hohllagen in der Abdichtung und in der Wärmedämmschicht zur Folge haben. Es handelt sich hauptsächlich um Höhenunterschiede an den Übergängen von Betonfertigteilplatten der Tragkonstruktion. Dies gilt auch und besonders für Fertigteilplatten aus Spannbeton (Spannbetondielen), die zunehmend im Markt aus Kostengründen verwendet werden. Es ist keine Seltenheit, dass die Höhensprünge zwischen den benachbarten Platten 3 cm und mehr betragen.

Diese großen Höhenunterschiede ergeben sich z. B. bei Spannbetondielen u. a. durch die unterschiedliche Plattenaufwölbung infolge Vorspannung

Selbst wenn die Fuge zweier benachbarter Fertigteilplatten nachträglich bewehrt und mit einem Beton der Güte B 35 verfüllt wird (Abb. 5.14), so dass die Platten sich nicht mehr unterschiedlich gegeneinander durchbiegen können, so bleibt doch der große Höhensprung (auch „Überzahn" genannt) als Problem bestehen. Man begnügt sich bauseits damit, die Höhendifferenz zur Nachbarplatte durch einen Mörtelkeil auszugleichen.

Gerade bei einem Parkdach ist es aber erforderlich, dass eine ebene Betondekke im Rahmen definierter Toleranzen dem Abdichter zur Verfügung gestellt wird. Nur so ist die Voraussetzung gegeben, dass die nachfolgenden Aufbauschichten hohlraumfrei und planeben eingebaut werden.

Es muss deshalb besonders beim Parkdachbau ausdrücklich auf die Notwendigkeit zur Einhaltung der Maßtoleranzen nach DIN 18 202, [2], Tabelle 3 (Ebenheitstoleranzen) hingewiesen werden. Für die Überzähne sollte die Zeile 3 in Verbindung mit Spalte 3 zugrunde gelegt werden, wodurch der Höhensprung zwischen zwei benachbarten Platten auf 4 mm begrenzt wird (siehe auch 8.3.6).

#### 5.2.5.7 Sonstige Anforderungen an die Oberflächenbeschaffenheit der Tragdecke

Für die schadenfreie Lastabtragung ist – wie dargestellt – die Oberflächenbeschaffenheit des Tragdecks von großer Bedeutung. Folgende Aspekte sind wichtig:

- Einhaltung der Ebenheitstoleranzen gemäß DIN 18 202 [2], Tabelle 3, Zeile 2, Spalte 4
- Höhensprünge an Fugen des Untergrundes sollten 4 mm nicht überschreiten.
- Anforderung an das Mindestgefälle in der Tragdecke. Grundsätzlich sollte das Oberflächengefälle des Parkdachbelages (siehe 5.2.4.2) auch bereits in der Tragdecke ausgebildet sein, damit die nachfolgenden Schichten planparallel verlaufen. Bei Warmdächern ist es bei druckfesten Dämmstoffen möglich, wie z. B. Schaumglas, das Gefälle in der Dämmschicht durch Gefälledämmplatten herzustellen.
- Beschaffenheit der Tragdecke nach DIN 18 195-Teil 3 [7.3]:
  „Bauwerksflächen, auf die die Abdichtung aufgebracht werden soll, müssen frostfrei, fest, eben, frei von Nestern und klaffenden Rissen, Graten und frei von Verunreinigungen sein und müssen bei aufgeklebten Abdichtungen oberflächentrocken sein."
- „Der Auftragnehmer hat bei seiner Prüfung Bedenken insbesondere geltend zu machen bei Mängeln des Abdichtungsuntergrundes durch:
  - ungenügende Festigkeit
  - scharfe Schalungskanten
  - fehlende Rundung von Ecken, Kanten und Kehlen
  - zu raue, zu porige, zu glatte, zu feuchte, zu stark saugende, verölte Flächen

Ein Profilausgleich mit einem dünnen Zementestrich, der bei Warmdächern möglich ist, hat bei Verbundabdichtungen den Nachteil, dass dessen Oberflächenfestigkeit deutlich geringer als die der Tragdecke ist. Damit ist die erwünschte vollflächige Haftung der Abdichtung auf der Tragdecke und damit ein Ausschluss einer Unterläufigkeit nicht mehr zu erzielen. Im Falle einer Undichtigkeit in der Abdichtung verteilt sich das eindringende Wasser innerhalb des Ausgleichsestrichs. Bei Verbundabdichtungen ist daher auf eine druckfeste und stetige Ausbildung der Rohbetondeckenoberfläche selbst besonderer Wert zu legen. Ähnliches gilt für Schaumglasdächer, wenn auf die Nicht-Unterläufigkeit Wert gelegt wird.

### 5.2.6 Belastung von Parkdächern durch Lkw-Verkehr

#### 5.2.6.1 Lastannahmen für Lkw-Verkehr

- Für Parkdächer mit Lkw-Verkehr sind die Lastannahmen der DIN 1072-1985 [5] maßgebend. Im Unterschied zu den Lastannahmen für Pkw gemäß

| Fahrzeug | Gesamt gewicht | Achslast P | Radlast Q |
|---|---|---|---|
| Lastkraftwagen | 12 t<br>6 t<br>3 t | 80 kN<br>40 kN<br>20 kN | 40 kN<br>20 kN<br>10 kN |
| Schwerlastwagen | 30 t | 100 kN | 50 kN |

**Tab. 3:** Für Parkdachbeläge maßgebende Lasten bei Lkw-Verkehr (aus DIN 1072)

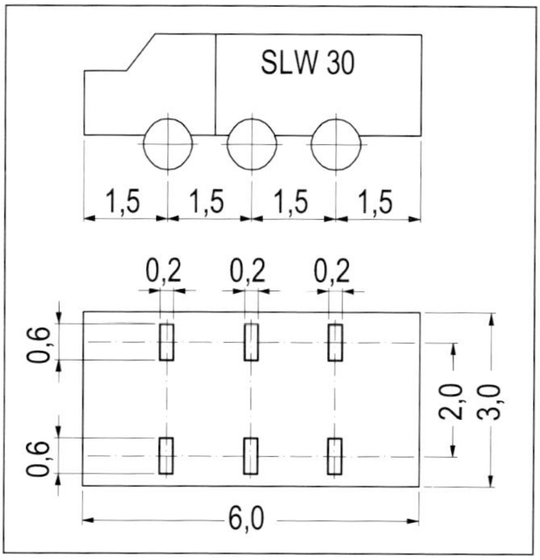


DIN 1055 werden hier ausschließlich Einzelradlasten mit den entsprechenden Radaufstandsflächen zugrunde gelegt. Auf jeden Fall ist ein statischer Nachweis erforderlich.

- Normalerweise werden Transporter der Regelklasse 3 und Feuerwehrfahrzeuge der Regelklasse 12 oder 30 (SLW 12 oder 30) zugeordnet (DIN 1055, Blatt 3).

### 5.2.6.2 Lastverteilung für Lkw-Verkehr

Die überschlägliche Lastverteilung unter einem Lkw-Rad gilt analog wie für Pkw. Die Radlasten eines Lkw sind zwar viel größer als die eines Pkw, andererseits haben sie aber auch größere Radaufstandsflächen. Dennoch sind die Drücke, die auf den gesamten Dachaufbau einwirken, um ein Vielfaches größer als bei Pkw-Belastung (Faktor 3-4).

### 5.2.6.3 Konstruktive Konsequenzen für Parkdächer mit Lkw-Verkehr

An die Beschaffenheit der Betonoberflächen müssen dieselben Anforderungen wie bei Pkw-Belastung gestellt werden. In der Regel wird es aus Belastungsgründen für Lkw-Verkehr ohnehin nur durchlaufende Massivdecken geben, so dass die besonderen Probleme bei Fertigteildecken entfallen.

In der langjährigen Praxis hat sich für gedämmte Parkdächer mit Lkw-Verkehr ein Warmdachaufbau unter Verwendung hochdruckfester Schaumglasplatten (Abb. 2.23) bewährt.

Seit einigen Jahren gibt es darüber hinaus eine Entwicklung mit einem Aufbau als Umkehrdach unter Verwendung der druckfestesten Extruderschaumplatten. Da bis zum heutigen Tage erst wenige solcher Parkdächer gebaut wurden, muss die Langzeitbewährung abgewartet werden.

### 5.2.7 Belastung von Parkdächern durch Gabelstapler-Verkehr

Grundsätzlich sollte eine Verkehrsbelastung durch Gabelstapler auf Ausnahmefälle, wie Montagen, kleinere Reparaturen etc. beschränkt bleiben. Wenn ein häufiger Einsatz, wie z.B. für regelmäßiges Be- und Entladen beabsichtigt ist, so müssen die erhöhten Beanspruchungen in der Wahl eines dickeren oder anderen Fahrbelages sowie eventuell größerer Abmessungen für Stützen und Geländer etc. berücksichtigt werden. Deshalb ist ein Parkdach, das für Pkw-Verkehr vorgesehen ist, im Allgemeinen nicht ohne weiteres für Gabelstapler zugelassen.

Zuständig für die Lastannahmen ist die DIN 1055-Blatt 3. Die erhöhte Belastung ergibt sich vor allem dadurch, dass Gabelstapler höhere Radlasten bei gleichen Radaufstandsflächen haben. Besonders kritisch für die Lagestabilität z. B. eines Pflasterbelages sind Gabelstapler mit Kunststoffrädern, bei denen die Lasteinleitung noch wesentlich konzentrierter erfolgt als bei luftbereiften Rädern.

Unebenheiten in der Belagsoberfläche wirken sich unter Gabelstapler-Verkehr besonders nachteilig auf die Lagestabilität aus. Aus diesem Grund sollte ein Stapler auf keinen Fall schneller als 10 km/h fahren.

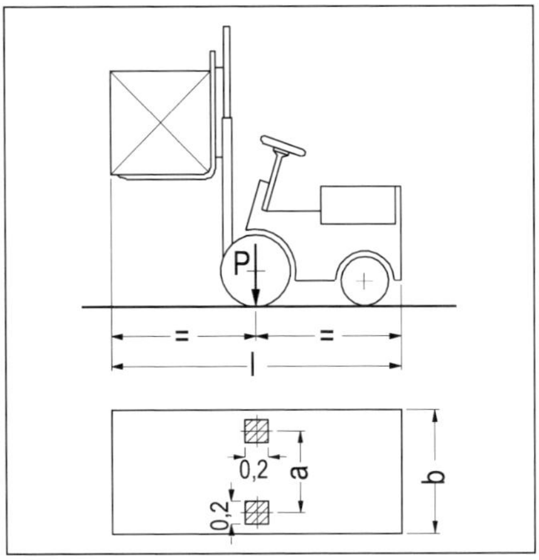


| Fahrzeug | Gesamt gewicht | Tragfähigkeit | Achslast P | Radlast Q |
|---|---|---|---|---|
| Gabelstapler | | | | |
| sehr schwer | 35 t | 15 t | 300 kN | 150 kN |
| schwer | 13 t | 5 t | 120 kN | 60 kN |
| mittel | 7 t | 2,5 t | 65 kN | 32,5 kN |
| klein | 3,5 t | 1 t | 30 kN | 15 kN |
| | 2,5 t | 0,6 t | 20 kN | 10 kN |

**Tabelle 4:** Für Parkdachbeläge maßgebende Lasten bei Gabelstaplernutzung (aus DIN 1055, Blatt 3)

## 5.3 Problemkreis Abdichtungssystem

### 5.3.1 Abdichtungsmaterialien

Im vorliegenden Buch werden genutzte Dachflächen mit bahnenförmigen Abdichtungen behandelt, auf wasserundurchlässige Dächer aus Beton oder Dächer mit Flüssigabdichtungen wird daher hier nicht eingegangen.

Schäden durch die Auswahl eines nicht funktionsfähigen Abdichtungsverfahrens sind selten, da in der Regel Bahnen nach den Festlegungen von DIN 18 195-Teil 5 [7.4] verwendet werden. Daher soll auf die geeigneten Abdichtungssysteme hier nur kurz eingegangen werden.

Bei der Anwendung der o.a. genormten Bahnen ist z.B. sichergestellt, dass die für genutzte Dachflächen wichtige Funktion des Perforationsverhaltens DIN 18 726, Abschnitt 5.1.12, entspricht und dass einmalige, langsam ablaufende Fugen- oder Rissaufweitungen des Untergrundes (z.B. durch Schwinden) auch bei vollflächiger Verklebung bis zu einer Breite von 2 mm und bis zu einem Rissversatz von 1 mm überbrückt werden.

#### 5.3.1.1 Beanspruchungsklasse

DIN 18 195-Teil 5 zählt genutzte Dachflächen zu den im abdichtungstechnischen Sinne „hoch" beanspruchten Dachflächen. Zum besseren Verständnis dieser Einordnung ist hervorzuheben, dass sich diese Klassifizierung nicht allein aus dem Grad der Wasserbeanspruchung, sondern auch aus der mechanischen und thermischen Beanspruchung ableitet und schließlich auch einen hohen Anspruch an die Zuverlässigkeit der nicht leicht zugänglichen und daher nicht leicht nachbesserbaren Abdichtungssysteme in genutzten Dachflächen berücksichtigt. Der zuletzt angesprochene Aspekt hat z.B. maßgeblich dazu geführt, Balkone den „mäßig" beanspruchten Dachflächen zuzuordnen, da dort aufgrund der geringeren Schadensfolgen eine geringere Zuverlässigkeit ausreichend ist, im Hinblick auf die Wasserbelastung und die thermische und mechanische Beanspruchung besteht bei Balkonen nämlich kein deutlicher Unterschied zu Dachterrassen.

#### 5.3.1.2 Abdichtung mit Bitumendach- und Polymerbitumenbahnen

Abdichtungen werden auf genutzten Dachflächen weitaus überwiegend aus Bitumendachdichtungsbahnen und Polymerbitumenbahnen hergestellt.

Als typische, häufig angewandte Schichtenfolgen sind zweilagige Abdichtungen aus Bitumen- und Polymerbitumenbahnen zu nennen:

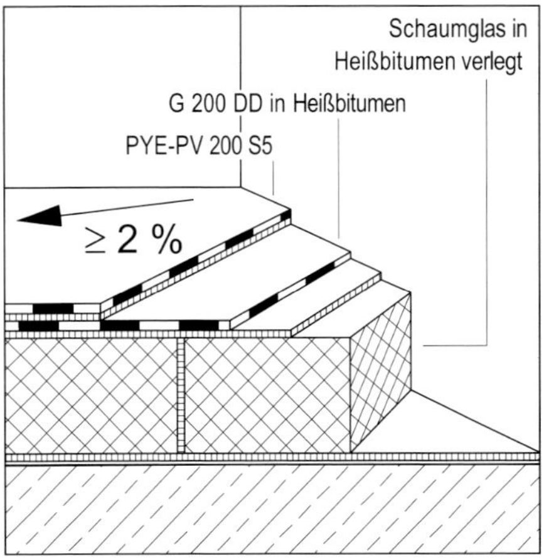


**Abb. 5.16:** Typische Schichtenfolge bei Abdichtung mit Bitumendachdichtungsbahnen

Die oberste Lage hat dabei grundsätzlich aus einer Polymerbitumenbahn nach DIN 52 132 oder DIN 52 133 zu bestehen; bei Dächern über 2 % Gefälle kann als untere Lage auch eine Bitumendachdichtungsbahn nach DIN 52 130 oder eine Bitumenschweißbahn nach DIN 52 131 verwendet werden.

### 5.3.1.3 Bahnenabdichtung in Verbindung mit Gussasphalt

Bei Gussasphaltbelägen kann zwar nach DIN 18 195-Teil 5, grundsätzlich in der Fläche als untere Abdichtungslage auch eine Asphaltmastixschicht nach Tabelle 3 von DIN 18 195-Teil 2, mit einer mittleren Dicke von 10 mm (Mindestdicke 7 mm, maximale Dicke 15 mm) verwendet werden, die an allen Abschlüssen und Rändern durch Abdichtungsbahnen ergänzt werden muss. Im Regelfall werden

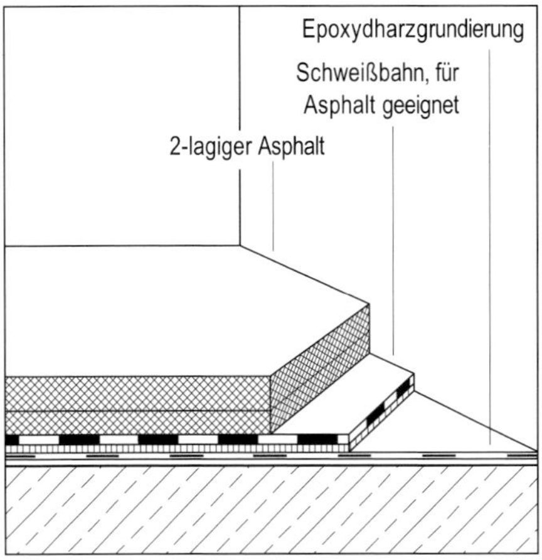


**Abb. 5.17:** Typische Schichtenfolge bei Gussasphalt mit Verbundabdichtung

auf genutzten Dachflächen aber Gussasphaltbeläge in Kombination mit Bitumenschweißbahnen hergestellt. Die Schweißbahnen müssen für die Verwendung mit Gussasphalt im Hinblick auf die Hitzebeständigkeit geeignet sein. Sie werden nicht auf Trennlage verlegt, sondern auf dem Betonuntergrund vollflächig aufgeschweißt, der mit einem lösungsmittelfreien Epoxydharz zu grundieren oder zu versiegeln ist. Eine solche im Verbund aufgebrachte Bauweise ist bei Parkdächern wesentlich besser in der Lage, Scherbeanspruchungen aufzunehmen, wie sie z. B. beim Bremsen oder in Kurven auftreten, als dies bei Abdichtungen auf Trennlage der Fall ist. Lediglich bei gering thermisch belasteten Abdichtungen (z. B. unter Intensivbegrünungen oder Umkehrdachkonstruktionen) kann auf die Epoxydharzvorbehandlung verzichtet werden (weitere Einzelheiten siehe DIN 18 195-Teil 5, Abschnitt 8.3.7).

### 5.3.1.4 Abdichtung mit Kunststoffdichtungsbahnen

Im Hinblick auf die Abdichtung mit Kunststoff-Dichtungsbahnen ist zwischen verklebten und losen Verlegetechniken zu unterscheiden.

Bei verklebter Anwendung sind Kunststoff-Dichtungsbahnen nach DIN 18195-Teil 5, in Kombination mit Bitumendachdichtungsbahnen bzw. Bitumenschweißbahnen auszuführen. Kunststoffbahnen sind dabei mit einer Mindestdicke von 1,5 mm – bei ECB-Bahnen mindestens 2,0 mm Dicke – zu verwenden.

Bei loser Verlegung sind die Kunststoff-Bahnen zwischen zwei Schutzlagen einzubauen. Die untere Schutzlage sind dabei Vliese nach DIN 61210 bzw. Geotextilien aus Chemiefasern, mindestens 300 g/m² schwer und mindestens 2 mm dick, üblich. Als obere Schutzlage werden häufig Bautenschutzmatten und Platten aus Gummi- oder Polyaethylengranulat, mindestens 6 mm dick, eingebaut.

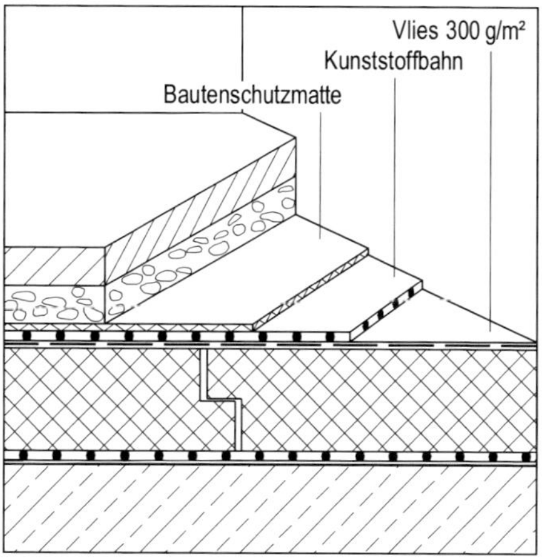


**Abb. 5.18:** Typische Schichtenfolge mit Kunststoff-Bahnen

**Abb. 5.19:** Bei zweilagigen, miteinander verklebten Bahnen führen zufällig verteilte Fehlstellen in den Einzellagen nicht zu Undichtigkeiten.

## 5.3.2 Einlagige oder zweilagige Abdichtung?

Die weitaus überwiegend zweilagige Ausbildung von Abdichtungen in genutzten Dachflächen ergibt sich nicht aus dem Sachverhalt, dass Abdichtungen der o.a. Qualitätsstufen bei völlig fehlstellenfreier Ausführung nicht auch einlagig wasserdicht wären. Die Bevorzugung zweilagiger Abdichtungen ergibt sich vielmehr aus dem besseren Perforationsverhalten der meist auf Dämmschichten aufliegenden Abdichtungen und aus der höheren Zuverlässigkeit im Hinblick auf herstellungs- oder verarbeitungsbedingte Fehlstellen in der Einzelschicht. Während bei einlagigen Bahnenabdichtungen eine absolute Dichtheit jeder Stelle – auch z.B. der Fugennähte – unbedingt erreicht werden muss, führen bei mehrlagigen, miteinander verklebten Bahnen Fehlstellen in der Einzellage nicht zu Undichtigkeiten des Daches.

In Abweichung von den Festlegungen von DIN 18 195-Teil 5, kann daher am ehesten auch bei der Verwendung von Polymerbitumenbahnen auf eine zweite Bahnenlage verzichtet werden, wenn unter der Abdichtungslage keine Wärmedämmung liegt, und wenn durch die vollflächige Verklebung auf einem wasserundurchlässigen Betonuntergrund das Fehlstellenrisiko durch Beschädigungen oder Fehler bei der Verklebung der Bahnenüberlappungen gering ist, da keine großflächige Unterläufigkeit zu erwarten ist.

## 5.3.3 Art der Verlegung

Bei Dachterrassen mit Plattenbelägen auf Estrichen oder im Mörtelbett; bei intensiv begrünten Dachflächen und bei Parkdächern mit Ortbetonschichten, sind

**Abb. 5.20:** Parkdach mit untergehängter Rinne

die Abdichtungen nach der Fertigstellung nur noch äußerst schwer zugänglich.

Befinden sich unmittelbar unter der Abdichtung Hohlräume (z. B. wasserdurchlässige Dämmschichten, Entspannungsschichten u. ä.), so kann unter die Abdichtung gelangendes Leckwasser sich großflächig in der Dachkonstruktion verteilen und weit von der Undichtheit entfernt zu Feuchteschäden im Gebäudeinneren führen. Der Schadensumfang, der Aufwand zur Lecksuche und zur Schadensbeseitigung, sind daher häufig so groß, dass nur noch durch innenseitige Auffangrinnen eine hinreichende Funktionsfähigkeit der Dachfläche aufrecht erhalten werden kann. Es ist daher sehr empfehlenswert, gerade bei genutzten Dachflächen mit schwer zugänglichen Dachabdichtungen die Fehlstellenrisiken zu minimieren.

### 5.3.3.1 Wasserdichte Dämmstoffe

Bei Dachflächen mit Warmdachaufbau kann dies durch die Anwendung von weitgehend wasserdichten Dämmstoffen geschehen, die dann allerdings auch im Hinblick auf sämtliche Dämmstofffugen wasserdicht hergestellt werden müssen. Dies kann durch die Verwendung von Schaumglasplatten geschehen, die nicht beschädigt sein dürfen und die sehr sorgfältig vollflächig in Heißbitumen „eingeschwommen" werden müssen.

### 5.3.3.2 Abschottungen

Bei Dachkonstruktionen mit lose liegenden Abdichtungen oder nicht wasserdichten Dämmstoffen besteht grundsätzlich ein erhöhtes Risiko der Unterläufigkeit. Hier ist zu empfehlen, die Dachfläche in engen Abständen abzuschotten, in dem bei Warmdächern in regelmäßigen Feldern die Dachabdichtung mit der Dampf-

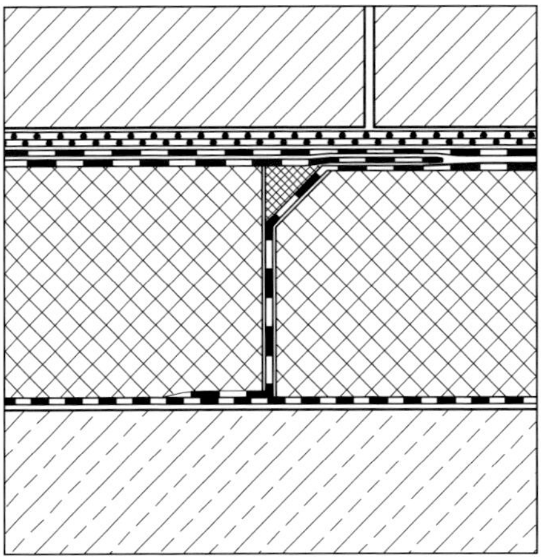

**Abb. 5.21:** Abschottung im Warmdach durch Verklebung der Dachabdichtung mit der Dampfsperre

sperre wasserdicht verklebt wird. Dann kann zumindest sichergestellt werden, dass jeweils nur definierte Teilbereiche des Daches beim Auftreten von Lecks durchfeuchtet werden. Diese Abschottungen können dann auch als Grenze der Tagesabschnitte dienen.

### 5.3.3.3 Umkehrdächer

Bei Umkehrdachkonstruktionen kann Unterläufigkeit weitgehend vermieden werden, wenn die Dachabdichtung vollflächig auf dem Untergrund aufgeklebt wird. Der Untergrund muss dabei selbst wasserundurchlässig sein, darf also nicht z. B. aus Gefällebetonschichten bestehen, die in der Regel relativ porös sind und daher ebenfalls weite Sickerwege zur Folge haben können.

### 5.3.3.4 Trenn- und Entspannungsschichten

Sowohl bei Warmdachkonstruktionen aus Schaumglas als auch bei Umkehrdachkonstruktionen mit unmittelbar auf dem Betonuntergrund aufgebrachten Dichtungsbahnen ist die Unterläufigkeit der Bahnen nur dann sicher vermeidbar, wenn diese vollflächig aufgeklebt werden. „Dampfdruckausgleichsschichten“ oder „Trennschichten“, wie sie z.B. die Flachdachrichtlinien [9] grundsätzlich bei Warmdachaufbauten vorsehen, und wie sie in früheren Jahrzehnten sogar mit Anschluss an die Außenluft gefordert wurden, sind daher nicht sinnvoll. Während dies im Hinblick auf Schaumglaskonstruktionen entsprechend auch in den Flachdachrichtlinien angegeben wird, so ist dies für Abdichtungen unter Umkehrdachkonstruktionen, die im Verbund mit dem tragenden Betonuntergrund verklebt werden, ebenfalls zu empfehlen.

**Abb. 5.22:** Nachteil von Entspannungsschichten: Leckwasser kann sich im Dachaufbau quer verteilen

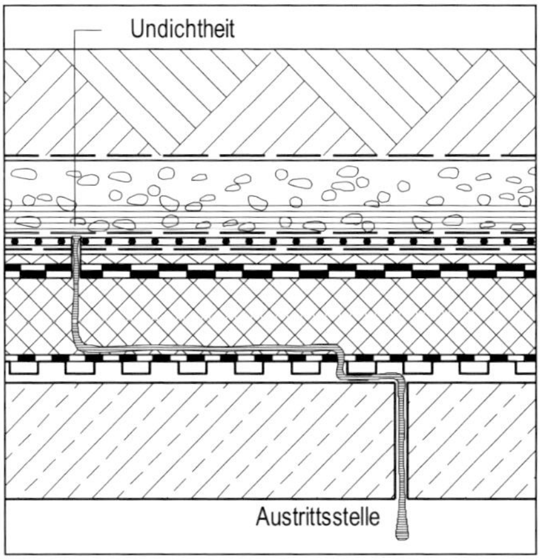


Der wesentliche Zweck von Entspannungsschichten – die Vermeidung einer Blasenbildung – wirkt sich in den hier besprochenen Konstruktionen nicht aus, da aufgrund der großen Zahl von weiteren Aufbauschichten die für eine Blasenbildung notwendige hohe Temperaturbelastung im Bereich der Blasenkeime (z. B. unverklebte Stellen mit Feuchteeinschluss) nicht zu erwarten ist. Ein Vorteil der entkoppelnden Wirkung von Trenn- und Entspannungsschichten ist es, dass Bewegungen des Untergrundes (z. B. Rissbildung, aufklaffende Fuge) nicht unmittelbar linienförmig auf die Abdichtung einwirken, sondern auf eine größere Zone verteilt werden. Diese bewegungsverteilende Funktion von Trennschichten muss bei unmittelbar auf dem Betonuntergrund aufgeklebten Abdichtungsbahnen durch eine entsprechende Konzeption des Untergrundes kompensiert werden. Konstruktiv müssen Rissbildungen und Fugenrandbewegungen deutlich unter dem Maß der Rissüberbrückungseigenschaften der verwendeten Dichtungsbahnen – also unter dem Maß von 2 mm – liegen.

## 5.4 Problemkreis Detailgestaltung

Weitaus überwiegend treten Schäden bei genutzten Dachflächen an den Randanschlüssen, Durchdringungen oder Dehnfugen der Dachfläche auf. Hier liegen also die wesentlichen Schwachstellen. Anhand der in diesem Buch dargestellten Schadensfälle wird eine große Zahl von einzelnen Problemkreisen näher angesprochen. Hier sollen daher nur einige Grundsätze im Zusammenhang dargestellt werden.

### 5.4.1 Durchdringungen

#### 5.4.1.1 Mindestabstände

Die mangelhafte Ausbildung von Abdichtungsanschlüssen an Durchdringungen wie:

- Geländerverankerungen
- Laternenmaste
- durchdringende Stützen von Aggregaten und Leitern
- Verankerungen von Schrammborden u.ä.
- Rohrdurchführungen für Fallrohre
- Entlüfter
- Bewässerungsleitungen

ist sehr häufig die Ursache von großflächigen Durchfeuchtungen. Die nähere Ursache liegt meist in einer zu engen Lage der Durchdringungen zu benachbarten aufgehenden Bauteilen. Abdichtungstechnisch kann dann häufig nur noch improvisiert werden. Die Empfehlungen der Flachdachrichtlinien [9], dass der Abstand von Dachdurchdringungen untereinander und zu anderen Bauteilen mindestens 300 mm betragen soll (wobei die äußere Begrenzung des Flansches für den Abstand maßgebend ist), kann häufig aus funktionellen und konstruktiven Gründen nicht eingehalten werden. Maßgeblich für den notwendigen Mindestabstand sollte die handwerkliche Machbarkeit des Details sein. Die Mindestmaße von DIN 18 195-Teil 9, von 150 mm Abstand zwischen Außenkante von Klebeflanschen, Anschweißflanschen und Manschetten und Bauwerkskanten und Kehlen sollte aber als unterster Grenzwert nicht unterschritten werden.

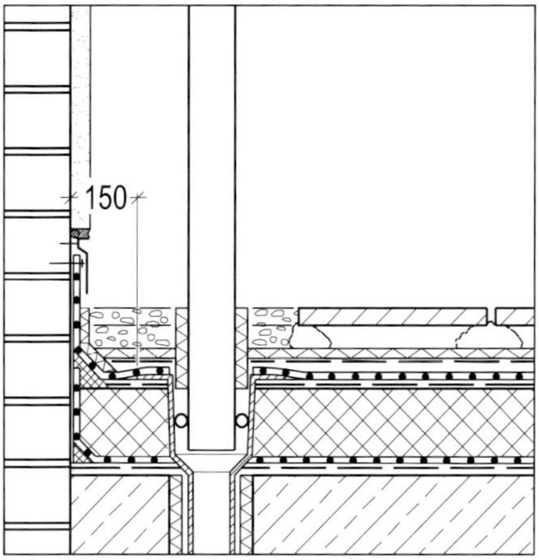


**Abb. 5.23:** Mindestabstand bei Durchdringungen

### 5.4.1.2 Abdichtbarkeit des durchdringenden Bauteils

Ein zweiter häufiger Grund für die mangelhafte Abdichtbarkeit von Durchdringungen ist die Oberflächengestaltung des durchdringenden Bauteils selbst. Doppel-T-Profile von Schrammborden u.ä. sind handwerklich nicht abdichtbar und müssen daher über der Abdichtung in stetige abdichtbare Untergründe (z. B. Rundrohre) übergehen, an die dann mit einer Manschette angeflanscht werden kann.

Die durchdringenden Bauteile können häufig selbst wasserführend sein. Dies trifft z. B. bei Laternen- und Antennenmasten oder auch Geländerstäben zu. Hier ist es also sinnvoll, oberhalb der Abdichtungsebene das anschließende Bauteil dicht geschweißt zu verschließen oder auf einer Flanschplatte enden zu lassen.

### 5.4.1.3 Vermeidung von Durchdringungen

Die sicherste Lösung ist bei vielen Durchdringungen, ihre Anzahl möglichst zu minimieren oder sie ganz vermeiden; d.h. also z.B. dass näher beieinander liegende Rohrdurchführungen bereits unter dem Dach zusammenzufassen oder in zusammenhängenden Aufbauten unterzubringen sind. Geländerpfosten oder Masten sollten auf Attiken oder auf der Gebäudeaußenseite befestigt werden oder Verankerungen sind in Betonpolstern herzustellen, die auf der Abdichtung über Schutzmatten aufliegen, diese aber nicht durchdringen.

## 5.4.2 Abläufe

Bei Abläufen gilt im Hinblick auf ihre Abdichtbarkeit, im Hinblick auf die Mindestabstände zu angrenzenden Bauteilen das zu den Durchdringungen Ausgeführte.

**Abb. 5.24:** Durch die Befestigung der Leiter oberhalb der Abdichtung wird eine Durchdringung ganz vermieden.

Häufigste Fehlerquellen bei Abläufen ist außer einer zu nahen Lage neben aufgehenden Bauteilen (z. B. Fassaden, Attiken) ihre falsche Anordnung (Lage an Hochpunkten) und der nicht ausreichend tiefe Einbau des Anschlussflansches in der Abdichtungsebene.

Weiterhin wird immer wieder übersehen, dass sowohl die Abdichtungsebene wie auch die Oberfläche entwässert werden muss, Aufstockelemente also in der unteren wasserführenden Ebene hinreichend große Entwässerungsöffnungen aufweisen müssen. Schließlich müssen Abläufe dauerhaft wartbar und damit zugänglich sein.

### 5.4.3 Randabschlüsse

Randabschlüsse der Abdichtungen von genutzten Dachflächen sind aus mehreren Gründen besonders schadensanfällig. Am Dachrand endet die Abdichtung und muss meist an nicht völlig dichte aufgehende Bauteile angeschlossen werden. Außerdem ist die Abdichtung am Rand einem erhöhten Beschädigungsrisiko ausgesetzt. Weiterhin kann sie bei mangelhafter Verwahrung und/oder Verklebung abrutschen. Schließlich kann die Kehle zwischen horizontaler und vertikaler Abdichtung eine Schwachstelle darstellen, da hier die Abdichtung umgelenkt werden muss und daher häufig hohl liegt und nur erschwert zu fügen ist.

#### 5.4.3.1 Führung der Abdichtung

Viele aufgehende Fassadenkonstruktionen sind an ihren äußeren Oberflächen nicht wasserdicht, sondern weisen mehrere, zusätzlich wasserableitende Schichten oder Hohlräume auf; z. B. bei hinterlüfteten, zweischaligen Bekleidungen oder Verblendungen, aber auch bei Fenster- und Türprofilen mit Falzentwässerungen. Die Abdichtung muss daher so geführt werden, dass sie die hintere wasserführende Ebene hinterfährt. Dies führt im Bauablauf häufig zu Problemen, da der Abdichtungsverlauf hinter den Fassadenkonstruktionen und hinter den Fenster- und Türschwellenprofilen meist zu einem anderen Zeitpunkt hergestellt werden muss als die Flächenabdichtung. Die Koordination dieser Schnittstelle ist eine wesentliche Planungsaufgabe.

#### 5.4.3.2 Aufkantungshöhen und Schwellen

Durch eine Aufkantung des Abschlusses bis deutlich über die Schutzschicht, die Oberfläche des Belags oder der Überschüttung soll sichergestellt werden, dass der Abdichtungsrand einer unmittelbaren Spritzwasserbelastung oder gar Beanspruchung aus in Pfützen stehendem Wasser oder auch Schmelzwasser möglichst

**Abb. 5.25:** Flankierende Maßnahmen bei niveaugleichen Schwellen

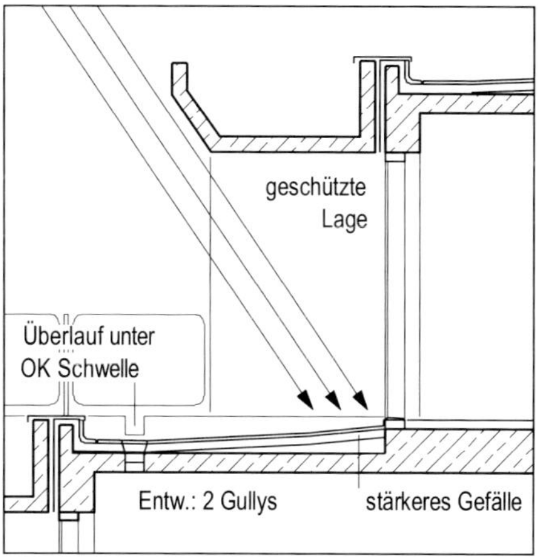


weitgehend entzogen wird. Die Regelwerke sehen dazu eine Aufkantungshöhe von mindestens 15 cm, gemessen ab der oberen ungünstigstenfalls wasserführenden Ebene – also auch z.B. ab Oberkante Kiesschüttung – vor. Dieses Maß sollte ohne besonderen technischen Grund auch nicht unterschritten werden.

Bei Türschwellen ist aus funktionellen Gründen eine 15 cm hoch aufgekantete Abdichtung in sehr vielen Fällen nicht realisierbar. Im behindertengerechten Bauen wird als oberer Grenzwert sogar in einer Norm (DIN 18 030 [37]) eine zulässige maximale Höhe von 2 cm angegeben. Bei vielfach begangenen, behindertengerecht gestalteten Türschwellen sind Schwellenaufkantungen möglichst ganz zu vermeiden. Die Regelwerke [7.6], [9] weisen auf diese Sonderfälle ausdrücklich hin und führen aus, dass in diesem Zusammenhang durch besondere Maßnahmen für eine ausreichende Dichtheit gesorgt werden muss. In weiten Bereichen sind dazu Gitterrostrinnen unmittelbar vor der Schwelle üblich geworden, die planmäßig entwässert werden müssen. Weiterhin sollte die niveaugleiche Schwelle einer unmittelbaren Bewitterung möglichst entzogen werden, indem der Eingang entweder gegenüber der Gebäudefassade zurückspringt oder aber durch Vordächer geschützt wird [61]. Bei niveaugleichen Türdurchgängen ist weiterhin darauf zu achten, dass bei geschlossenen Brüstungen Überläufe vorgesehen werden, die tiefer als die Türschwelle sitzen, damit beim Verstopfen des Ablaufs ein Überstauen der Schwelle vermieden wird (siehe dazu [33] und [34]).

### 5.4.3.3 Randverwahrung des Abschlusses

Der aufgekantete Abschluss der Dachabdichtung darf am oberen Rand nicht hinterlaufen werden und darf weiterhin nicht abrutschen. In vielen Fällen kann die notwendige Randverwahrung unmittelbar durch die angrenzenden, die Abdich-

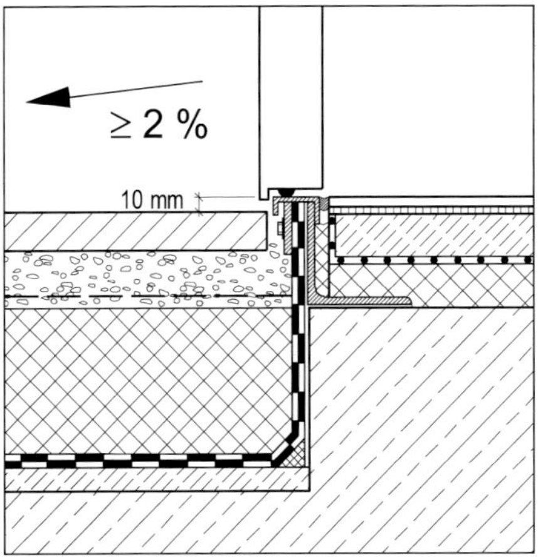


**Abb. 5.26:** Niveaugleiche Schwelle mit Klemmschiene nach DIN 18 195

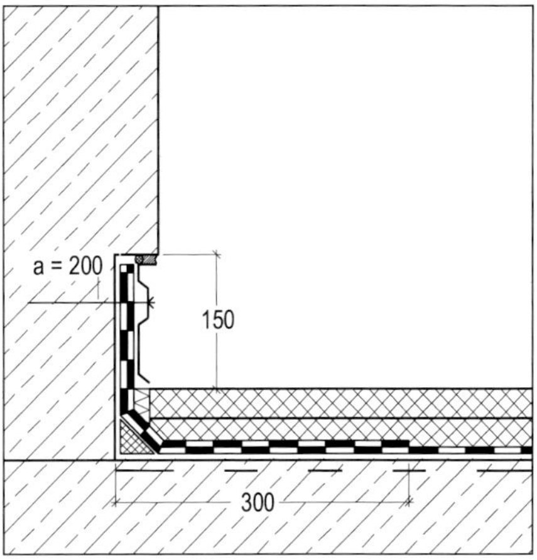


**Abb. 5.27:** Randverwahrung mit Klemmprofil beim nicht wärmegedämmten Parkdeck mit Gussasphalt

tung überlappenden Bauteile erfolgen. So benötigen z. B. durch die Sockelschienen von Wärmedämmverbundsystemen überdeckte Abdichtungen oder durch die Sockelprofile von Fenster- und Türanlagen gehaltene Abdichtungen keine weiteren Randverwahrungen [82].

Die in DIN 18 195-Teil 9, vorgesehenen Klemmschienen von 45 mm Breite und einer Dicke von 5–7 mm, die im Abstand von 150–200 mm mit Schrauben (Durchmesser 8 mm) anzuschrauben sind, werden sinnvoll nur bei Metalluntergründen und durch Beschichtung vorbehandelten Sichtbetonuntergründen angewendet. Sie sind nämlich nur notwendig, wenn der durch die aufwändige Schienenkonstruktion beabsichtigte hohe Anpressdruck, der Bitumen auch ohne Erwärmung zum Fließen bringt, auch tatsächlich aufgrund der Festigkeit des Untergrundes erreicht werden kann und, wenn der Untergrund selbst so dicht und eben ist, dass durch Anpressen tatsächlich eine Abdichtung bewirkt werden kann.

Sonst sind einfachere Klemmprofilkonstruktionen üblich, die die Abdichtung halten und die zusätzlich durch Kappstreifen so abgedeckt sind, dass der Abdichtungsrand nicht hinterlaufen wird. V-förmige, lediglich durch Dichtstoffe verschlossene Abschlussphasen von Klemmprofilen, z.B. auf der Oberfläche von Putzen oder Stahlbetonbauteilen, sind relativ schadensanfällig, da wartungsintensiv und sollten daher nicht als Regelausführung angewendet werden.

### 5.4.4 Bewegungsfugen

#### 5.4.4.1 Abschätzung der zu erwartenden Bewegungen

Im Bereich von genutzten Dachflächen liegen häufig Bewegungsfugen, die abgedichtet werden müssen. Eine wesentliche grundsätzliche Fehlerquelle bei Bewegungsfugen ist eine unzureichende Abschätzung der tatsächlich im Bereich der Fuge ablaufenden Bewegungen. Dabei ist es nicht etwa der häufigste Fehler, dass die Bewegungen zu gering eingeschätzt werden, die darüber ausgeführte Abdichtung also überbeansprucht würde. Viel häufiger ist es der Fall, dass die Bewegung viel zu groß eingeschätzt wird und dann mit komplizierten schlaufenförmig ausgebildeten Abdichtungen gearbeitet wird, die an die handwerkliche Ausführung höchste Ansprüche stellten und daher häufig nicht fehlstellenfrei realisiert wurden [s. 82].

Weitaus überwiegend sind insbesondere bei wärmegedämmten, genutzten Dachflächen die abzudichtenden Bewegungsfugen nur Bewegungen ausgesetzt, die aus langsam ablaufenden Setzungen von Gebäudeabschnitten oder Schwindverkürzungen von Bauteilen herrühren. Diese Vorgänge laufen meist nur einmalig nach der Bauwerkserrichtung ab und sind zum Zeitpunkt der Herstellung der Dachabdichtung meist schon zu einem deutlichen Anteil abgeklungen. DIN 18 195 bezeichnet diese Bewegungsfugen des Typs I als „Fugen für langsam ablaufende und einmalige oder selten wiederholte Bewegungen, z. B. Setzungsbewegungen oder Längenänderungen durch jahreszeitliche Temperaturschwankungen".

Scharf davon zu unterscheiden sind Fugen des Typs II, die für schnell ablaufende und häufig wiederholte Bewegungen, z. B. Bewegungen durch wechselnde Verkehrslasten oder Längenänderungen durch tageszeitliche Temperaturschwankungen geeignet sein müssen. Diese treten fast ausschließlich bei Parkdächern auf.

Der Fugentyp I wird gemäß DIN 18 195-Teil 8, im Hinblick auf die absolute Bewegungsdifferenz auf maximal 40 mm Bewegung senkrecht zur Abdichtungsebene, 30 mm Bewegung parallel zur Abdichtungsebene und 25 mm bei einer Kombination zwischen den beiden ersten Bewegungsarten begrenzt. Bei größeren Bewegungen zählen Fugen mit langsam auflaufenden, einmaligen Bewegungen abdichtungstechnisch ebenfalls zum Typ II. Diese Grenzwerte der Norm sind für erdberührte Bauteile konzipiert und insofern bei genutzten Dachkonstruktionen nicht unmittelbar übertragbar. Hier sollte nach der Auffassung des Verfassers nur von Fugen des Typs I gesprochen werden, wenn die Bewegungen senkrecht zur Abdichtungsebene ca. 5 mm und parallel zur Abdichtungsebene ca. 10–15 mm nicht übersteigen.

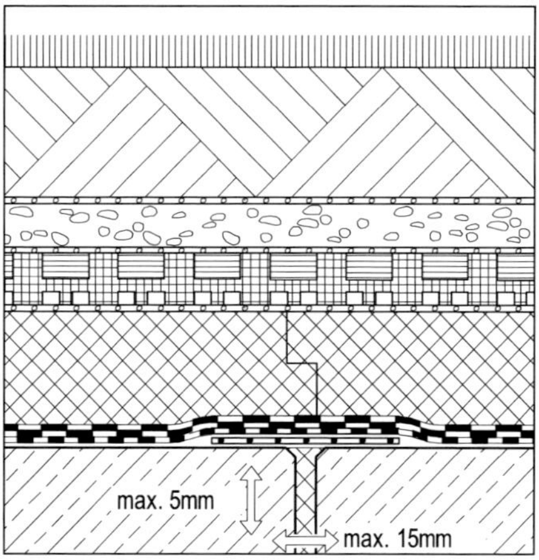


**Abb. 5.28:** Bewegungsfuge Typ 1 mit Schleppstreifen unter der Abdichtung

## 5.4.4.2 Konstruktive Ausbildung

Fugen des Typs I können in genutzten Dachflächen fast durchweg ohne besondere Schlaufenausbildung eben hergestellt werden und sind dann aufgrund der geringen erforderlichen handwerklichen Ausführungssorgfalt wesentlich zuverlässiger als schlaufenförmige Konstruktionen. Bei Bewegungen bis 5 mm sind 100 mm breite Schleppstreifen unter den oben beschriebenen Abdichtungen zur Berücksichtigung der Bewegung ausreichend. Bei Fugen des Typs I mit Bewegung über 5 mm bis 15 mm sind 300 mm breite Verstärkungsstreifen, z.B. aus Bitumenbahnen mit Polyesterfaservlieseinlage, auszuführen. Lose liegende Abdichtungen benötigen bis zu diesem Bewegungsmaß keine besonderen Maß-

**Abb. 5.29:** Bewegungsfuge Typ 2 mit Stellblech

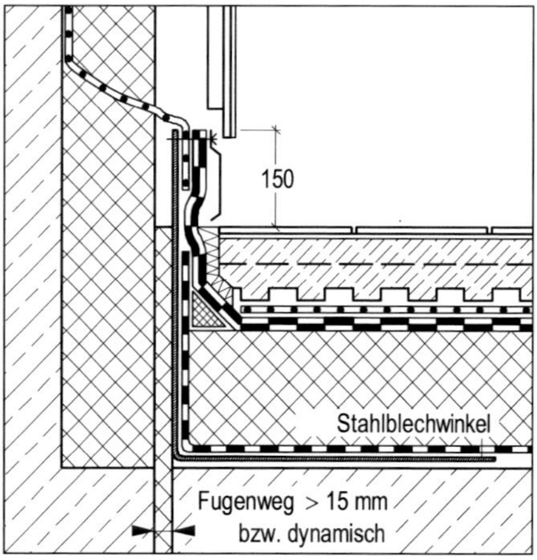


**Abb. 5.30:** Bewegungsfuge Typ 2 mit Fugenprofil

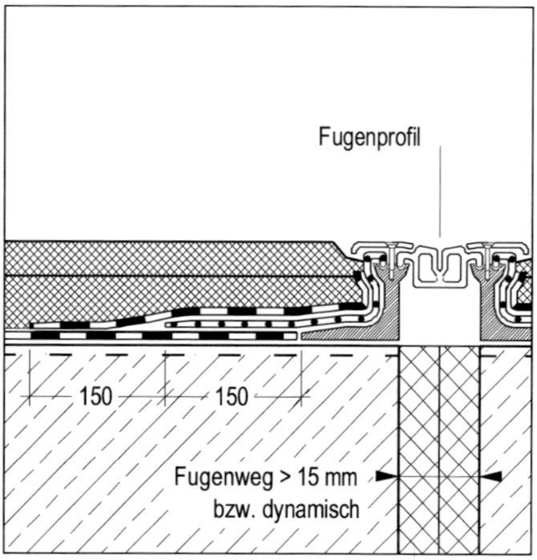

nahmen. Es ist darauf zu achten, dass die Abdichtungslagen nicht in die sich öffnende Fuge einsinken können. Dies kann z.B. durch dünne Schleppbleche oder Kupferriffelbandverstärkungen (0,2 mm dick) geschehen.

Die wesentlich komplizierter herzustellenden Fugen des Typs II sollten möglichst nicht in der Abdichtungsebene liegen, also z.B. beim Verlauf in der Nähe von Bauteilrändern durch eine Stellblechunterkonstruktion aus der Abdichtungsebene herausgehoben im Fassadenbereich geführt und dort abgedeckt werden. Sind Fugen des Typs II in der Abdichtungsebene unvermeidbar (z.B. Anschluss einer Zufahrtsrampe an ein Parkdach) so sind die Fugenabdichtungen möglichst als vorgefertigte Einbauteile aus schlaufenförmigen Kunstkautschukbändern mit Los- und Festflanschkonstruktionen herzustellen. Auf die seitliche Endigung dieser Konstruktion ist besonderes Augenmerk zu legen.

Es ist darauf zu achten, dass die Fugenausbildungen in den Oberbelägen fortgeführt werden. Die Ausführungsart hängt von der Art des Oberbelags und vom Maß der Bewegung ab. So ist bei Plattenbelägen im Mörtelbett auch bei geringen Bewegungen des Fugentyps I eine entsprechende bewegliche Belagsdehnfuge vorzusehen, während z.B. bei Begrünungen bei Fugen des Typs I keine weiteren Maßnahmen erforderlich sind. Fugen des Typs II sollten bei allen Belagsarten für die Überprüfung zugänglich bleiben, z.B. bei Begrünungen in Kiesstreifen liegen oder bei Parkdächern in Fugenkammern mit demontablen Abdeckungen.

# 6 Typische Schadensfälle bei Dachterrassen

## 6.1 Dachterrassen mit Plattenbelägen im Mörtelbett

### 6.1.1 Ausblühungen und Abplatzungen an der Belagsoberfläche durch mangelhafte Gefällegebung der Abdichtung

#### Sachverhalt

Die Dachterrassen im Obergeschoss eines Mehrfamilienhauses waren über einen Warmdachaufbau mit Bitumenbahnenabdichtung, mit Spaltplattenbelägen in 3 bis 8 cm dickem, unbewehrten Zementmörtelbett verlegt worden. Durch die Variation der Mörtelbettdicke erhielt die Belagsoberfläche ein deutliches Gefälle von ca. 1,5 %. Nach wenigen Jahren Standzeit traten zunächst deutliche Kalkaussinterungen an den Plattenfugen, dann auch Abplatzungen und Ablösungen einzelner Platten, auf. Die Schäden traten jeweils – ungleichmäßig verteilt – in zusammenhängenden Flächen auf. Wie durch Öffnungsarbeiten festgestellt werden konnte, war die Abdichtungslage ohne Gefälle verlegt worden. An den Öffnungsstellen stand in den Schadenszonen auf der Abdichtung bis zu 5 mm hoch Wasser, obwohl der Bodenablauf auf der Dachterrasse sowohl an die Belagsoberfläche als auch an die Abdichtungsebene angeschlossen war.

#### Ursachen

Die Schäden werden durch Niederschlagswasser verursacht, das langanhaltend auf der Abdichtungsebene in den Belagsschichten steht. Das Wasser löst Kalzi-

**Abb. 6.01:** Sinterschichten und Randabplatzungen an den Belagsfugen

umhydroxydanteile aus dem Mörtel aus, transportiert diese an die Bauteiloberfläche, dort bildet sich dann unter Einwirkung des Kohlendioxids der Luft eine nur sehr schwer entfernbare Sinterschicht aus Kalkstein. Das wassergesättigte Mörtelbett friert zudem unter Frosteinwirkung auf.

Letztlich ist die fehlende Gefällegebung auf der Abdichtungsebene schadensursächlich. Auf gefällelosen Oberflächen muss nämlich wegen der zulässigen Maßtoleranzen, der Durchbiegevorgänge von Deckenkonstruktionen und der Unebenheiten an den Überlappungen von Dichtungsbahnen selbst dann mit deutlichen Pfützenbildungen gerechnet werden, wenn die Bodenabläufe fachgerecht beide Entwässerungsebenen (Belagsoberfläche und Abdichtungsoberfläche) erfassen.

## Nachbesserung

Der Belag musste vollkommen aufgenommen werden. Aufgrund der insgesamt geringen Konstruktionshöhen und der sehr knappen Aufkantungsanschlusshöhen – insbesondere auch im Bereich der Terrassentür- und Fensteranlagen – war eine deutliche Gefällegebung in der Abdichtungsebene mit vertretbarem Aufwand nicht realisierbar; es wurde vorgeschlagen, nach Entfernen des Plattenbelags durch gefüllte Bitumenspachtelmassen grobe Unebenheiten auszugleichen und einen aufgestelzten, großformatigen Plattenbelag mit offenen Fugen auszuführen.

## Schlussfolgerungen

Mörtelschichten, seien es estrichgerechte Dickbettverlegeschichten oder auch Zementestriche, die später im getrennten Arbeitsgang im Dünnbett mit Terrassenbelägen beklebt werden, sind bei stehendem Wasser ausblüh- und frostgefährdet. DIN 18195 [7] weist daher im Teil 5 ausdrücklich darauf hin, dass in einer solchen Situation die Abdichtungsebene mit einem ausreichenden Gefälle versehen werden muss. Da die Lagesicherheit und die Nutzbarkeit von Terras-

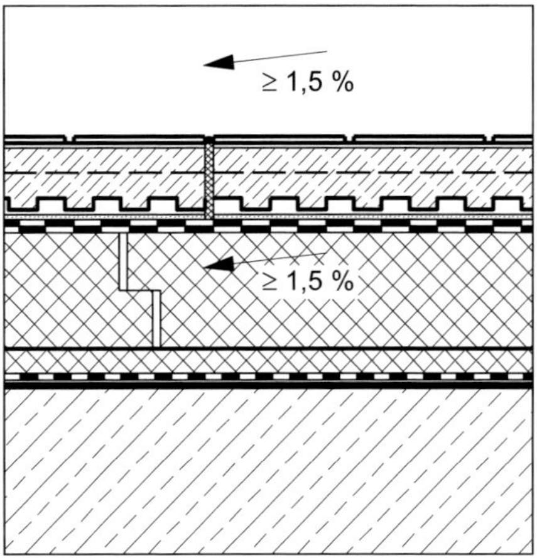


**Abb. 6.02:** Querschnitt mit Gefälle der Abdichtung und Dränschicht

senbelägen Gefälle über ca. 1,5 bis 2 % nicht zulassen und bei diesen schwachen Gefällen aber immer noch geringe Pfützenbildungen nicht völlig vermeidbar sind, sieht das Merkblatt [23] des Zentralverbands des Deutschen Baugewerbes unter Plattenbelägen im Mörtelbett oder auf Estrichen grundsätzlich eine Dränschicht vor, die den Kontakt des Mörtelbetts mit der Feuchtigkeit vermindert und für eine zügigere Abführung des in den Belag eingedrungenen Wassers sorgt.

Wird zwar der Oberbelag, nicht aber die Abdichtung, im Gefälle verlegt, so liegt meist ein grundsätzlicher Denkfehler des Planers oder ausführenden Handwerkers vor. Man ist der Meinung, dass unter den Belägen praktisch kein Wasser sickert, sondern die Belagsoberflächen wasserdicht herstellbar sind. Man beobachtet daher auch immer wieder den Versuch, die Belagsfugen, z.B. mit Epoxydharzverfugungen bzw. Dehnfugen mit Dichtstoffen „abzudichten". Aufgrund der großen thermischen Längenänderungen der dünnen, schwimmend aufgebrachten Belagsschichten muss ein derartiger Versuch aber fehlschlagen. Es gibt bei diesen Konstruktionen zur ausreichenden Gefällegebung der Abdichtungsebene keine funktionsfähige Alternative.

### 6.1.2 Rissbildungen im Belag aufgrund fehlender Feld-Dehnfugen

#### Sachverhalt

Die Dachterrassen im Obergeschoss einer großen, stark gegliederten Eigentumswohnanlage bestanden zum Teil aus langgezogenen, im Grundriss gekrümmten oder unregelmäßigen Flächen mit vielen Einschnürungen und Verwin-

**Abb. 6.03:** Terrassengrundriss mit Rissverläufen

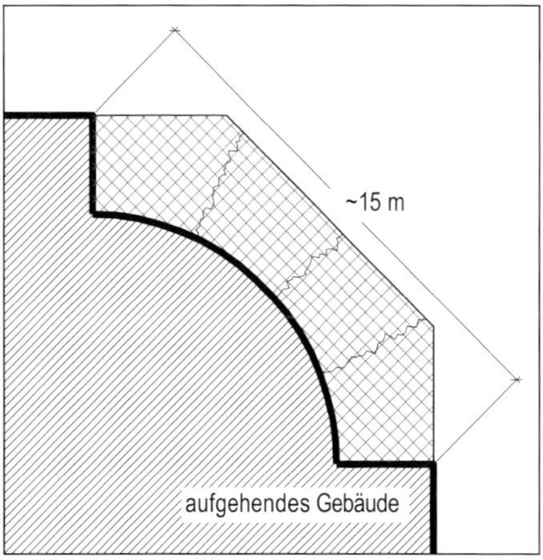


**Abb. 6.04:** Rissverlauf im Belag

kelungen. Die Flächen waren mit keramischen Fliesen im Dünnbett auf Estrichuntergrund verlegt. Im zweiten Jahr traten in den Belägen meist an Einschnürungen oder an schmal langgestreckten Flächen durch alle Belagsschichten hindurchführende Rissbildungen auf, die nicht nur in den Fliesenfugen, sondern zum Teil auch mitten durch die im Verbund verlegten Fliesen verliefen. Wie Öffnungsstellen zeigten, waren im Bereich des 4 cm dicken Estrichs zwar Edelstahlbewehrungsmatten eingebaut, diese lagen jedoch in der Regel unmittelbar auf der Polyaethylen-Folienabdeckung der Bitumenbahnenabdichtungen.

### Ursachen

Schwimmend aufgebrachte Beläge, wie auf Trennlagen aufliegende Estrich- und Mörtelschichten auf Dachterrassen, führen insbesondere unter den wechselnden Außenklimabeanspruchungen von Temperatur aber auch Feuchte deutliche Längenänderungen aus, die sich mit den Abmessungen der Fläche aufaddieren. Da die Beläge nicht völlig zwängungsfrei auf dem Untergrund aufliegen, entstehen dadurch anwachsende Normalspannungen im Belag, die schließlich zum Reißen sämtlicher Belagsschichten führen. Der Schaden ist auf fehlende Dehnfugen in der Fläche der Beläge zurückzuführen. Die falsche Lage der Bewehrungseinlagen hat sicher zum Schadensumfang beigetragen. Auch bei richtiger Bewehrungslage wären aber die Schäden nicht vermeidbar gewesen.

### Nachbesserung

Da die Rissbildungen relativ regelmäßig verliefen, wurde vorgeschlagen, den Belag nur im Rissverlauf zu öffnen und mit regelmäßig verlaufenden, alle Schichten durchtrennenden Dehnfugen wieder zu ergänzen. Dazu war mit kunstharzvergütetem Mörtel und an den Übergängen mit Verdübelungen zu arbeiten.

Eine solche Lösung ist selbstverständlich nur diskutabel, wenn die Bodenplatten weiterhin in gleicher Farbe zur Verfügung stehen und auch mit Geschick die neue Verfugung weitgehend dem alten Fugenbild angepasst werden kann, sonst wird häufig eine völlige Neuverlegung erforderlich.

### Schlussfolgerungen

Die beschriebenen Längenänderungsbestrebungen von Plattenbelägen im Mörtelbett oder auf Estrichen machen neben den Randfugen auch in der Fläche Dehnfugen erforderlich.

Das Merkblatt [23] empfiehlt Dehnfugenabstände von 2,5 bis 5 m; bei sehr ungünstigen Flächenformen mit deutlichen Einschnürungen und einspringenden Ecken und bei langgestreckten schmalen Belagsfeldern können jedoch auch in deutlich geringerem Abstand bereits Dehnfugen erforderlich werden.

ein Plattenbelag im Splittbett (Körnung 3/6) aufgebracht. Der Trittschallschutz konnte so auf ein erträgliches Maß verbessert werden.

### Schlussfolgerungen

Es wird häufig übersehen, dass Dachterrassen über Aufenthaltsräumen Luft- und Trittschallschutzanforderungen erfüllen müssen. Die Luftschallschutzanforderungen sind dabei aufgrund der großen Flächengewichte der Deckenbauteile meist unproblematisch. Um einen ausreichenden Trittschallschutz zu erreichen, sind aber weich federnde Zwischenschichten erforderlich, da in der Regel keine weich federnden Oberbeläge Verwendung finden.

Es liegt hier ein typischer Zielkonflikt vor, da einerseits die aufzunehmenden Lasten und das erhöhte Beschädigungsrisiko bei Abdichtungen auf weichen Dämmschichten druckfeste und damit harte Dämmstoffe erfordern – andererseits aber zum Schallschutz weichfedernde Materialien günstiger wären. Das Merkblatt [23] schlägt zur Lösung dieses Problems zweilagige Dämmschichten vor. Über einer unteren Trittschalldämmschicht wird dabei der druckfestere Dämmstoff mit der Mindestdruckbelastbarkeit dh eingebaut (siehe Abb. 41). Bei der Verwendung von Schaumglas ist diese Lösung nicht praktikabel; hier kann nur durch das Zwischenschalten von weich federnden Schichten oberhalb der Abdichtung für einen verbesserten Trittschallschutz gesorgt werden. Dazu können Gummischrotmatten (Mindestdicke 8 mm) „Bautenschutzmatten“, ggf. mit weiteren, den Trittschallschutz erhöhenden Profilierungen, verwendet werden. Die Schaumglashersteller bieten aber in ihren Produktinformationen keinen Querschnitt an, der den Normanforderungen an den Trittschallschutz entspricht.

## 6.1.5 Verschlechterung des Wärmeschutzes der Umkehrdachdämmung durch einen fehlerhaften Schichtenaufbau

### Sachverhalt

Der 1984 errichtete Innenhof eines Schulzentrums (Größe der Hauptfläche ca. 45 x 10 m) war als Dachterrasse mit folgender Schichtenfolge hergestellt worden:

Auf der Stahlbetondecke war über Trennvlies eine PVC-Weich-Dachdichtungsbahn verlegt worden, darüber 80 mm dicke extrudierte Polystyrol-Hartschaumplatten XPS 30 als Umkehrdach-Wärmedämmung, darüber ein Betongehweg-Plattenbelag in Feinkiesbettung (über die genaue Zusammensetzung – insbesondere der Feinstanteile in der Bettungsschicht – liegen keine Informationen vor). Die in allen Schichten gefällelos hergestellte Dachfläche wies mehrere Abläufe auf (über die Zugänglichkeit dieser Abläufe und ihre Wartung liegen keine Informationen vor, ebenso sind die Klimabedingungen unter der Dachfläche nicht dokumentiert).

An der PVC-Weich-Dachabdichtung des Daches waren Undichtigkeiten aufgetreten, die im Jahr 1999 die Veranlassung zu einer völligen Instandsetzung der Dächer gaben. Dabei wurde festgestellt, dass sich nach Einschätzungen des Dachdeckers etwa bei 40 bis 50 % der Dämmplatten ein so hoher Feuchtigkeitsgehalt eingestellt hatte, dass sie nur noch mit deutlichem Kraftaufwand anhebbar waren. An ungünstigen Stellen am Dämmplattenrand entnommene Proben ergaben einen Feuchtigkeitsgehalt von 25,4 bis 36,9 Vol.-%.

### Ursachen

Ursache der hohen Wasseraufnahme der Dämmplatten ist eine ungünstige Schichtenfolge – ggf. in Kombination mit Entwässerungsmängeln, die zum langfristigen Überstauen der Platten führten. Das Schadensbild zeigt jedenfalls, dass die Dämmplatten langanhaltend oberseitig durch stark durchfeuchtete Schichten abgedeckt sein mussten. Dies hat zu einer erheblichen Durchfeuchtung der Dämmplatten durch Wasserdampfdiffusion geführt.

Die Wärmeleitfähigkeit der Dämmplatten wird nach überschläglichen Berechnungen an den ungünstigsten Stellen von 0,03 W/mK auf etwa 0,06 W/mK erhöht. Der Wärmedurchlasswiderstand des 80 mm dicken Dämmstoffquerschnitts wird von 2,66 $m^2$ K/W auf 1,33 $m^2$ K/W vermindert. Die Dachfläche erfüllt demnach nach 15 Jahren Standzeit auch an den ungünstigsten Stellen zwar noch den Mindestwärmeschutz nach den heutigen Regelwerkanforderungen (1,25 $m^2$ K/W); die Wärmeverluste haben sich allerdings gegenüber dem Neubauzustand an den am stärksten durchfeuchteten Stellen der Dachfläche verdoppelt.

### Nachbesserung

Die tatsächliche Art der Nachbesserung ist nicht bekannt. Es besteht sowohl die Möglichkeit, erneut mit Umkehrdachwärmedämmung, aber mit sachgerechter Schichtenfolge, instandzusetzen oder aber – insbesondere wenn dies die Randanschlüsse ermöglichen – eine Warmdachkonstruktion über gefällegebender Wärmedämmung auszubilden.

### Schlussfolgerungen

Langfristig können sich bei Umkehrdachkonstruktionen hohe Feuchtigkeitsgehalte im Dämmstoff ansammeln, wenn die Schichtenfolge nicht den allgemeinen bauaufsichtlichen Zulassungen bzw. DIN 4108 entspricht. Insbesondere wenn die gesamte konstruktive Situation (z.B. sehr komplizierte Dachgrundrisse mit einer Vielzahl von Durchdringungen und Aufbauten) gegen die Ausbildung eines geplanten Gefälles spricht, muss durch die Gestaltung der Entwässerungselemente und durch die Wahl einer Bettung mit geringen Feinstkornanteilen dafür gesorgt werden, dass die Schichten oberhalb der Dämmplatten nicht langanhaltend feucht sind.

## 6.2 Dachterrassen mit Plattenbelägen im Kies- oder Splittbett

### 6.2.1 Verfärbte Gehwegplatten durch ungeeignete Bettungsschicht und mangelhafte Entwässerung

#### Sachverhalt

Der Zugangsbereich eines Supermarktes war über einem vorspringenden Sockelgeschoss als Dachterrasse ausgebildet worden. Über einem Warmdachaufbau mit Abdichtungen aus Bitumendachbahnen war ein Belag aus Betongehwegplatten (40 x 40 cm, 4 cm dick) ausgeführt worden, der mit sehr schmaler Fuge in einem fast 20 cm hohen Sandbett verlegt wurde. Wie bei Straßenbelägen üblich, war dem Sand eine geringe Menge Zement zugegeben worden. In großen, zusammenhängenden Teilbereichen verfärbte sich der Belag dunkel und zeigte weiße Ausblühungen.

#### Ursachen

Nach Aufnehmen des Pflasterbelags war im Sandbett stehendes Wasser festzustellen. Da die Abdichtung mit einem Gefälle von ca. 2 % versehen war, konnte nicht die Gefällegebung die Ursache des stehenden Wasser sein. Im Bereich der Abläufe wurde daher ebenfalls geöffnet. In das untere Ablaufstockwerk in der Ebene der bahnenförmigen Abdichtung war „passgenau" ein PVC-Standrohr eingeschoben, das im Plattenbelag mit einem Einlaufgitter abgedeckt war.

Die Ursachen des Schadens sind daher zum einen in einer völlig mangelhaften Entwässerungssituation zu suchen. Es wurde versäumt, die Abdichtungsoberfläche als untere Entwässerungsebene an die Abläufe anzuschließen. Aufgrund des Sandbetts war dies allerdings auch schwierig, da hier nur mit einem abgestuften Sand- und Kiesfilter hätte gearbeitet werden können, damit der Sand nicht ausgespült wird. Der eigentliche Fehler liegt daher in der Verwendung eines Sandbetts, das zum einen die beschriebenen Probleme im Bereich der Abläufe erzeugt; zum anderen aber bei stehendem Wasser selbst Feuchtigkeit speichert und zusammen mit dem Zementgehalt zu den Ausblühungen im Plattenbelag führt.

#### Nachbesserung

Der Plattenbelag war vollständig aufzunehmen, das Sandbett völlig zu entfernen und durch ein Kiesbett oder ein Splittbett mit einer Korngröße von ca. 2 bis 8 mm (ohne Feinkornanteile) zu verlegen. Die Abläufe mussten als konsequent zweistöckige Elemente ausgebildet werden; die Lochung des Standrohrs und des Ablaufgitters im unteren Ablaufstockwerk war auf die Körnung des Kieses abzustimmen.

Abb. 6.10: Verfärbungen am Belag aus Gehwegplatten

Abb. 6.11: Stehendes Wasser neben dem Ablauf

## Schlussfolgerungen

Sand ist als Verlegebett für Terrassenbeläge ungeeignet, da er selbst Feuchtigkeit speichert und im Übrigen im Bereich des unteren Ablaufstockwerks zum Ausschlämmen neigt. Bei der Bettung muss ein Kompromiss zwischen einer möglichst hohlraumreichen, gut wasserableitenden Schicht und einer hinreichend verdichtbaren, für das lagesichere Positionieren von Platten geeignete, Tragschicht gefunden werden. Das Merkblatt [23] empfiehlt dazu Splitt oder Kies der Körnung 2 bis 8 mm ohne Feinkornanteil.

Der Schadensfall zeigt weiterhin die typische irrige Annahme, dass Plattenbeläge nur auf der Oberfläche entwässern – tatsächlich gelangt Niederschlagswas-

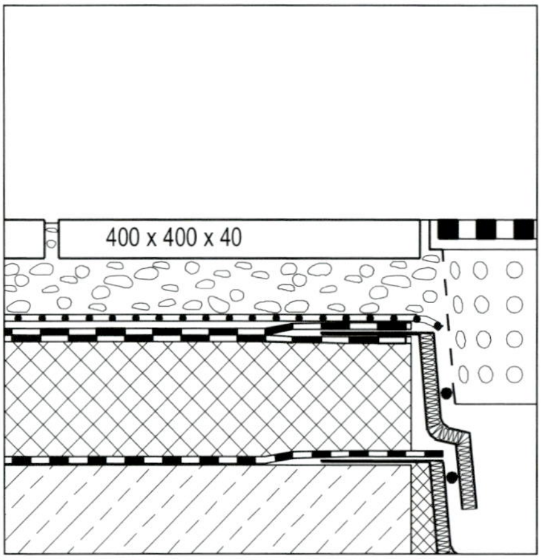


Abb. 6.12: Plattenbelag im Splittbett mit sachgerechtem zweistöckigen Ablauf

ser bis auf die Abdichtung, die deshalb möglichst mit Gefälle zum Ablauf verlegt sein sollte.

### 6.2.2 Pfützen und Veralgungen auf gefällelosem Belag mit knirsch gestoßenen Fugen

#### Sachverhalt

Die Dachterrasse auf dem eingeschossigen Vorbau eines Universitätsgebäudes war über Warmdachaufbau mit Gehwegplatten im Kiesbett belegt worden. Während die Abdichtungsebene selbst ein Gefälle aufwies, waren die knirsch verlegten Betongehwegplatten gefällelos in das Kiesbett eingelegt worden. Nach einigen Jahren zeigten sich erhebliche Veralgungen und nach stärkeren Regenfällen auch Pfützen auf der Belagsoberfläche.

#### Ursachen

Die knirsch verlegten Fugen des gefällelosen Belags hatten sich nach einiger Zeit mit Staub- und Schmutzpartikeln zugesetzt und leiteten das Wasser daher nur noch sehr zögernd ab. Es kam daher zu langanhaltend stehendem Wasser auf der Belagsoberfläche. Da zudem noch die gesamte Terrassenfläche durch die benachbarten Gebäude stark verschattet war und daher nur wenig Sonne erhielt, konnte auch in Trockenperioden die Oberfläche nicht völlig abtrocknen, so dass „ideale" Wachstumsbedingungen für Algen und Moose bestanden.

#### Nachbesserung

Die geringe Aufbauhöhe der Belagsschichten ließ die nachträgliche Verlegung der Platten im Gefälle nicht zu. Es wurde daher empfohlen, den gesamten Belag

**Abb. 6.13:** Veralgung und Moosbildung auf gefällelosem Belag mit knirsch gestoßenen Fugen

**Abb. 6.14:** Vermoosung eines schlecht entwässerten Belags auf Kiesbett

aufzunehmen, den Kies zu entfernen und den Belag gefällelos mit ca. 1 cm breiter offener Fuge auf Stelzlagern (Mörtelsäckchen) zu verlegen.

### Schlussfolgerungen

Mit engem Fugenabstand verlegte Plattenbeläge müssen ein ausreichendes Gefälle von ca. 1 bis 2 % zu den Abläufen hin aufweisen, da die Fugen sich zusetzen können. Bei Plattenbelägen im Kies- oder Splittbett muss auch bei breiteren Fugen über längere Zeit mit einem Zusetzen der Fugen gerechnet werden. Wenn nicht mit dem Vertragspartner ein erhöhter Wartungsaufwand zum Freihalten der Fugen ausdrücklich vereinbart wurde, ist daher bei solchen Belägen grundsätzlich auch der Plattenbelag mit Oberflächengefälle zu verlegen. Dann ist es erforderlich, auch in der Ebene des Belags einen Ablaufrost vorzusehen, also nicht darauf zu hoffen, dass das Wasser durch die Fugen absickert und über die Abdichtung zu einem Ablauf sickert, der lediglich die Dichtungsebene entwässert.

Völlig wartungsfrei sind Außenbeläge aber grundsätzlich **nicht**. Es ist die Aufgabe des Nutzers, die Fugen von Bewuchs freizuhalten. Durch die Unterlassung von Wartungsarbeiten auftretende Schäden fallen in den Verantwortungsbereich der Nutzer.

Ohne Oberflächengefälle können nur Plattenbeläge mit ebener Plattenoberfläche auf Stelzlagern ausgeführt werden, da der große Hohlraum unter dem Belag sich nicht zusetzen kann. In solchen Fällen sollte der Belag mit deutlicher Fuge (> 4 mm) verlegt werden.

## 6.2.3 Mangelhafte Lagesicherheit aufgrund zu geringer Plattengröße

### Sachverhalt

Die als Dachterrasse und Zugang für mehrere Wohnungen dienende Flachdachfläche eines eingeschossigen Anbaus war mit Betonwerksteinplatten 300 x 300 x 40 in Splitt 2/8 mm verlegt worden. Am stark benutzten Plattenbelag traten nach wenigen Jahren erhebliche Verschiebungen und Lageänderungen der Platten auf, die Platten sackten zum Teil ab und verschoben sich.

### Ursachen

Die hier verwendeten Gehwegplatten sind zu klein. Sie verschieben sich daher unter Belastung.

### Nachbesserung

Da zugleich auch Undichtigkeiten im Warmdachaufbau erheblichen Umfangs vorhanden waren, wurde die gesamte Konstruktion abgeräumt und durch einen Umkehrdachaufbau mit 80 mm XPS-Platten und Betonwerksteinplatten 400 x 400 x 40 in Splitt 5/8 mm instandgesetzt.

### Schlussfolgerungen

Die lose liegenden Platten auf Kies- oder Splittbett benötigen eine bestimmte Mindestgröße und ein bestimmtes Mindestgewicht, um sich bei üblicher Nutzung nicht zu verschieben oder zu brechen. Das Merkblatt [23] empfiehlt daher als Regelabmessung eine Plattengröße von mindestens 40 x 40 cm und eine

**Abb. 6.15:** Verkantet liegende Gehwegplatten 300 x 300 mm

**Abb. 6.16:** Ansicht der Dachterrassenfläche im Zuge der Nachbesserung

Mindestplattendicke von 30 mm (die Maße gelten sowohl für Betonwerksteinplatten wie für Naturwerksteinplatten). Will man formal ein kleinformatigeres Fugenraster erreichen, so ist es besser, in einer Vielzahl von Varianten erhältliche Platten der Abmessungen 40 x 40 cm bzw. 50 x 50 cm auszuwählen, die nur an ihrer Oberfläche die Struktur kleinformatiger Platten oder Pflasterung aufweisen. Die Fugen zwischen diesen Fertigteilplatten können dann in der Fugenbreite auf das restliche Erscheinungsbild so abgestimmt werden, dass insgesamt der Eindruck eines kleinformatigen Belags erreicht wird (zum notwendigen Oberflächengefälle bei schmalen Belagsfugen siehe 6.2.2).

### 6.2.4 Risse und Verschiebungen im Belag aufgrund falscher Dimensionierung und unzulässiger Belastung

#### Sachverhalt

Der über einer Tiefgarage als Dachterrasse ausgebildete Innenhof eines Wohn- und Geschäftshauses war mit einem Warmdachaufbau wärmegedämmt und abgedichtet. Darüber war ein Belagsaufbau im Splittbett, insgesamt 120 mm hoch, verlegt. Die planmäßig nur für Fußgängerbenutzung vorgesehenen Hauptwege waren durch Streifen von Granitplatten betont, die mit Abmessungen von bis zu 30 x 600 mm in 30 mm Dicke in das Splittbett eingelegt waren. Bereits nach einjähriger Nutzung des Gebäudekomplexes waren viele Granitplatten gebrochen und abgesunken.

**Abb. 6.17 (oben links):** Gesamtsituation mit Absperrpollern

**Abb. 6.18 (oben rechts):** Typisches Schadensbild einer gebrochenen Granitplatte

**Abb. 6.19 (rechts):** Typischer Höhenversatz zwischen den Platten

## Ursachen

Der Innenhof war zwar planmäßig nicht für den ständigen Fahrbetrieb vorgesehen; da die Möglichkeit der Zufahrt für Feuerwehrfahrzeuge aber gewährleistet bleiben musste, waren an den Zufahrten demontierbare Poller positioniert worden. Wie selbst während der Ortsbesichtigung festgestellt werden konnte, wurden zur bequemeren Belieferung der im Innenhofbereich liegenden Ladengeschäfte von den Nutzern die Poller demontiert und die Flächen trotz Verbotsschilder von Kleinlastwagen häufiger befahren. Dieser Belastung war der hier ausgeführte Belag nicht gewachsen.

**Abb. 6.20:** Ein Kleinlastwagen verlässt die nicht befahrbare Fläche

### Nachbesserung

Da vorherzusehen war, dass die sinnvolle Nutzung der Läden eine einfache Zuliefermöglichkeit erfordert und auch ein schärferer Hinweis auf die Folgen der falschen Benutzung der Flächen mit Kleinlastfahrzeugen nicht mit Erfolg gekrönt sein wird, wurde vorgeschlagen, die gesamten Hauptwege durch kleinformatigere, dickere Naturwerksteinplatten zu ersetzen, die trotz der geringen Gesamtaufbauhöhe zumindest eine gelegentliche Befahrbarkeit ohne Bruch ermöglichen (siehe Kapitel Parkdächer).

### Schlussfolgerungen

Wenn nicht die Zufahrtsradien, die Durchfahrtshöhen oder die Oberflächengestaltung (z. B. Treppen) eindeutig und unveränderbar sicherstellen, dass trotz Verbotsschilder oder demontierbarer Poller von Straßen aus zugängliche Dachterrassenflächen nicht befahrbar sind, so sollten diese grundsätzlich mit Oberflächenbelägen versehen werden, die auch einen – zumindest gelegentlichen – Fahrbetrieb erlauben. Dies ist jedenfalls immer dann der Fall, wenn eine Zufahrtsmöglichkeit für Feuerwehrfahrzeuge gegeben sein muss.

## 6.2.5 Wippen des Belages bei Umkehrdächern

### Sachverhalt

Langgestreckte, schmale Dachterrassen (ca. 30 x 1,5 m) einer Wohnanlage waren wie folgt konstruiert: Um trotz der langgestreckten Terrassenform mit nicht zu großen Aufbauhöhen eine Gefällegebung des Abdichtungsuntergrundes von 2 % zu erreichen, waren in engen Abständen Abläufe, jeweils mittig im Terrassenverlauf, angeordnet worden. Unmittelbar auf dem mit Gefälleestrich versehenen Betonuntergrund wurde eine zweilagige Abdichtung aus Polymerbitumenschweißbahnen verklebt. Darüber wurden 12 cm Umkehrdachwärmedämmung aus extrudiertem Polystyrolhartschaum angeordnet. Über einem Rieselschutz waren großformatige Betonwerksteinplatten (40 x 40 cm, 4 cm dick) im Splittbett verlegt worden. Die Bewohner klagten darüber, dass auch noch im zweiten Jahr der Standzeit die Belagsoberflächen beim Begehen deutlich wippend nachgaben.

## Ursachen

Nach Öffnen der Belagsschichten und Aufnehmen der Wärmedämmung wurden zwischen der Unterseite der Umkehrdachwärmedämmung und dem im Gefälle liegenden Abdichtungsuntergrund teilweise Spalte von 1,5 cm Höhe festgestellt; die größte Spaltbreite war in den Kehlen der einzelnen Gefälleflächen zu beobachten. Die Dämmplatten waren nicht konsequent entsprechend der Gefällegestaltung zugeschnitten worden, sondern über die Kehle weg verlegt worden. Weitere Hohllagen von bis zu ca. 1 cm Höhe waren neben Bahnenüberlappungen festzustellen.

Die Verarbeiter hatten sich offenbar darauf verlassen, dass sich die Dämmstoffe – insbesondere nach dem Aufbringen der Belagsauflast – vollständig dem Untergrund anpassen werden. Dies war aber nicht geschehen.

## Nachbesserung

Der Belag war inkl. Wärmedämmung in den wippenden Bereichen aufzunehmen, grobe Unebenheiten im Bereich der Bahnenüberlappungen waren mit einer gefüllten Bitumenspachtelmasse auszugleichen und die Dämmplatten waren dem Kehlenverlauf der Gefälleflächen entsprechend sorgfältig zuzuschneiden. Anschließend waren sämtliche Schichten wieder in gleicher Reihenfolge zu verlegen.

## Schlussfolgerungen

Die hohe Druckfestigkeit von extrudierten Polystyrolschäumen ist eine Voraussetzung für ihre Eignung bei genutzten Dachflächen. Diese höheren Festigkeitseigenschaften haben allerdings den Nachteil, dass sich die Dämmplatten nicht wie weichere Dämmstoffe (z. B. Polystyrolpartikelschäume PS 20) oder kleinformatige harte Dämmstoffe, die vollflächig verklebt werden (z. B. Schaumglasplatten), den Unebenheiten des Untergrundes anpassen. Die Dämmplatten folgen zwar Unebenheiten, die über größere Messpunktabstände auftreten, nicht aber Unebenheiten in kurzen Messpunktabständen oder Höhenversprüngen. Sowohl bei Gefälleflächen als auch bei Bitumenbahnen, die aufgrund der Dicke der Einzellagen an den Bahnenüberlappungen zwangsläufig größere Unebenheiten erwarten lassen, ist daher auf einen ausreichenden Ausgleich bzw. auf den sachgerechten Zuschnitt der Dämmplatten entsprechend dem Untergrundverlauf zu achten. Dies gilt selbstverständlich besonders für befahrene Flächen (siehe dazu den Schadensfall „Trampolin-Effekt").

## 6.3 Dachterrassen mit Plattenbelägen auf Stelzlagern

### 6.3.1 Schäden an der Abdichtung durch scharfkantige Ausgleichsstücke unter Stelzlagern

#### Sachverhalt

Die Fassade eines Krankenhauses war alternierend mit vor- und rückspringenden Etagen so ausgestattet, dass als Dachterrassen ausgebildete ca. 60 cm breite „Putzbalkone" entstanden. Die Terrassenstreifen waren mit einem Warmdachaufbau mit einlagiger Kunststoffdachbahnenabdichtung im Gefälle versehen worden. Die Wärmedämmung bestand aus einem Polystyrolpartikelschaum (PS 20). Auf der schmalen Oberfläche waren fast bauteilbreit Betonwerksteinplatten als Gehbelag verlegt worden. Die Auflagerung erfolgte über vorgefertigte Stelzlager unmittelbar auf der Abdichtung. Nach wenigen Jahren Standzeit traten an unterschiedlichen Stellen der langgestreckten Terrassen Undichtigkeiten auf.

#### Ursachen

Nach Aufnehmen der Beläge konnte festgestellt werden, dass sich die Stelzlager in die Abdichtung eingedrückt und diese teilweise durchstanzt hatten. Erschwe-

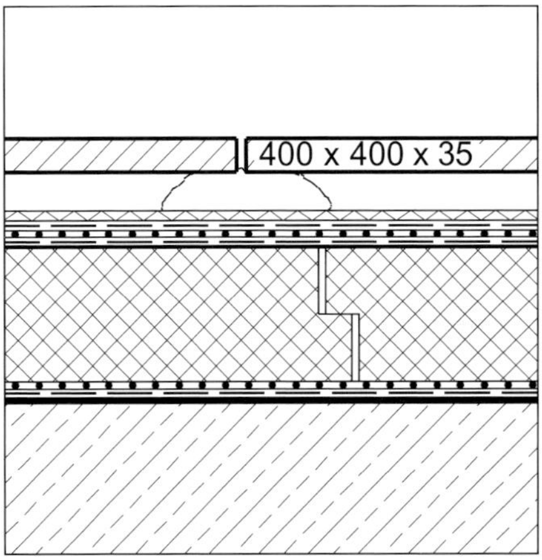


**Abb. 6.21:** Regelaufbau eines aufgestelzten Dachterrassenbelags auf einlagiger Kunststoffbahnenabdichtung mit Schutzlage

rend kam hinzu, dass an einigen Stellen grob mangelhaft zum Höhenausgleich scharfkantige Faserzementplattenstücke unter die Stelzlager verlegt worden waren, die das Perforationsrisiko wesentlich verstärkten. Die Ursache der Schäden ist eine völlig mangelhafte Abstimmung der Auflagerung der großformatigen Platten auf einem Untergrund mit erhöhtem Beschädigungsrisiko.

### Nachbesserung

Die Terrassenbeläge waren abschnittweise aufzunehmen. Die Abdichtung war auf Beschädigungen zu überprüfen und durch Verschweißen von entsprechenden Flicken nachzubessern. Anschließend wurden die Beläge im Splittbett verlegt, nachdem die einlagige Kunststoffdachbahn zusätzlich durch ein Geovlies (300 g/$m^2$, Dicke 2 mm) gegen Beschädigung geschützt wurde.

### Schlussfolgerungen

Werden Dachterrassen mit konventionellen Warmdachaufbauten versehen, so ist die Abdichtungslage einem erhöhtem Beschädigungsrisiko ausgesetzt, da sie auf einer – in der Regel weichen – Dämmschicht aufliegt. Stelzlager können – insbesondere bei großformatigen Belägen, aber auch durch aufgestellte Einzellasten (Pflanzkübel u. ä.) – hohe Einzellasten auf die Abdichtung übertragen, was zur Perforation führen kann. Bei der Dimensionierung der Stelzlager muss auf diesen Sachverhalt geachtet werden. Da insbesondere bei Wohngebäuden der Umfang der Verwendung von Pflanzkübeln u. ä. nicht vorher absehbar ist, sollte in solchen Situationen eher zur sicheren Seite auf sehr großflächige Stelzlager (z. B. bei Platten von 40 x 40 cm Größe) Gummischrotstelzlager (ø 20 cm) oder aber auf großflächige Mörtelbatzenauflager für eine Verteilung der ggf. auftretenden Lasten gesorgt werden.

Besonders gefährdet sind einlagige Kunststoffbahnenabdichtungen von nur 1,5 bis 2,0 mm Dicke. Das Merkblatt [20] fordert daher grundsätzlich bei einlagigen Abdichtungen Schutzlagen, z. B. Geovliese nach DIN 61 210; 300 g/$m^2$, 2 mm dick. Insbesondere bei Dachterrassen, die eine Bestückung mit Pflanzkübeln erwarten lassen, sollte grundsätzlich – also auch bei zweilagigen Abdichtungen aus Bitumendachdichtungsbahnen – Schutzlagen, z. B. Bautenschutzmatten, 6 mm dick, verlegt werden (bei Kunststoffbahnen Verträglichkeit beachten, ggf. Trennlagen zwischenschalten!).

### 6.3.2 Geruchsbelästigung durch stehendes Wasser auf der gefällelosen Abdichtung

#### Sachverhalt

Die über einer Tiefgarage angeordneten Dachterrassen einer Wohnanlage waren ohne Wärmedämmung mit einer gefällelos unmittelbar auf der Tiefgaragendecke aufgeklebten Abdichtung versehen worden. Der Rand der Terrassen war durch Stahlbetonrandaufkantungen definiert. Die Terrassenbeläge waren mit Waschbetongehwegplatten (40 x 40 cm) auf Mörtelsäckchen-Stelzlagern belegt. Bei einigen Wohnungen klagten die Bewohner über Geruchsbelästigungen, insbesondere an warmen Sommertagen. Nach Aufnehmen des Plattenbelags wurde festgestellt, dass das Wasser 2 bis 3 cm tief in großflächigen Pfützen auf dem Abdichtungsuntergrund stand und teilweise jaucheartig roch.

#### Ursachen

Die Ursache des Mangels ist die unzureichende Entwässerung des Belagsuntergrunds. Insbesondere bei selten besonnten Flächen ist das unter den aufgestelzten Belägen stehende Wasser nur einer geringen Verdunstungsrate ausgesetzt. Es muss daher mit langanhaltender Pfützenbildung gerechnet werden, da bei gefällelosen Konstruktionen in der Regel aufgrund der Deckendurchbiegung der Ebenheitstoleranzen und der Verdickungen im Bereich der Bahnenüberlappungen größere Gegengefällezonen entstehen.

#### Nachbesserung

Es wurde empfohlen, den Belag aufzunehmen und durch eine gefüllte Bitumenspachtelschicht die gröbsten Gegengefällezonen auszugleichen. Danach war der Plattenbelag im Splittbett zu verlegen.

**Abb. 6.22:** Aufgestelzter Terrassenbelag mit stehendem Wasser

### Schlussfolgerungen

Wie im Fall 6.2.2 dargestellt, ist es zwar bei aufgestelzten Belägen durchaus praktikabel, bei breiten Plattenfugen (mind. 4 mm) und ebener Plattenoberfläche auf ein Gefälle der Belagsoberfläche zu verzichten; auf dem Belagsuntergrund sollte es aber zumindest nicht zu großflächigen Pfützenbildungen kommen. Es ist daher ratsam, hier entweder entsprechend der oben beschriebenen Nachbesserung für einen Ausgleich grober Unebenheiten zu sorgen oder – besser noch – von vornherein ein geringes Mindestgefälle im Abdichtungsuntergrund vorzusehen. Bei Plattenbelägen im Kiesbett und besonders in Belägen mit großer Aufbauhöhe (> 20 cm), wie sie auf partiell bepflanzten Tiefgaragendecken häufig ausgeführt werden, kann in Pfützen stehendes Wasser toleriert werden, da aufgrund der häufig zwischengeschalteten Filtervliese nicht damit zu rechnen ist, dass sich verrottbare Pflanzenreste u.ä. im Pfützenbereich ansammeln, so wie dies bei völlig offenen Fugen aufgestelzter Beläge der Fall ist.

## 6.3.3 Verschlechterung des Wärmeschutzes der Umkehrdachdämmung durch ein mangelhaftes Entwässerungskonzept

### Sachverhalt

Der ca. 13 x 22 m große Pausenhof eines Schulzentrums wurde 1974 mit folgender Schichtenfolge errichtet: Auf einer gefällelosen Stahlbetondecke wurde auf Trennvlies eine PVC-Weich-Dichtungsbahn lose verlegt – darüber eine 80 mm dicke Dämmschichtplatte aus extrudiertem Polystyrol XPS 30 als Umkehrdachdämmung. Unmittelbar auf diesem Untergrund wurden in der Hauptfläche Gehwegplatten auf Stelzlagern verlegt. Die Randanschlüsse wurden mit Grobkies (Körnung ca. 16/32) verfüllt.

Aufgrund von Undichtigkeiten wurde die Dachkonstruktion nach 25 Jahren im Jahr 1999 erneuert. Dabei wurde festgestellt, dass – nach Einschätzung des Dachdeckers – bei ca. 40 bis 50 % der Dämmplatten der Feuchtigkeitsgehalt erheblich erhöht war. An ungünstigster Stelle an den Dämmplattenrändern entnommene Proben wiesen einen Feuchtigkeitsgehalt von 19,6 bis 25 Vol.-% auf.

### Ursachen

Die genauere Untersuchung fand erst statt, nachdem vom Dachdecker bereits die Dämmplatten abgeräumt worden waren. Es muss aber wohl davon ausgegangen werden, dass die wesentliche Ursache in einer völlig unzureichenden Entwässerung der Dachterrasse beruht. Die Terrasse wies bei gefälleloser Ausführung des gesamten Schichtenpakets lediglich einen Ablauf auf (ob der Ablauf für Wartungszwecke zugänglich war, ist nicht bekannt). Es ist davon auszugehen, dass die Dämmplatten langfristig überstaut wurden. Dann ist mit einer deutlichen Zunahme des Feuchtigkeitsgehalts im Dämmstoff durch Wasserdampfdiffusion zu rechnen.

An den ungünstigsten Stellen ist nach einer abschätzenden Berechnung (Laboruntersuchungen wurden dazu nicht durchgeführt) die Wärmeleitfähigkeit etwa von 0,03 W/mK auf 0,05 W/mK gestiegen. Der Wärmedurchlasswiderstand des 80 mm dicken Dämmstoffquerschnitts hat sich demnach von 2,66 $m^2$ K/W auf 1,6 $m^2$ K/W verschlechtert. Auch an den am stärksten durchfeuchteten Bereichen erfüllt damit der Querschnitt nach 25 Jahren zwar noch die neuesten Anforderungen an den Mindestwärmeschutz von Umkehrdächern von mind. 1,25 $m^2$ K/W, der Wärmeverlust ist gegenüber dem Neubauzustand an den ungünstigsten Stellen allerdings um 66 % erhöht.

### Nachbesserung

Über die tatsächlich ausgeführte Nachbesserung liegen keine Informationen vor. Es besteht sowohl die Möglichkeit, die Dachkonstruktion erneut als Umkehrdach auszubilden – dann allerdings mit sorgfältig geplanter Entwässerung. Soweit die Randanschlüsse ein einfaches Anheben der Aufbauhöhe ermöglichen, sind auch Warmdachkonstruktionen mit gefällegebender Wärmedämmung und oberseitiger Abdichtung möglich. Angesichts des vollständigen Austauschs der Schichtenfolge sind bei der Dimensionierung der Dämmschichten die Anforderungen der Energieeinsparverordnung zu beachten.

### Schlussfolgerungen

Der Schadensfall demonstriert, dass – langfristig gesehen – Umkehrdach-Wärmedämm-Konstruktionen eine deutliche Verschlechterung des Wärmeschutzes zeigen können, wenn die in den bauaufsichtlichen Zulassungen und DIN 4108 festgelegten Randbedingungen nicht erfüllt werden. Dazu gehört die Vermeidung eines langfristigen Überstauens der Dämmschichtplatten. Besonders bei aufgestelzten Belägen und gefälleloser Schichtenfolge bleiben Entwässerungsmängel (z.B. zugesetzte Abläufe) häufig sehr lange unbemerkt. Die Querschnitte und die Anzahl der Abläufe sollten dann überdimensioniert werden, die Abläufe sollten zu Revisionszwecken sehr leicht zugänglich sein. So ist z.B. der Einbau von Gitterrosten im Format des aufgestelzten Belags über den Abläufen empfehlenswert. Bei öffentlichen Gebäuden ist die periodische Überprüfung der Abläufe im Wartungsplan zu vermerken.

## 6.4 Dachterrassendetails

### 6.4.1 Dachdurchfeuchtungen durch mangelhafte Aufkantungshöhe an aufgehenden Wänden

#### Sachverhalt

Die Geschosse einer Wohnanlage waren auf der südlichen Schmalseite des Gebäudes nach oben so rückspringend abgetreppt ausgeführt worden, dass jeweils schmale, bis zu 8 m lange Dachterrassen entstanden (Abb. 6.23). Die Dachterrassen waren mit einem Warmdachaufbau mit gefällegebender Wärmedämmung ausgestattet. Darüber wurde ein Plattenbelag im Mörtelbett ausgeführt. Die aufgehenden Wandbauteile bestanden aus einer Verblendschale, die über den Dachterrassen jeweils mit einer Fußpunktabdichtung aus Dichtungsbahnen versehen war. Die Dachterrassen wiesen jeweils einen Ablauf auf, der an einer Schmalseite der Dachterrasse lag. Nach zwei Jahren Standzeit traten jeweils in den darunter liegenden Geschossen in mehreren Wohnungen Durchfeuchtungen unter dem Deckenauflager auf. Die weitere Untersuchung zeigte, dass die Randanschlüsse der Dachterrassenabdichtung zwar am Tiefpunkt in der Nähe der Abläufe mit 12 cm eine ausreichende Höhe über Oberkante Belag erreichten; am Hochpunkt der langgestreckten Dachterrassen überschnitt sich aber der an die Fußpunktabdichtung der Verblendschale angeschlossene Aufkantungsrand mit der Belagsoberfläche.

**Abb. 6.23:** Ansicht des Gebäudes mit langen, schmalen Dachterrassen

**Abb. 6.24:** Am Hochpunkt der Gefällefläche liegt der Belag höher als der aufgekantete Abdichtungsrand

## Ursachen

Die Untersuchungen ergaben, dass nicht etwa die Abdichtung in der Fläche undicht war, sondern an den Rändern hinterlaufen wurde. Da der Belag so weit anstieg, dass er den Rand der Abdichtung vollständig überschnitt, konnte Niederschlags- und Spritzwasser in größeren Mengen hinter den Abdichtungsrand gelangen. Schadensursächlich ist also eine zum Teil völlig fehlende Aufkantungshöhe. Letztlich ist die Ursache in einem Denkfehler des Planers zu suchen. Dieser hatte beim Entwurf in der Schnittzeichnung des Gebäudes zwar für die tiefste Stelle des Belags eine ausreichende Aufkantungshöhe vorgesehen und entsprechend auch die Lage der Fußpunktabdichtung in der Verblendschale festgelegt – er hatte aber nicht bedacht, dass bei einer langgestreckten Dachterrasse und ungünstiger Lage der Abläufe an einem Dachterrassenende, z. B. bei 8 m Gefälleweg und 1,5 % Gefällegebung, die Aufbauhöhe am anderen Terrassenende um 12 cm zunimmt. Der Verblendschalenfußpunkt hätte entsprechend höher angeordnet werden müssen.

## Nachbesserung

Da z. B. die Minimierung der Gefälleaufbauhöhe durch den Einbau zusätzlicher Abläufe nicht realisierbar war, bestand keine andere Wahl, als die Beläge in den nur gering aufgekanteten Bereichen aufzunehmen, die Fußpunktabdichtung in den Verblendschalen höher zu legen und die Abdichtungsränder zu ergänzen. Anschließend war der Belag wieder zu verlegen. Da die entnommenen Dämmstoffproben zeigten, dass die aus einem Hartschaum bestehenden Dämmstoffe kaum durchfeuchtet waren (das Wasser also überwiegend unter die Dampfsperre gesickert war), wurde von einer Erneuerung der Wärmedämmung abgesehen.

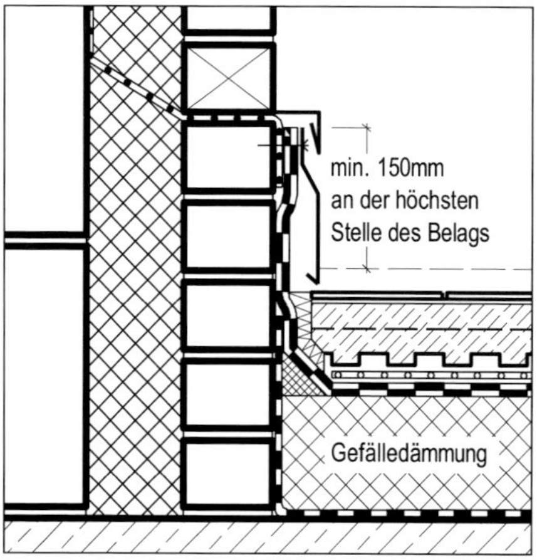


**Abb. 6.25:** Fachgerecht aufgekantete Dachterrassenabdichtung mit Anschluss an die Fußpunktabdichtung der Verblendschale

## Schlussfolgerungen

Abdichtungen können insbesondere an ihren Rändern leicht hinterlaufen werden. Da die aufgehenden Bauteile in der Regel keine hohe Dichtheit aufweisen, muss der Abdichtungsrand deutlich über die wasserführende Ebene hinausgehoben werden und am oberen Rand so gesichert werden, dass er nicht von Wasser hinterlaufen werden kann. Darauf weist DIN 18 195 [7] -5 und -9 sowie die Flachdachrichtlinie [9] ausdrücklich hin. In den deutschen Regelwerken wird als Regelaufkantungshöhe 15 cm – gemessen ab Oberkante ungünstigstenfalls wasserführender Oberflächenschicht, also Oberkante Plattenbelag oder Kiesschicht – angegeben. Es handelt sich dabei um ein vereinbartes Richtmaß, von dem man ohne Not nicht abweichen sollte. Die Fachregeln von Nachbarländern – z.B. der Schweiz – weisen aber 12 cm Aufkantungshöhe für die gleiche Situation aus, woraus zu schließen ist, dass im Normalfall eine Höhenunterschreitung um wenige Zentimeter nicht zu Schäden führt.

Sehr geringe Aufkantungshöhen oder – wie im vorliegenden Fall – sogar das völlige Fehlen von Aufkantungshöhen, stellen aber in der Regel einen erheblichen Mangel dar, da der Abdichtungsrand leicht hinterlaufen werden kann. Der vorliegende Fall zeigt, dass die Aufkantungshöhe im Zusammenhang mit der Gefällegebung und der Lage der Abläufe gesehen werden muss. Bei zweischaligen Fassadenkonstruktionen ist die Lage und Gestaltung des Abdichtungsrandes mit den Fußpunktabdichtungen der aufgehenden Wandbauteile zu koordinieren.

## 6.4.2 Durchfeuchtungen unter Dachterrassentürschwellen

## Sachverhalt

Das Flachdach eines eingeschossigen Supermarktes wurde in Teilbereichen als Dachterrasse eines zurückversetzt angeordneten mehrgeschossigen Wohnhauses genutzt. Im Bereich der beiden zur Wetterseite orientierten Dachterrassentüren trat aus der parallel zur Gebäudefassade verlaufenden Dachdeckendehnfuge jeweils nach Schlagregen Leckwasser aus, das im Supermarkt in Gefäßen aufgefangen werden musste.

Die zweilagige Bitumendachbahnenabdichtung des einschaligen Flachdachaufbaus mit Dampfsperre und 80 mm Polystyrolwärmedämmung war einlagig am Schwellenholz der Dachterrassentüren so weit aufgekantet und verklebt, dass die Oberkante der Abdichtung etwa 30 mm unter der Oberkante des Plattenbelags im Kiesbett abschloss.

## Ursachen

Wie bereits die Lage der Leckstellen und das zeitliche Auftreten der Schäden zeigten, ist im vorliegenden Fall Schlagregen die Feuchtequelle. Ursache der Lecks ist der undichte Anschluss der nur bis Unterkante des Plattenbelags reichenden Dachabdichtung. Die Abdichtung wurde am Türrahmen nicht mechanisch verwahrt und lag offen. Auf der Plattenbelagsoberfläche und an der Fassade herabrinnendes Wasser gelangt daher hinter die Abdichtung. Nach Öffnen des Belags konnte festgestellt werden, dass insbesondere an den Enden der Rollladenführungsschienen die Abdichtung völlig undicht war.

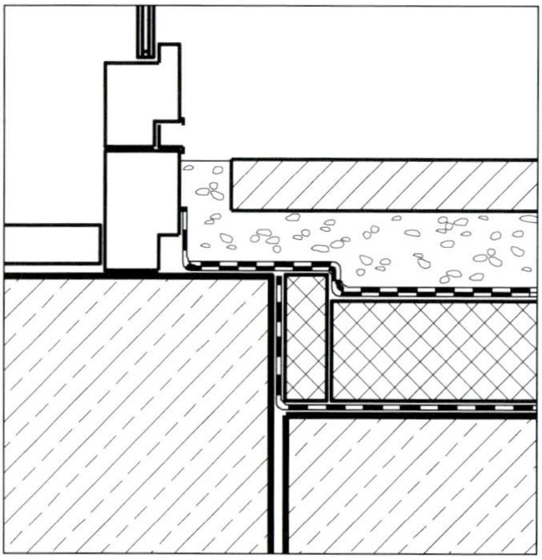

**Abb. 6.26:** Schnitt durch den Türanschluss

**Abb. 6.27:** Nur mit Dichtstoff „gesicherter“, loser Abdichtungsrand

**Abb. 6.28:** Am Ende der Rollladenführungsschiene offene Abdichtung

**Abb. 6.29:** Auffangvorrichtung für Leckwasser unter der Dehnfuge im Supermarkt

## Nachbesserung

Wie die Detailzeichnung zeigt, lagen im Bereich des Dachterrassentüranschlusses auch noch Wärmebrücken vor, der Übergang war überhaupt nicht wärmegedämmt. Da aufgrund der vorhandenen Stahlbetonaufkantung insgesamt die Konstruktionshöhen des Belags in Türnähe nur sehr gering waren, wurde vorgeschlagen, die beiden Terrassentüren vollständig auszubauen und nach Kürzen der Oberlichter mit einer um ca. 10 cm höher liegenden Schwelle wieder einzubauen. Die vorhandenen Durchgangshöhen ließen dies hier zu. Nach Wärmedämmung des Deckenversprungs sollte die Abdichtung zweilagig bis 5 cm über Oberkante Belag hochgeführt werden und auf dem Schwellenprofil verwahrt werden. Vor der Tür sollten Gitterrostrinnen angeordnet werden, die über Dränleitungen im Kiesbett mit den nächstliegenden Abläufen verbunden wurden.

## Schlussfolgerungen

Die Ränder sind grundsätzlich die wichtigste Schwachstelle einer Abdichtung. Es ist daher notwendig, den Rand möglichst aus der unmittelbaren Wasserbeanspruchung der Dachfläche herauszuheben und so zu verwahren, dass er nicht hinterlaufen werden kann. Da diese Zone auch meist mechanisch deutlich beansprucht ist, muss auch die Lagenzahl im Bereich der Aufkantungen die Mindestlagenzahl der Dachfläche erreichen.

In den Regelwerken zur Dachabdichtung (DIN 18 195-Teile 5 und 9, DIN 18 531 und den Flachdachrichtlinien) wird für den Regelfall eine Aufkantungshöhe von 15 cm über Oberkante Belag gefordert. Bei Türdurchgängen führt dies unter Berücksichtigung der Konstruktionshöhe des Türschwellenprofils selbst zwischen Belag und Oberkante Schwelle zu Höhendifferenzen von ca. 20 cm, die die Nutzung

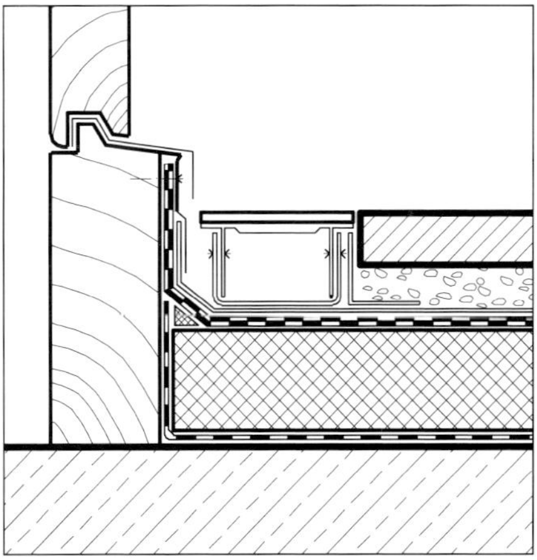

**Abb. 6.30:** Ausführungsbeispiel – Terrassentür mit Gitterrost bei geringer Aufkantungshöhe

der Tür erschweren. Die Flachdachrichtlinien schlagen daher vor, in solchen Fällen die Schwellenhöhe auf 5 cm zu reduzieren, wenn die Wasserbeanspruchung des Randes durch eine zügige Wasserableitung reduziert wird. Dazu sind Gitterroste gut geeignet, deren Entwässerung allerdings sichergestellt sein muss. Bei Plattenbelägen auf Stelzlagern reicht die Entwässerung des Rinnenbereichs in den Plattenzwischenraum; bei Plattenbelägen im Kiesbett sollten im Kiesbett verlegte Rohrleitungen (z. B. Dränrohre) vorgesehen werden, da sich Kies mit der Zeit zusetzen kann.

Neben der Aufkantungshöhe ist selbstverständlich die Randverwahrung für die Dichtheit von wesentlicher Bedeutung. Hier müssen zwar nicht unbedingt Klemmschienen nach DIN 18 195 Teil 9 (60 x 6 mm) eingebaut werden, wohl aber sind Klemmprofile aus Aluminium mit ausreichender Steifigkeit und engem Befestigungsabstand (max. 20 cm) zu wählen. Besonderen Augenmerk muss auf die seitlichen Anschlüsse im Bereich der Türpfosten und der Rolladenführungsschienen gelegt werden.

### 6.4.3 Durchfeuchtungen im Bereich einer niveaugleichen Hauseingangsschwelle

#### Sachverhalt

Auf der Deckenplatte eines vorspringenden Kellergeschosses war der Haupteingang eines Studentenwohnheims angeordnet. Die ohne Vordach nach Westen orientierte Aluminiumhaustüranlage war behindertengerecht ohne Schwelle am Übergang zwischen Kleinpflasterbelag der Dachterrasse und dem Belag des anschließenden Hausflurs eingebaut. Nach einigen Monaten Nutzung traten am Belagsrand der Treppe zum Untergeschoss im Gebäudeinneren Wasser aus.

#### Ursachen

Ursache des Feuchtigkeitsschadens ist der undichte Anschluss der Dachterrassenabdichtung an die Haustürschwellenanlage. An der Stahlschwelle der Aluminiumtüranlage war werkseitig ein Dichtbahnenstreifen aus Kunstkautschuk eingezogen worden, der mit der Bitumenbahnenabdichtung der anschließenden Dachterrasse nur lose überlappt wurde. In den Eckanschlüssen der Türpfosten war die Abdichtung nach oben völlig offen. Das aufgrund der Orientierung, des fehlenden Schutzdachs und der fehlenden Rinne in großen Mengen am Schwellenanschluss anfallende Niederschlagswasser drang über die undichten Anschlüsse auf die innere Rohdecke, unterfloss den Estrich unter dem Flurbelag und trat am Treppenhaus zum Keller aus.

**Abb. 6.31 (oben links):** Ohne Vordach zur Hauptwetterseite orientierte Haustür

**Abb. 6.32 (oben rechts):** Abdichtungsrand ist am Türpfosten nach oben offen

**Abb. 6.33 (rechts):** Wasserschaden am Kellertreppenlauf im Gebäudeinneren

## Nachbesserung

Die Anschlüsse mussten völlig freigelegt werden. Die Anschlussbahnen wurden mit der Bahnenabdichtung der anschließenden Dachterrasse verklebt und zusätzlich durch Klemmschienen mechanisch fixiert. Ein Gitterrost wurde vor der gesamten Türanlage und in den anschließenden Wandbereich so verlegt, dass eine zügige Entwässerung zum nächsten Einlauf möglich wurde.

Es wurde weiterhin vorgeschlagen, über der Tür ein Vordach anzuordnen, um die Wasserbelastung durch an der Fassade herabrinnenden Schlagregen deutlich zu minimieren.

Eine Untersuchung des Dachterrassenaufbaus ergab, dass die Feuchtigkeit aufgrund der sorgfältig verklebten Dampfsperre nicht in den Dachterrassenbelag, sondern lediglich – wie beschrieben – ins Gebäudeinneren gelaufen war. Eine Nachbesserung der Dachterrassenfläche selbst war daher nicht erforderlich.

**Schlussfolgerungen**

Die im Schadensfall 6.4.2 beschriebenen, in den Flachdachrichtlinien [9] empfohlenen Aufkantungshöhen für Dachterrassentürschwellen von 50 mm Höhe, können bei behindertengerechten Türschwellen nicht eingehalten werden. Nach DIN 18 025 „Barrierefreies Wohnen" (1992) sind „Türschwellen grundsätzlich zu vermeiden. Soweit sie technisch unbedingt erforderlich sind, dürfen sie nicht höher als 2 cm sein."

Die Flachdachrichtlinien [9] bezeichnen im Abschnitt 5.3 (3) barrierefreie Übergänge als „Sonderkonstruktionen" und gehen detailliert auf die dann zu stellenden Anforderungen ein. Auch DIN 18 195 fordert im Teil 5 und 9 für derartige Situationen besondere Maßnahmen wie Vordächer und Gitterrostrinnen, um die Feuchtebelastung des Anschlusses zu minimieren (siehe Abb. 5.25 und 5.26).

Niveaugleiche Türübergänge benötigen daher zum einen einen Untergrund, der geeignet ist, die Abdichtung dicht anzuflanschen oder die Schwelle zu unterfahren. Auch die Türpfostengestaltung und die Führung von Rollladenschienen ist wichtig. Sie benötigen zum anderen Maßnahmen zum Schutz der schadensanfälligen Schwelle vor der unmittelbaren Wasserbelastung. Insgesamt sollte man sich klarmachen, dass eine funktionsfähige niveaugleiche Türschwelle nicht nur ein handwerklich abdichtungstechnisch zu lösendes Problem ist, sondern eine komplexe Planungsleistung erfordert, die die Orientierung der Tür-Vordächer, die Gefällegebung und Entwässerung des Schwellenbereichs und weitere Maßnahmen zur Verminderung der Beanspruchung des schadensanfälligen Anschlusses mit einbezieht.

## 6.4.4 Undichter Türschwellenanschluss bei wasserführenden Profilen

**Sachverhalt**

In den Räumen unter einer großen Dachterrasse kam es über viele Jahre immer wieder nach besonderen Schlagregensituationen zu Deckendurchfeuchtungen. Öffnungsarbeiten an der mit Plattenbelag im Kiesbett belegten Dachterrasse ergaben eine starke Durchfeuchtung der aus Polystyrolpartikelschaum bestehenden Wärmedämmung. Trotz intensiver Suche mit abschnittsweisen Flutungsversuchen konnte eine Undichtheit in der Abdichtung aber nicht gefunden werden. An die Dachterrassenfläche schlossen mehrere Fensteranlagen und Terrassentüren aus PVC-Kunststoffprofilen an. Die unteren Rahmenprofile reichten nur ca.

6 cm über die Oberkante des Belags aus Betonwerksteinplatten im Kiesbett. Die Abdichtung aus Bitumendachbahnen war daher bis auf die Blendrahmenprofile geführt und dort mit einem Zinkabdeckblech geschützt worden.

### Ursachen

Eine genaue Besichtigung der Fenster- und Türanlagen ergab, dass die wegen der geringen Temperaturbeständigkeit von PVC-Fenstern nur lose aufgekantete Abdichtung die Entwässerungsöffnungen der Rahmenprofile überdeckte, so dass in den Profilen geführtes Wasser die Abdichtung hinterlaufen konnte. Dies erklärte auch, warum in der Fläche der Abdichtung keine Fehlstellen gefunden werden konnten.

### Nachbesserung

Der hohe Durchfeuchtungsgrad der Wärmedämmung und der fehlende Spielraum zum Aufbringen einer Zusatzdämmung zur Kompensation des verminderten Dämmwerts der durchfeuchteten Dämmung machte eine Erneuerung des Dachterrassenaufbaus ab Oberkante Dampfsperre notwendig. Es wurde ein Polyurethan-Hartschaum eingebaut, der aufgrund der niedrigeren Wärmeleitzahl eine geringere Aufbauhöhe ermöglichte.

Aufgrund der äußerst geringen Aufkantungshöhen war es erforderlich, die Fensteranlagen und die Dachterrassentüren mit Gitterrostrinnen zu versehen und den Abdichtungsanschluss so viel tiefer zu legen, dass das Abdichtungsende unter

**Abb. 6.34:** Übersicht zum Türanschluss nach Entfernen des Belags

**Abb. 6.35:** Die Entwässerungsöffnungen im Rahmenprofil leiten Wasser hinter den mit Zinkblech abgedeckten Abdichtungsrand

den Entwässerungsöffnungen verblieb. Ein Aluminiumkappstreifen konnte dann höher angesetzt werden, so dass das Wasser aus den Öffnungen zwischen Kappstreifen und Abdichtungsverwahrung ablaufen konnte.

## Schlussfolgerungen

Wenn Nutzungsaspekte (niveaugleiche Schwellen im behindertengerechten Bauen siehe Fall 6.4.3) nicht zwingend geringere Schwellenhöhen erfordern, sollte man nicht ohne Not auf die in den Regelwerken angegebenen Aufkantungshöhen von 15 cm bzw. bei Gitterrosten 5 cm verzichten, da damit der Abdichtungsrand wesentlich geringer beansprucht ist und daher das Schadensrisiko in diesem Bereich deutlich minimiert werden kann. Bei der Anschlussausbildung wird häufig nicht bedacht, dass Fensterprofile, insbesondere bei Kunststoff- und Aluminiumfenstern, wasserführend konzipiert sind. Das in den vorderen Falzraum zwischen Blend- und Flügelrahmen (und auch in die Glasfalze) gelangende Wasser wird im Kammerraum der Profile gesammelt und entweder über sichtbare Bohrungen mit Abdeckkappen nach vorne oder über verdeckt liegende Langlochschlitze über die äußeren Kammern des Profils nach unten abgeleitet. Insbesondere bei Fenstern und Türkonstruktionen mit umlaufend gleicher Profilgestaltung, bei denen das untere horizontale Profil daher ohne Wasserschenkel realisiert wird, kann – verstärkt bei Kippstellung – viel Wasser in diese Wassersammelkammern gelangen. Die Dachterrassenabdichtung ist daher so anzuschließen, dass eine Entwässerung dieser Kammern über den Rand der Abdichtung hinweg ermöglicht wird. Die mögliche Aufkantungshöhe einer Abdichtung im Bereich solcher Türanlagen wird dadurch reduziert. Dies ist bei der Planung der Höhenlage des Schwellenprofils und damit bei der Bemessung der Türhöhe zu beachten.

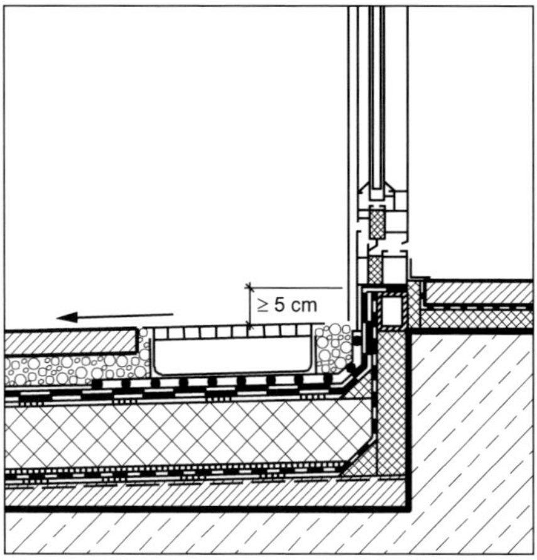


**Abb. 6.36:** Über ein Sockelprofil den Rahmen mit Entwässerungskammern unterfahrende Abdichtungsführung

## 6.4.5 Undichtigkeiten durch Befestigungspunkte der Sockelverkleidungsplatten

### Sachverhalt

Die quer durch eine Blockbebauung verlaufende Fußgängerstraße eines Einkaufszentrums mit einer Vielzahl von unterschiedlichen Läden war auf einer Tiefgaragendecke aus Stahlbeton angeordnet. Die Decke war oberseitig mit einer Aluminiumdampfsperrbahn, 100 mm Schaumglaswärmedämmung und einer mehrlagigen Bitumenbahnenabdichtung, darüber einem Schutzbeton und weiteren Belagsaufbauschichten versehen, die für Fußgängerverkehr ausgelegt waren. Die Oberbeläge bestanden entlang der aufgehenden Fassaden aus einem kleinformatigen Pflasterbelag im Mörtelbett. Die anschließenden Fassaden, die aus Stahlbeton bzw. Kalksandsteinmauerwerkswandscheiben bestanden, waren im weiter aufgehenden Bereich mit einem Wärmedämmverbundsystem versehen. Die Sockelzone war durch eine Perimeterdämmung wärmegedämmt und mit Naturwerksteinsockelplatten verkleidet. An verschiedenen Stellen der Tiefgarage kam es insbesondere in Gebäudedehnfugenverläufen – aber auch an Deckendurchbrüchen – zu Abtropfungen, die auf Undichtigkeiten der Abdichtung der Ladenpassage schließen ließen. Auch in der Schaumglaswärmedämmung stand Wasser.

### Ursachen

Durch Öffnungsarbeiten an den Belägen und an den Sockelplatten konnten als eine der wesentlichen Ursachen der Schäden Undichtheiten an den unteren Be-

**Abb. 6.37:** Ansicht der Sockelzone der Ladenpassage mit Naturwerksteinsockelplatte

**Abb. 6.38:** Stehendes Wasser in der Schaumglasdämmung

**Abb. 6.39:** Aus der Tiefgaragendecken-Dehnfuge auslaufendes Wasser

**Abb. 6.40:** Untere Natursteinplattenbefestigung durchstößt die Abdichtung

festigungspunkten der Natursteinplatten ermittelt werden. Die Natursteinplatten waren sowohl an ihrer Unterseite als auch am Anschluss zum Wärmedämmverbundsystem mit Edelstahlankerdornen am Untergrund befestigt. Die Sockelbekleidung war unnötigerweise bis tief unter den Gehbelag geführt, so dass sich der untere Befestigungspunkt ca. 10 cm unter Oberkante Belag befand. Zur Befestigung der unteren Anker war die aufgekantete Abdichtungsbahn perforiert worden. Anschließend hat man erfolglos versucht, diese Lücken in der Abdichtungsaufkantung mit Heißbitumen zu vergießen.

### Nachbesserung

Die Beläge waren entlang der Randanschlüsse zu öffnen und die Werksteinplatten zu demontieren. Die unteren Werksteinplattenbefestigungen wurden durch Abschneiden entfernt. Anschließend waren die Schadstellen durch zweifache Überklebungen neu abzudichten. Zur unterseitigen Befestigung der Naturwerksteinplatten mussten verkröpfte Edelstahlanker als Spezialanfertigung hergestellt und eingebaut werden. Der Befestigungspunkt sollte dabei mindestens ca. 5 cm über Oberkante Belag liegen. (Tatsächlich nahmen die Eigentümer die Nachbesserung zum Anlass, die Sandsteinbekleidung durch einen weniger verschmutzungsempfindlichen polierten Granitbelag zu ersetzen.)

### Schlussfolgerungen

Die Verankerungen von Werksteinsockelplatten stellen immer wieder ein Problem bei Dachterrassen dar. Einerseits muss die Abdichtung im aufgekanteten Bereich durch ein ausreichend widerstandsfähiges Material gegen mechanische Beschädigungen geschützt werden; andererseits darf die Sockelverkleidung selbst nicht an ihren Befestigungspunkten die Abdichtung in besonders wasserbelasteten Bereichen in der Nähe oder unterhalb der Belagsoberfläche durchdringen.

Prinzipiell ist zwar eine solche Durchdringung mit Flanschplatten machbar; dies ist jedoch extrem aufwändig und aufgrund der hohen Anforderung an die handwerkliche Ausführungssorgfalt in der Nähe der Abdichtungsabkantung auch risikoreich. Es ist daher bereits im frühen Planungsstadium notwendig, über die Lösung dieses Befestigungsproblems nachzudenken.

Bei Fassadenbekleidungen aus ähnlichen Materialien wie der Sockelbereich kann die Unterkonstruktion häufig so auskragend über die 15 cm über Oberkante Belag aufgekantete Abdichtung geführt werden, dass keine Befestigungen im Abdichtungsbereich notwendig sind. Sonst sind – wie hier im Nachbesserungsfall – verkröpfte Befestigungen auszuführen, die allerdings in der Regel einen größeren Platzbedarf zwischen der Abdichtungsoberfläche und der Rückseite der zu befestigenden Platte haben.

In manchen Fällen ist es möglich, auf die untere Befestigung der Werksteinplatten völlig zu verzichten, indem diese in einem Mörtelbett versetzt wird. Eine weitere Alternative besteht darin, die Sockelplatte als winkelförmiges Fertigteil auszubilden, das wie die anschließenden Dachterrassenbeläge z.B. im Splittbett verlegt wird und keinerlei Befestigungsprobleme aufweist.

**Abb. 6.41:** Nachbesserung mit Sockelplatten, die über der Belagsoberfläche enden

**Abb. 6.42:** Positivbeispiel: Schutz der aufgehenden Abdichtung durch Betonwerkstein-Winkelplatten. Hier sind Befestigungen in der aufgekanteten Abdichtung ganz überflüssig.

Um im vorliegenden Fall bei der Nachbesserung die Auskragung des verkröpften Teils nicht zu groß ausfallen zu lassen, wurde der Befestigungspunkt nicht völlig den Regelwerken entsprechend ca. 15 cm über Oberkante Belag, sondern lediglich 5 cm über Oberkante Belag angeordnet, da die Bewitterungssituation und die Entwässerungsmöglichkeiten der Belagsoberfläche nicht erwarten ließen, dass 5 cm über Oberkante Belag noch eine Wasserbelastung des Durchbringungspunktes auftritt.

### 6.4.6 Undichtigkeiten durch falsche Fußpunktabdichtungslage von Verblendschalen

#### Sachverhalt

Vor der stark bewitterten mehrgeschossigen Westfassade eines Mehrfamilienhauses, das in Mauerwerksbau mit Ziegelverblendschale errichtet wurde, war ein Garagenanbau angeschlossen, dessen Dachfläche als Dachterrasse genutzt wurde. Die Dachterrasse wies über der Stahlbetondecke einen Warmdachaufbau mit Aluminiumdampfsperre, 8 cm Schaumglaswärmedämmung und einer mehrlagigen Bitumenbahnenabdichtung auf. Der Belag bestand aus Werksteinplatten im Kiesbett.

Nach starken Schlagregenfällen kam es zu erheblichen Durchfeuchtungen in der unter der Dachterrasse liegenden Garage. Besonders aus der Deckendehnfuge lief Wasser aus.

Daraufhin wurde der gesamte Plattenbelag abgeräumt und die Abdichtung durch eine weitere Bahnenlage vollständig überarbeitet. Bei diesen Arbeiten konnte festgestellt werden, dass die Abdichtung zwar gefällelos, aber sonst fehlstellenfrei war. Trotz dieser Nachbesserungen und trotz der zusätzlichen Abklebungen kam es nach Regenfällen erneut zu Undichtigkeiten.

#### Ursachen

Sowohl der Sachverhalt, dass trotz der erneuten Abdichtungsarbeiten weiterhin Undichtigkeiten auftraten, als auch der Zusammenhang der Durchfeuchtungen mit starken Schlagregenbeanspruchungen legten die Untersuchung der Anschlüsse der Abdichtung an die aufgehende Verblendschale nahe. Dabei wurde festgestellt, dass die Bitumenbahnenabdichtung zwar zweilagig bis ca. 15 cm über Oberkante Belag aufgekantet war; diese Aufkantung war allerdings nur an die Oberfläche der Verblendschale angeschlossen. Die als Kerndämmung ausgeführte Verblendschalenkonstruktion selbst wies am Rand der Dachabdichtungs-

**Abb. 6.43:** Laufspuren an der Garagendecke im Verlauf der Dehnfuge am Fassadenanschluss

**Abb. 6.44:** Ausreichend hoch aufgekantete Dachabdichtung – die Fußpunktabdichtung der Verblendschale liegt allerdings tiefer

aufkantung aber keine Fußpunktabdichtung auf. Diese war vielmehr unmittelbar in der Aufstandsfläche auf der Dachterrassendecke eingebaut.

Die Verblendschale mit einem leicht saugfähigen Vormauerziegel und einer fachgerecht hergestellten Mörtelverfugung nimmt bei starkem Schlagregen so viel Wasser auf, dass dieses ungünstigstenfalls auch auf der Rückseite der Verblendschale ablaufen kann. Dieses Wasser konnte im vorliegenden Fall den aufgekanteten Dachabdichtungsanschluss hinterlaufen und damit in die Zone unter die Dampfsperre gelangen und zu Durchfeuchtungen im Untergeschoss führen.

## Nachbesserung

Zur Nachbesserung musste die Verblendschale in Höhe des oberen Randes der aufgekanteten Abdichtung abschnittweise geöffnet werden und es musste nachträglich eine rückseitig aufgekantete Fußpunktabdichtung hergestellt werden. Anschließend war die Verblendschale wieder zu vermauern. Am Objekt verblieb ein Minderwert, da eine völlige Farbgleichheit der neu vermauerten Steinschichten nicht erreichbar war.

Eine Verminderung des durch die Verblendschale durchtretenden Wassers durch hydrophobierende Imprägnierung wurde nicht nur wegen der relativ großen zu bearbeitenden Fassadenfläche, sondern auch wegen der nur bedingt möglichen Hydrophobierbarkeit der mit Brandrissen überzogenen Verblendschale verworfen. Auch dann wäre im Übrigen ein Minderwert verblieben, da hydrophobierende Imprägnierungen in größeren Zeitabschnitten erneuert werden müssen.

## Schlussfolgerungen

Beim Abschluss von Dachterrassenabdichtungsaufkantungen an anschließenden, aufgehenden Bauteilen ist ganz besonders darauf zu achten, dass tatsächlich die hinterste wasserführende Ebene des aufgehenden Bauteils hinterfahren wird. Nicht nur bei Verblendschalen, sondern auch bei hinterlüfteten Bekleidungen – aber auch bei Fenster- und Türprofilen (siehe Schadensfall 6.4.4) – ist nicht die unmittelbar sichtbare Oberfläche des Bauteils die hintere wasser-führende Ebene; bei zweistufig abgedichteten Konstruktionen kann durchaus über Fehlstellen und Fugen Wasser bis in den Hohlraum hinter die äußere Oberflächenschicht geleitet werden. Dies ist nicht zu bemängeln, wenn an den Fußpunkten für die Ableitung des eingedrungenen Wassers nach außen gesorgt wird. An dieser Stelle muss daher die Leistung des Maurers mit den Leistungen des Dachdeckers planerisch koordiniert werden, damit die Lage der Fußpunktabdichtung der Verblendung auf den Rand der aufgekanteten Abdichtung der Dachterrassenabdichtung so abgestimmt wird, dass zugleich die Belagsaufbauhöhe berücksichtigt wird (siehe dazu 6.4.1 und Positivbeispiel 6/25).

## 6.4.7 Undichtigkeiten durch grob mangelhafte Vorbereitung des Abdichtungsrandes zur Anflanschung bei niveaugleichem Fassadenanschluss

### Sachverhalt

Ein über einer Tiefgarage angeordneter Innenhof eines großen Verwaltungs- und Bürogebäudes war als Dachterrasse ausgebildet. Die anschließenden, zum Innenhof ausgerichteten Fassaden waren als geschosshohe, festverglaste Fensterflächen in Aluminiumrahmen konzipiert. Aus formalen Gründen sollte die Glasfläche praktisch mit der Terrassenbelags- und Fußbodenoberfläche abschließen. Die Dachterrasse war mit einer Kunststoffdampfsperrbahn, 80 mm lose liegender Wärmedämmung aus extrudiertem Polystyrol und einer einlagigen Kunststoffbahnenabdichtung aus ECB hergestellt worden. Die ECB-Bahn war über ein Stahlklemmprofil an den Rahmenuntergrund der Fenster angeflanscht worden. Unmittelbar vor dem Fensteranschluss wurde Grobkies zur Verminderung der Wasserbeanspruchung angeordnet. In der darunter liegenden Tiefgarage kam es zu erheblichen Durchfeuchtungen, die auf Undichtigkeiten der Dachterrasse schließen ließen.

### Ursachen

Eine genauere Untersuchung der Abdichtungsränder ergab, dass die ECB-Abdichtungsbahn nicht etwa sorgfältig im Bereich der Anflanschbolzen vorgebohrt

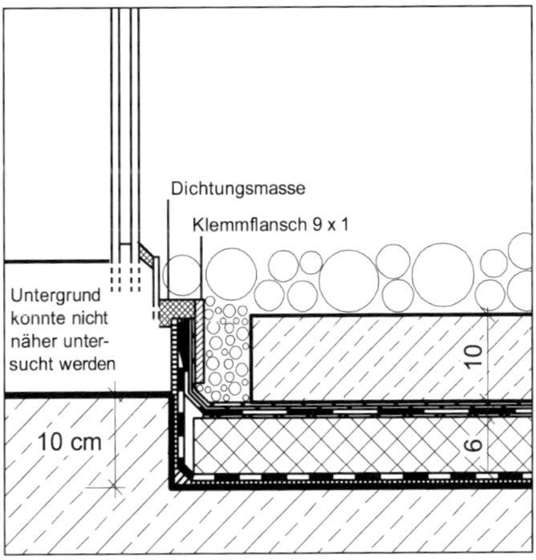


**Abb. 6.45:** Schnitt durch den unter der Belagsoberfläche angeflanschten Abdichtungsrand

**Abb. 6.46:** Grob mangelhaft sägezahnförmig ausgeklinkter Abdichtungsrand nach Demontage der Klemmschiene

worden war, sondern zur „einfacheren Verarbeitung" sägezahnförmig ausgeschnitten wurde. Angesichts der ohnehin fehlenden Aufkantungshöhe lag damit im Bereich der U-förmigen Bahnenausnehmungen der nicht abgedichtete Abdichtungsrand offen unterhalb des Klemmflanschprofils, das damit praktisch völlig wirkungslos war. Einlagige Kunststoffbahnen sind ohne Zulagen aber ohnehin nicht dicht anpressbar.

## Nachbesserung

Da bei den Untersuchungen noch weitere Undichtigkeiten, insbesondere zum Teil völlig fehlende Verschweißungen der Bahnennähte, festgestellte wurde, war eine völlige Neukonzeption des Daches ohnehin notwendig. Das Dach wurde mit einer Verbundabdichtung aus einer zweilagigen Bitumenbahnenabdichtung abgedichtet. Die Wärmedämmung wurde als Umkehrdachkonstruktion ausgeführt. Die zweilagige Bahnenabdichtung wurde mit den vorhandenen Klemmprofilen angeflanscht. In besonders komplizierten und kaum zugänglichen Ecksituationen wurde mit flüssigen Beschichtungssystemen mit Polyesterfaservlieseinlage gearbeitet.

## Schlussfolgerungen

Die Unterschreitung der in den Regelwerken (insb. DIN 18 195-5 und 9 sowie in den Flachdachrichtlinien [9]) vorgesehenen Regelaufkantungshöhen von 150 mm sollte grundsätzlich auf Fälle beschränkt werden, in denen dies funktionell notwendig ist. Dies ist z. B. bei behindertengerechten Türdurchgängen der Fall. Im vorliegenden Fall war die aus formalen Gründen vorgesehene Unterschreitung der Regelaufkantungshöhe mit dem fachkundigen Bauherrn abgestimmt und insofern grundsätzlich nicht zu bemängeln. Dann muss aber gemäß DIN 18 195-9.

**Abb. 6.47:** Stehendes Wasser in der Dämmschicht

mit aufwändig konstruierten Flanschkonstruktionen abgedichtet werden. Diese wurde hier zwar auch vorgesehen; es wurde allerdings übersehen, dass einlagige Kunststoffbahnenabdichtungen über Klemmflanschkonstruktionen ohne weitere Bahnenzulagen nicht anpressbar sind. Der Schadensfall ist weniger wegen der groben handwerklichen Ausführungsfehler des Anschlusses typisch, als vielmehr, weil er deutlich zeigt, wie schwierig es ist, bei erheblicher Unterschreitung der Aufkantungshöhen noch einen funktionsfähigen, dauerhaft wasserdichten Abdichtungsanschluss zu erreichen.

**Abb. 6.48:** Schnitt durch den Fassadenanschluss gemäß Nachbesserungsplanung

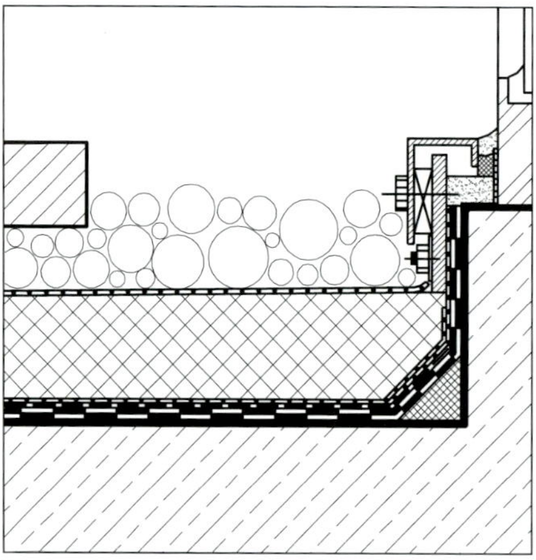

**Abb. 6.49:** Zusätzliche Abdichtung der schwer zugänglichen Anschlüsse mit einem Flüssigabdichtungssystem

### 6.4.8 Undichtigkeiten durch zu enge Lage von Abläufen und Regenfallrohrdurchführungen neben dem Fassadenanschluss

#### Sachverhalt

An mehreren gleichartig errichteten Mehrfamilienhäusern waren den erdgeschossigen Wohnungen jeweils Dachterrassen vorgelagert, die über „Carports" im abgesenkten Untergeschoss angeordnet waren. Die nicht wärmegedämmten Stahlbetondeckenplatten der Dachterrassen waren mit einer mehrlagigen Bitumenbahnenabdichtung abgedichtet. Die Stahlbetondeckenoberfläche wie auch die Oberfläche des im Mörtelbett verlegten Plattenbelags war mit einem sehr geringen Gefälle von 0,5 % zu den Fassadenanschlüssen hin verlegt worden. Sowohl die Regenfallrohre der Dachentwässerung der Gebäude als auch die Abläufe für die erdgeschossigen Dachterrassen waren unmittelbar vor der aufgehenden, mit einem Wärmedämmverbundsystem versehenen Fassade angeordnet. Am ebenfalls unmittelbar vor der Fassade liegenden Dehnfugenverlauf kam es im Carportbereich noch während der Bauzeit zu Abtropfungen, die auf Undichtigkeiten schließen ließen.

#### Ursachen

Die Untersuchung der Ablaufanschlüsse ergab, dass diese aufgrund der Platzverhältnisse nur durch Abschneiden der Anschlussmanschetten so eng vor der Fassade angeordnet werden konnten, wie dies die Führung der vom Dach abgeleiteten Fallrohre zuließ. Der Ablaufanschluss zur Bitumenbahnenabdichtung

**Abb. 6.50:** Unmittelbar vor die Fassaden angeordnete Fallrohrdurchführung

**Abb. 6.51:** Untersicht der Carportdecke mit Verlauf der Regenwassersammelleitung

war daher auch nur „provisorisch“ mit Spachtelmasse abdichtbar gewesen und daher undicht.

### Nachbesserung

Zur Beseitigung der weiteren Mängel der Dachterrasse – z. B. des für einen Plattenbelag im Mörtelbett viel zu geringen Gefälles – war ohnehin der gesamte Belag zu ändern. Eine Veränderung der Gefällegebung von der Fassade weg war allerdings aufgrund der geringen Schwellenhöhen der anschließenden Hauseingänge und Terrassentüren nicht mehr realisierbar. Da die Regenwasserableitungen von der Carportunterseite einfach zugänglich waren, wurden die Abläufe und Regenfallrohrdurchführungen so weit nach außen verlegt, dass zwischen Flanschrand und Abdichtungsaufkantung ein Mindestabstand von 15 cm verblieb, der handwerklich fachgerecht abdichtbar war.

### Schlussfolgerungen

Regenfallrohre, auch Fallrohre von Vordachentwässerungen und ebenso auch Abläufe, liegen häufig unmittelbar in der Nähe der aufgehenden Fassade [s. 87]. Da die Durchdringungen dieser Bauteile durch die Abdichtung Flanschanschlüsse benötigen, ist ein Mindestabstand zwischen dem Flanschrand und den aufgehenden Bauteilen erforderlich. Die Flachdachrichtlinien [9] sehen für diesen Fall einen Mindestabstand von 30 cm vor, der allerdings als sehr großzügig zu bezeichnen ist; DIN 18 195-9, gibt den realistischeren und auch noch diskutablen Mindestabstand von 15 cm an. Dieser Mindestabstand sollte daher bei Dachabläufen eingehalten werden. Besser ist es selbstverständlich, die Fläche insgesamt mit Gefälle vom Gebäude weg auszubilden (diese Empfehlung spricht DIN 18 195 im Teil 5 auch aus) und somit schwer abdichtbare, in der Nähe von aufgehenden Bauteilen liegende, Abläufe ganz zu vermeiden.

Bei Regenfallrohren vor der aufgehenden Fassade, die durch die Dachterrassen geführt werden müssen, käme unter Berücksichtigung der Flanschbreite und des o. a. 15 cm Mindestabstandes die Rohrachse mindestens ca. 30 cm vor der Fassadenflucht zu liegen (siehe Positivbeispiel Abb. 5.23). Dies ist meist weder optisch noch – z. B. bei Bürgersteigen – funktionell diskutabel. Wenn es die Aufbauhöhen des Belages zulassen, kann ggf. das Fallrohr im Belag von der Fassade weg verzogen werden und dann in einen speziell zur Fallrohrdurchführung eingebauten Ablauf mit ausreichendem Abstand vor der aufgehenden Wand durch die Dachterrassendecke geleitet werden. Sonst sind Sonderkonstruktionen (z. B. dicht geschweißte Edelstahlformteile) zu verwenden, oder aber das Fallrohr ist insgesamt innerhalb der Fassadenkonstruktion und damit hinter dem schwierig abdichtbaren Bereich des Dachterrassenabschlusses zu führen.

### 6.4.9 Aussinterungen und Fliesenablösungen durch fehlende Entwässerungsmöglichkeit der Belagsschicht an den Abläufen

#### Sachverhalt

Mehrere kleinere Dachterrassen einer Eigentumswohnanlage waren über einem Warmdachaufbau mit Bitumenabdichtungen mit ca. 1,5 % Gefälle mit einem Plattenbelag im Mörtelbett auf Dränschicht verlegt worden. Trotz ausreichender Gefällegebung sowohl der Abdichtungsebene als auch der Belagsoberfläche war es zu Aussinterungen und Frostabplatzungen gekommen, die sich besonders auf die Zonen in der Nähe der Abläufe konzentrierten.

#### Ursachen

Öffnungsarbeiten im Anschlussbereich des Belags an den Ablauf zeigten, dass zwar der Dachterrassenablauf zweistöckig ausgebildet war; das obere PVC-Aufstockelement war aber so passgenau in den unteren Einlauftopf eingefügt und im Weiteren nicht mit Entwässerungsöffnungen versehen, dass im Belag sickerndes Wasser sich vor dem Aufstockelement aufstaute und zu den o.a. Schäden führte.

#### Nachbesserung

In großflächig zusammenhängenden Bereichen war der geschädigte Belag aufzunehmen und neu zu verlegen. Die Aufstockelemente waren mit einer größeren Zahl von schlitzförmigen Entwässerungsöffnungen zu versehen.

**Abb. 6.52:** Sinterschichten in Nähe der Abläufe

**Abb. 6.53:** Stehendes Wasser im geöffneten Belag zeigt, dass der obere Ablaufkranz dicht an das untere Ablaufstockwerk anschließt.

### Schlussfolgerungen

Eine häufige grundsätzliche Schadensursache insbesondere bei Dachterrassenbelägen im Mörtelbett ist die Meinung, dass das Niederschlagswasser nur über die Belagsoberfläche abgeleitet wird. Tatsächlich sickert Wasser auch unter den Plattenbelägen im Mörtelbett. Es muss daher über Dränschichten auf der Abdichtungsebene dem Ablauf zugeführt werden (siehe dazu die Anforderungen im Merkblatt [23]). Das obere Aufstockelement muss daher ausreichend dimensionierte Entwässerungsöffnungen aufweisen. Einige Bohrungen mit geringem Durchmesser reichen häufig nicht aus, da bei Plattenbelägen im Mörtelbett grundsätzlich mit Aussinterungen in der Nähe des Ablaufs gerechnet werden muss, die kleine Bohrungen schnell zusetzen und wirkungslos machen.

## 6.4.10 Undichtigkeiten durch schlaufenförmig abgedichtete Gebäudebewegungsfuge unmittelbar neben aufgehender Fassade

### Sachverhalt

Einem mehrgeschossigen Wohngebäude war ein eingeschossiger Anbau vorgelagert, in dem sich Pkw-Abstellplätze befanden. Die Dachfläche dieser Garage war als Dachterrassenzugang zum Gebäude ausgebildet. Der eingeschossige vorspringende Anbau war vom Haupthaus durch eine Gebäudebewegungsfuge getrennt. In der mit Bitumenbahnenabdichtung versehenen Dachterrassenfläche war diese Dehnfuge als mit Zellpolyaethylenstrick unterlegte Schlaufe unmittelbar in der aufgehenden Wandecke hergestellt worden. Aus der Dehnfuge im Beton tropfte jeweils nach Regenfällen Wasser, so dass offensichtlich Undichtigkeiten an der Dachterrasse vorlagen.

### Ursachen

Die nähere Untersuchung ergab, dass die Abdichtungsschlaufe der unmittelbar in der Ecke verlaufenden Dehnfuge insbesondere dort, wo durch loggiaartige Fassadenrücksprünge auch noch Richtungswechsel im Dehnfugenverlauf auftraten, nicht völlig dicht ausgeführt wurde. Die Dichtungsbahnen hatten schon bei der Verarbeitung Falten geworfen und waren daher nicht überall dicht an den Bahnenüberlappungen verklebt. Die tiefere Ursache des Abdichtungsmangels ist in der Entscheidung zu suchen, unmittelbar im Eckbereich mit schlaufenförmigen Dehnfugenkonstruktionen zu arbeiten, da diese mit vertretbarem handwerklichen Aufwand aufgrund der engen Platzverhältnisse mit Bahnen nicht sicher abdichtbar sind.

## Nachbesserung

Die Untersuchung der im Dehnfugenverlauf noch zu erwartenden Längenänderungen ergab, dass die einmalig durch Schwinden und Setzen ablaufenden Bewegungen zwischen den Gebäudeabschnitten weitgehend zur Ruhe gekommen waren. Die jahreszeitlich zu erwartenden thermischen Längenänderungen der als Dachterrasse genutzten Garagendecke, die zwar wärmegedämmt aber im Garagenbereich nicht beheizt war, ließen selbst an den entferntesten Stellen von den Festpunkten Bewegungen deutlich unter 5 mm erwarten.

Nach diesen Untersuchungen wurde entschieden, auf aufwändigere Dehnfugenkonstruktionen völlig zu verzichten, sondern nach Entfernen der undichten Dehnfugenschlaufe die Bahnen unter Hinzufügen einer weiteren Bahnenlage am Fassadenanschluss über einen 10 cm breiten Dämmstoff-Dreieckskeil an der Fassade aufzukanten und, wie bei nicht beweglichen Anschlüssen üblich, zu verwahren. Lediglich im unmittelbaren Eckbereich wurden die Bahnen auf einem ca. 30 cm breiten Streifen durch Einlegen von Schleppstreifen unverklebt gelassen.

## Schlussfolgerungen

Unmittelbar vor aufgehenden Bauteilen verlaufende Dehnfugen sind abdichtungstechnisch problematisch, aber baukonstruktiv häufig nicht zu vermeiden. Eine Verlagerung der Dehnfuge in eine Zone z.B. ca. 50 cm vor der Fassade wäre zwar meist im Stahlbetonuntergrund durch eine Auflagerkonsolkonstruktion realisierbar, löst aber auch nicht völlig das eigentliche Dehnfugenabdichtungsproblem, da dann die Zone zwischen der Dehnfugenschlaufe und der aufgehenden Wand ein Entwässerungsproblem ergibt.

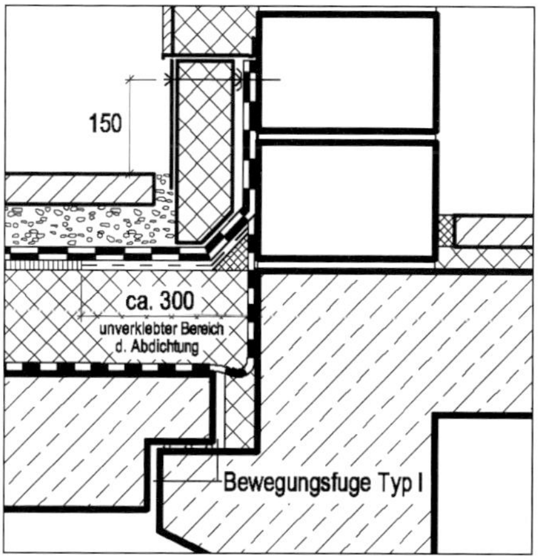


**Abb. 6.54:** Schnitt durch die nachgebesserte Dehnfuge (Typ I)

Wichtiger ist daher zur möglichst einfachen Lösung des Problems zunächst zu klären, welche Bewegungen eigentlich in der Dehnfuge ungünstigstenfalls ablaufen. Da es sich bei Dachterrassen meist um wärmegedämmte oder zumindest durch hohe Erdüberschüttungen sehr temperaturträge reagierende Stahlbetonplatten handelt, finden im Dehnfugenverlauf keine kurzfristig sich wiederholenden Längenänderungen statt. Es sind lediglich die einmalig ablaufenden Bewegungen von Schwindverkürzungen der Stahlbetondeckenbauteile, Durchbiegevorgängen und Setzungen sowie die jahreszeitlich langsam ablaufenden thermischen Längenänderungen zu erwarten. DIN 18 195-8 [7.6], spricht bei solchen langsam ablaufenden Bewegungen – solange das Gesamtbewegungsmaß senkrecht und parallel zur Abdichtungsebene bestimmte Maße (siehe 5.4.4) nicht überschreitet – von Dehnfugen des „Typ I", die keiner aufwändigen Dehnfugenkonstruktion bedürfen, sondern bei denen lediglich sichergestellt werden muss, dass sich die Bewegungen des Untergrundes nicht auf engem Raum linienförmig auf die Abdichtung übertragen. Bei lose liegenden Abdichtungen reicht dazu die ohnehin übliche Trennlage aus. Bei verklebten Bahnenabdichtungen müssen durch Zwischenlegen eines 10 bis 30 cm breiten Schleppstreifens die Bewegungen verteilt und die Bahnen mit ein bzw. zwei Bahnenlagen der gleichen Abdichtungsqualität verstärkt werden.

Eine realistische Abschätzung, die auch berücksichtigt, welche Längenänderungen zum Zeitpunkt der Herstellung der Abdichtung am Neubau bereits abgelaufen sind, hat in der weitaus überwiegenden Zahl der Fälle zum Ergebnis, dass ein solcher, einfach abzudichtender Fugentyp I vorliegt.

Muss die Fuge kurzfristig wechselnde Bewegungen aufnehmen oder übersteigen die Bewegungen das o.a. Maß, so liegt nach DIN 18 195-8 [7.6], eine Fuge des „Typs II" vor. Wenn eben möglich, sollte dann die Dehnfugenabdichtung durch Stellbleche völlig aus dem wasserführenden Bereich herausgehoben werden und erst am oberen Rand der Aufkantungshöhe (d.h. 15 cm über Oberkante Belag – möglichst hinter Fassadenbekleidungen) ausgebildet werden. Anderenfalls muss mit aufwändigen, bei verwinkeltem Fugenverlauf vorkonfektionierten, Kunstkautschukwellfugenbändern mit Anflanschkonstruktionen für den Abdichtungsanschluss gearbeitet werden (siehe Abb. 5.29 und 5.30).

### 6.4.11 Undichtigkeiten durch mangelhafte Abdichtung der Geländerfüße

#### Sachverhalt

Das Dachgeschoss einer mehrgeschossigen Eigentumswohnanlage war gegenüber den darunter liegenden Geschossen mit zurückversetzt liegenden Außenwänden so errichtet worden, dass rundum Dachterrassen entstanden. Der mit Bitumenbahnen abgedichtete Warmdachaufbau dieser Dachterrassen war mit Plattenbelägen im Mörtelbett mit Gefälle zu den Dachrändern hin ausgeführt worden und entwässerte in vorgehängte Regenrinnen. Die Geländerpfosten der Dachterrassen bestanden aus einer Stahlrundrohrkonstruktion, die von oben unmittelbar in der Dachterrassenfläche verankert waren. Im zweiten Jahr der Standzeit des Gebäudes zeigten sich sehr erhebliche Undichtigkeiten im unter den Dachterrassen liegenden Wohngeschoss.

#### Ursachen

Bereits das Fehlen von sichtbaren Abdichtmanschetten im Bereich der Geländerpfosten ließ vermuten, dass bei deren Abdichtung Fehler unterlaufen waren. Nach stichprobenartigem Aufnehmen des Plattenbelags im Mörtelbett zeigten sich gröbste Abdichtungsmängel: Der mit der Montage der Geländer beauftragte Metallbauer hatte einfach Löcher in die Abdichtung und Wärmedämmung der Dachterrasse gehackt und die Fußplatten der Geländer auf dem tragenden Stahlbetonuntergrund verdübelt. Aufgrund des hohen Zeitdrucks hatte dann der Fliesenleger, ohne Abdichtungsarbeiten im Bereich der Geländerstäbe abzuwarten, die undichten Stellen mit dem Plattenbelag im Mörtelbett überdeckt. Eine Bauleitung hatte offenbar bei diesem Bauträgerprojekt nicht stattgefunden.

**Abb. 6.55:** Mit Zerstörung der Abdichtung und Wärmedämmung auf der Parkdecke aufgedübelter Geländerfuß

## Nachbesserung

Da die Wärmedämmung zumindest im Bereich der schmaleren Dachterrassenzonen bereits vollständig durchfeuchtet war, waren in Teilbereichen die Dachterrassen völlig zu erneuern. Die Rundrohrpfosten der Geländer waren mit flexiblen, anpressbaren Dichtmanschetten zu versehen, wie sie auch bei Antennenmasten verwendet werden, die in die bahnenförmigen Abdichtungen einzukleben sind.

## Schlussfolgerungen

Die Abdichtung von Geländerdurchdringungen muss sorgfältig geplant werden, da hier auch eine dynamische Belastung des Abdichtungsanschlusses zu erwarten ist und zudem die Rohrkonstruktionen häufig auch wasserführend sein können. Am günstigsten ist es, die Geländerbefestigungen völlig aus der wasserführenden Ebene herauszuheben. Dies ist bei Dachterrassen mit innenliegenden Entwässerungen einfach möglich, indem der Dachterrassenrand entsprechend insgesamt aufgekantet wird und die Geländerbefestigung dann auf der Oberseite oder noch besser auf der Innenseite dieser Aufkantung oberhalb des Abdichtungsrandes befestigt wird.

Bei außenliegenden Rinnen ist diese Befestigungsart nicht möglich. Wenn es formal vertretbar ist, müssen dann die tragenden Geländerpfosten außerhalb der Flucht der vorgehängten Regenrinne vorspringend geführt und unter der Regenrinne über eine Konsolkonstruktion in der Fassade des darunter liegenden Geschosses verankert werden. Wenn dies aus optischen Gründen nicht diskutabel ist, bleibt nur die hier als Nachbesserung beschriebene Manschettenkonstruktion zur Lösung dieses Abdichtungsproblems.

**Abb. 6.56:** Geländerbefestigung auf aufgekantetem Dachterrassenrand mit Dichtmanschette

**Abb. 6.57:** Verkröpfte Befestigung des Dachterrassengeländers unter der Regenrinne

### 6.4.12 Fehlender Schutz des aufgekanteten Abdichtungsrandes

#### Sachverhalt

Der Zugang zu einem Supermarkt war als Dachterrasse ausgebildet, unter der sich Anlieferräume und andere Nebenräume befanden. Die als Warmdach ausgebildete Dachterrasse war mit Bitumenbahnen abgedichtet und mit Gehwegplatten im Sandbett verlegt worden.

Die Brüstung der Dachterrasse war ca. 40 cm hoch aufgemauert worden und dann über einer Metallabdeckung mit Geländern versehen worden. Die Bitumenbahnenabdichtung der Dachterrasse war an dieser Brüstungsaufkantung bis unter die Mauerkronenabdeckung hochgeführt worden. Weitere Schutzschichten waren nicht ausgeführt. In den Räumen unter der Dachterrasse kam es zu Undichtigkeiten.

#### Ursachen

Wie eine Besichtigung der Dachterrassenflächen schnell zeigte, waren die über die Belagsschicht herausragenden, ungeschützten Abdichtungsbahnen der Dachränder durch Einkaufswagen, Kinderwagen und ähnliche Geräte, wie sie im Eingangsbereich von Supermärkten zu erwarten sind, an einer Vielzahl von Stellen beschädigt und aufgerissen. Diese Undichtigkeiten führten zu den Durchfeuchtungen im darunter liegenden Geschoss.

#### Nachbesserung

Stichprobenartige Untersuchungen zeigten, dass die Wärmedämmung der Dachterrasse nicht durch die Undichtigkeiten durchfeuchtet worden war. Die Fehlstellen an der Randaufkantung hatten zum Hinterlaufen der Dampfsperre geführt und

**Abb. 6.58:** Ungeschützter und daher beschädigter Abdichtungsrand der Dachterrasse

daher nur Durchfeuchtungen unmittelbar auf dem Stahlbetonuntergrund zur Folge gehabt. Eine flächige Erneuerung der Dachterrasse war daher nicht erforderlich. Die Plattenbeläge wurden am Rand aufgenommen, die aufgekanteten Bahnen bis ca. 20 cm in den anschließenden Dachbereich durch zwei weitere Bahnenlagen neu überklebt. Die Abdichtungsränder wurden anschließend auf einer in engem Abstand montierten Stahlunterkonstruktion mit Faserzementplatten der größten Lieferdicke bekleidet.

### Schlussfolgerungen

Bei genutzten Dachflächen sind die aufgekanteten Abdichtungsränder einem ganz besonderen Beschädigungsrisiko ausgesetzt. Dies gilt sowohl für den Anschluss des Belags, der daher mit deutlichem Abstand vor der Abdichtung verlegt, bzw. bei Plattenbelägen im Mörtelbett, mit einem verformbaren Stellstreifen (z. B. Dämmstoffstreifen aus Hartschaum) als Dehnfuge ausgebildet werden muss. Im weiter aufgehenden Bereich ist die Abdichtungslage durch Schutzschichten gegen mechanische Beschädigung zu schützen. Darauf weisen sowohl die DIN 18 195-5 und 9 [7] als auch die Flachdachrichtlinien [9] ausdrücklich hin. Im Hinblick auf die Problematik der Befestigungspunkte dieser Sockelverkleidung wird auf Fall 6.4.5 verwiesen.

## 6.4.13 Durchfeuchtungsschäden durch Undichtheiten an Zinkblechrandaufkantungen

### Sachverhalt

Die Dachterrassen einer Wohnanlagen waren über einem Warmdachaufbau mit Plattenbelägen im Mörtelbett versehen worden. Zur Herstellung der Randaufkantungen der Dachterrassenabdichtung waren allerdings nicht die in der Fläche verwendeten mehrlagigen Bitumenbahnen verwendet worden. Man hatte vielmehr an den Rändern mit verlöteten Zinkblechen gearbeitet, die ca. 15 cm tief zwischen die Bitumenbahnenlagen eingeklebt waren. An mehreren Dachterrassen kam es zu Undichtheiten, die sowohl Schäden an den Estrichen der benachbarten Innenräume als auch Tropfspuren an den darunter liegenden Geschossdecken zur Folge hatten.

### Ursachen

Die Untersuchung der über die Belagsoberfläche hinaus ragenden Zinkblechrandaufkantungen ließ bereits ohne Öffnungsarbeiten am Belag die Schadensursache erkennen, die nach völligem Freilegen des Anschlusses noch deutlicher sichtbar wurde: zum einen konnten Verlötungsfehler an den Zinkblechstößen festgestellt werden – das Lot war nur oberflächlich über die Kante des überlappenden Bleches geführt worden, hatte aber nicht vollflächig die beiden Bleche verbunden. Daher klafften einige Nähte bereits nach zweijähriger Standzeit auf.

Zum anderen war das Zinkblech bereits nach so kurzer Standzeit an den Stellen durchkorrodiert, wo unmittelbarer Kontakt zum Verlege- und Fugmörtel des Belags bestand. Der Belag war nämlich nicht durch einen Randstellstreifen als Dehnfugenfüllmaterial angeschlossen und die Zinkblechoberfläche war auch nicht durch eine Bitumenbeschichtung gegen den Kontakt mit Mörtel geschützt. Das bis zur vollständigen Karbonatisation alkalische Milieu im Zementmörtel hatte zusammen mit der durch den Belag eindringenden Feuchtigkeit zur Lochkorrosion im Zinkblech geführt.

### Nachbesserung

Der Belag musste entlang der Anschlussränder aufgenommen werden. Unter Belassung des Zinkblechs wurde die Randaufkantung aus zweilagigen Polymerbitumenbahnenstreifen hergestellt. Die Belagsränder wurden neu verlegt – unter Einbau des erforderlichen Randstellstreifens. Der über den Belag herausreichende Rand der Bitumenbahnen wurde durch einen bis knapp über Oberkante Belag reichenden Zinkblechüberhangstreifen optisch verkleidet und gegen mechanische Beschädigung geschützt.

### Schlussfolgerungen

Die Randaufkantungen der Abdichtung sollten möglichst aus dem gleichen Material hergestellt werden, aus dem auch die Flächenabdichtung besteht. Darauf weisen die Flachdachrichtlinien [9] ausdrücklich hin. Materialkombinationen – insbesondere zwischen Metall und bahnenförmigen Abdichtungen – sind nämlich durchweg risikoreich, da die Materialien ein sehr unterschiedliches thermisches Längenänderungsverhalten aufweisen.

Gerade bei Dachterrassen liegen allerdings häufig Situationen vor, die z. B. aufgrund der Vor- und Rücksprünge im Bereich der Terrassentürleibungen und Aussparungen zwischen geschlossenen Brüstungen und mit Brüstungsgittern versehenen Bereichen – aber auch aufgrund der sehr geringen Höhen zwischen der Abdichtungsfläche und z. B. der Türschwellenprofile – nur sehr schwer mit Bitumenbahnen abdichtbar sind. Dann wird gerne im Aufkantungsbereich mit Zinkblechen gearbeitet, die in die Bitumenbahnen der Flächen eingeklebt werden. Damit ist auf kostengünstige Weise dann auch das Problem des mechanischen Beschädigungsschutzes des aufgekanteten Abdichtungsrandes gelöst, da Zinkblechaufkantungen – zumindest für den Wohnhausterrassenbereich – ausreichend widerstandsfähig sind.

**Abb. 6.59 (oben links):** Korrosion der aus Zinkblech bestehenden Randaufkantung der Abdichtung

**Abb. 6.60 (oben rechts):** Mangelhaft lediglich an der Blechkante verlöteter Zinkblechkappstreifen über einer Aufkantung

**Abb. 6.61 (links):** Mangelhaft verlötete Zinkblechabdeckung einer Dachterrassenattika

Trotz der bekannten Risiken sehen daher auch die Regelwerke Anschlüsse mit eingeklebten Blechen vor. Dabei wird allerdings betont, dass die Abdichtung vollflächig aufgeklebt sein muss und auf dem Flansch zweilagig hergestellt werden muss, d.h. es ist ein mindestens 25 cm breiter Streifen aus Polymerbitumenbahn mit Polyesterfaservlies zur Verstärkung einzubauen und ggf. sogar mit einem 10 cm breiten Trennstreifen zu arbeiten. All dieser zusätzliche Aufwand wird allerdings meist nicht getrieben. Dadurch werden solche Bleche besonders schadensanfällig. Hinzu kommt, dass im vorliegenden Fall nicht fachgerecht verlötet wurde; die Fachregeln für Metallarbeiten im Dachdeckerhandwerk [12] fordern für den waagerechten Bereich eine mindestens 10 mm und für den senkrechten Bereich von Blechen eine mindestens 5 mm breite, gebundene Lötnaht.

Weiterhin ist bei Plattenbelägen im Mörtelbett oder Schutzbetonschichten zu beachten, dass Zink gegen schwache Säuren und Alkalien unbeständig ist. Es muss also durch einen zusätzlichen Korrosionsanstrich gegen die Einwirkung dieser Stoffe geschützt werden. Dabei ist darauf zu achten, dass z. B. ein Bitumenanstrich zunächst vorbereitende Arbeiten an der Blechoberfläche benötigt, da sonst der Schutzanstrich nur schlecht haftet. Es ist daher insgesamt sehr empfehlenswert, grundsätzlich den Rand des Abdichtungsverlaufs so einfach zu gestalten, dass unter Verzicht auf risikoreiche eingeklebte Bleche ein dauerhafter Randanschluss erzielt wird, der aus dem Bahnenmaterial der Dachflächenabdichtung besteht.

# 7 Typische Schadensfälle bei begrünten Flachdächern

Im Folgenden werden Schäden beschrieben, die durch die besondere Nutzung von bahnenförmig abgedichteten Dächern als begrünte Flächen entstehen. Ursächlich sind insbesondere:

- die besondere Beanspruchung durch Wurzelwachstum und wuchernde Pflanzen;
- die besonderen mechanischen Beanspruchungen durch Arbeiten bei der Herstellung des Begrünungsaufbaus und Arbeiten auf der fertiggestellten, begrünten Fläche;
- die ungünstigen Auswirkungen ungeeigneter Schutzschichten;
- die Folgen des Einbaus von Randeinfassungen aus Winkelelementen und Randsteinen;
- die häufig unter der Begrünung verborgene Lage von Abläufen und Abdichtungsrandanschlüssen.

Nicht dargestellt werden:

- Schadensphänomene, die in gleicher Art auch bei Dachterrassen und Parkdächern zu beobachten sind, also nicht mit der Gründachnutzung im Zusammenhang stehen;
- Mängel, die lediglich die Begrünung oder das Substrat betreffen, also dem Fachgebiet des Garten- und Landschaftsbaus zuzuordnen sind – in dieser Hinsicht wird auf die „Schadensfallsammlung für den Landschaftsbau" der FLL [52] verwiesen.

## 7.1 Schäden am Regelquerschnitt begrünter Flachdächer

### 7.1.1 Undichtheiten als Folge einer Durchwurzelung der Dachabdichtung

#### Sachverhalt

Die Geschosse einer Wohnanlage waren so gestaffelt angeordnet worden, dass den Wohnungen in allen Ebenen Dachterrassen – aber teilweise auch nur 40 cm breite und 60 cm tiefe pflanzkübelartige Vorbauten vorgelagert waren. Die durchweg intensiv begrünten Bereiche wiesen einen Warmdachaufbau mit Kunststoffdampfsperrbahn und 140 mm Polystyrol-Partikelschaum-Wärmedämmung unter einer einlagigen, wannenförmig ausgebildeten Kunststoffabdichtung aus 1,5 mm dicken PVC-Weich-Dachdichtungsbahnen auf. Über einer 80 mm Kies-Dränschicht mit Filtervliesabdeckung war dann Erdsubstrat mit Begrünung ausgeführt.

Nach wenigen Jahren Standzeit kam es hinter den bepflanzten Trögen an Fensterbrüstungen zu erheblichen Durchfeuchtungen im Gebäudeinneren.

**Abb. 7.01:** Teilansicht der gestaffelt angeordneten, intensiv begrünten, schmalen Dachterrassen

**Abb. 7.02:** Feuchte an Fensterbrüstung hinter einem intensiv begrünten Pflanztrog

**Abb. 7.03:** Typischer Schnitt durch einen Pflanztrog

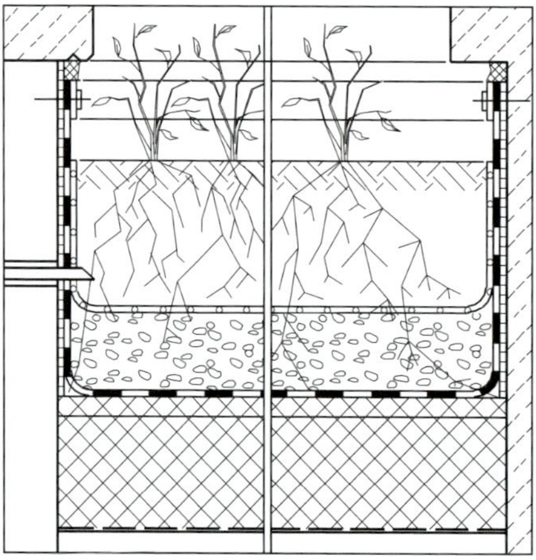

**Abb. 7.04:** Unzureichend verschweißte und unterwachsene Ecke der Abdichtungsfolie

**Abb. 7.05:** Wurzeln in der durchfeuchteten Wärmedämmung

## Ursachen

Die Begrünung und die Aufbauschichten wurden in mehreren Bereichen abschnittweise aufgenommen. Es war festzustellen, dass die Undichtheiten auf Durchwurzelung zurückzuführen waren: Die Pflanzenwurzeln hatten die Nähte der Kunststoffabdichtungsbahnen durchwachsen und in der durchfeuchteten Wärmedämmung ein Wurzelgeflecht ausgebildet (siehe Abb. 7.03–7.05). Eine genauere Prüfung der Bahnennähte ergab, dass diese teilweise nur sehr flüchtig verschweißt waren; an keiner Stelle wurde eine kraftschlüssige Schweißnaht von mehr als 5 mm Breite festgestellt.

Die verwendeten Kunststoffbahnen hatten den FLL-Durchwurzelungstest bestanden und galten insofern als durchwurzelungsfest. Die Fehlerquelle ist daher in der unsorgfältigen Fügung der Bahnennähte zu suchen. Eine wesentliche tiefere Ursache für diese Verlegefehler war aber die Konzeption der trogartigen Dachflächen. Die „Tröge“ waren teilweise so schmal, dass die Dachdecker ihre Abdichtungsarbeiten nur auf dem Bauch liegend und ohne ausreichenden Platz zur Führung des Schweißgeräts erledigen konnten. Es wäre richtig gewesen, wenn unter diesen Rahmenbedingungen die Ausführenden eine Abdichtung mit vor Ort zu fügenden Bahnen abgelehnt hätten.

## Nachbesserung

Es wurde vorgeschlagen, die sehr tiefen und schmalen bepflanzten Bereiche völlig zu ändern. Durch Austausch der Wärmedämmung gegen Dämmschichten mit großer Dicke sollten nur noch flache Pflanzbereiche (ca. 25 cm tief) entstehen, die vom Dachdecker einfacher abzudichten waren. Sonst konnten die gleichen Abdichtungsbahnen wieder verwendet werden, die durch aufgekantete Vliese (300 g/m$^2$) gegen Beschädigung geschützt werden müssen. Der Begrünungsaufbau wurde mit entsprechend geringerem Schichtenaufbau erneuert; die Bepflanzung sollte auf die geringe Substrathöhe abgestimmt werden.

### Schlussfolgerungen

Dieser typische Schadensfall demonstriert, dass es – unabhängig von der besonderen Problematik eines begrünten Daches – eine wesentliche Planungsaufgabe ist, das Bauwerk so zu gestalten, dass eine Abdichtung handwerklich einfach ausführbar ist. Darauf weist DIN 18 195 im Teil 1 ausdrücklich hin.

Abdichtungen in begrünten Dächern dürfen nicht durch Wurzeln geschädigt werden. Viele Pflanzen weisen zwar ein intensives Wurzelwachstum auf, sind aber nicht „wurzelaggressiv". Insofern war auch der in früherer Zeit für die „Wurzelfestigkeit" benutzte Lupinentest (DIN 4062) für Dachbegrünungen nicht aussagefähig, da Lupinen zwar viele Wurzeln bilden, die aber nicht „aggressiv" sind.

Zur Beurteilung des „Widerstandes gegen Durchwurzelung" brauchen selbstverständlich nicht Pflanzen herangezogen werden, die ein extremes Rhizomwachstum aufweisen, aber auf Dächern unüblich sind (z. B. Bambus). Das Verfahren zur Untersuchung der Durchwurzelungsfestigkeit für Dachbegrünungen der FLL (aktualisierte Version 2002) benutzt Grauerlen (*Alnus incana*) und die Ackerquecke (*Agropyron repens*) für die vierjährige Überprüfung im Freiland. DIN EN 13 948 – „Bitumen-, Kunststoff- und Elastomerbahnen für Dachabdichtungen; Bestimmung des Widerstandes gegen Durchwurzelung", sieht für die zweijährige Untersuchung im Treibhaus nur den Feuerdorn (*Pyracantha coccinea*) vor, während die FLL-Prüfung verschärfend auch für diese Treibhausuntersuchung zusätzlich die Quecken mit einsetzt. Da die Quecke ein weit verbreitetes wurzelaggressives Wildgras ist, mit dem auf begrünten Dächern zu rechnen ist, muss nach Auffassung der Verfasser dem FLL-Verfahren gegenüber der Normprüfung der Vorzug gegeben werden.

Nicht alle gängigen Bahnenabdichtungen – insbesondere solche aus Bitumen – haben grundsätzlich bereits einen ausreichenden Widerstand gegen Durchwurzelung. Wie der vorliegende Schadensfall zeigt, stellen die Schwachstellen die Nahtfügestellen dar, die bei den o. a. Prüfanordnungen mit untersucht werden.

Es ist daher zu fordern, dass im begrünten Dach verwendete Dachabdichtungen entweder selbst – durch Prüfungen nachgewiesen – einen ausreichenden Widerstand gegen Durchwurzelung aufweisen müssen oder aber dass oberhalb der Bauwerksabdichtung zum Schutz gegen Durchwurzelung eine eigene Bahnenlage – eine Wurzelschutzbahn – eingebaut wird.

Bei der Verwendung von Wurzelschutzbahnen ist darauf zu achten, dass eine Verträglichkeit zu den angrenzenden Schichten, insbesondere zur Abdichtung, besteht – ggf. müssen z. B. bei der Kombination von Bitumendachdichtungs-

Abb. 7.06: Von einem Begrünungsunternehmen unsachgemäß verschweißte PVC-Wurzelschutzbahn

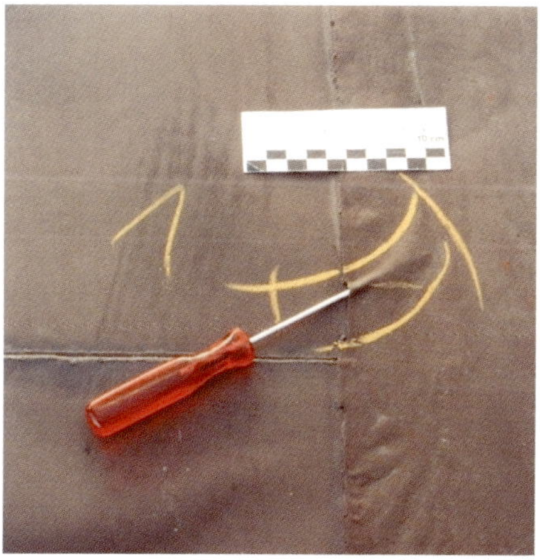

bahnen mit nicht bitumenverträglichen PVC-Weich-Wurzelschutzbahnen Trennlagen eingebaut werden (Vliesschichten).

Häufig liegt die Schnittstelle zwischen den Leistungen des Dachdeckers und des mit der Dachbegrünung beauftragten Unternehmens zwischen Abdichtung und Wurzelschutzbahn – d. h. die Wurzelschutzbahn wird vom Begrünungsunternehmen ausgeführt. Das Stammpersonal solcher Unternehmen ist häufig nicht mit der Fügetechnik von Kunststoffdachbahnen vertraut. Dann sollte darauf geachtet werden, dass für die Verlegung der Wurzelschutzbahn Fachpersonal beschäftigt (oder als Subunternehmer beauftragt) wird, das in der Lage ist, z. B. fachgerechte Schweißnähte bei Kunststoffdachbahnen herzustellen. Sonst sind Fehlstellen mit erheblichen Durchwurzelungsfolgen zu befürchten.

### 7.1.2 Undichtheiten durch Beschädigung der Dachabdichtung während des Einbaus der Dachbegrünung

#### Sachverhalt

Die Flachdachflächen von den Verbindungsfluren eines aus mehreren Gebäudeabschnitten bestehenden Verwaltungskomplexes waren als intensiv begrünte Dachflächen über einer Ortbetondecke ausgeführt worden. Auf der Ortbetondecke waren über einer lose verlegten Dampfsperre aus Butylkautschuk (1,3 mm dick) Polystyrolpartikelschaumwärmedämmplatten PS 30, darüber eine ebenfalls lose verlegte EPDM-Dachbahn von 2 mm Dicke eingebaut worden.

Die durchwurzelungsfeste, werkseitig vulkanisierte EPDM-Bahn wurde am Rinnenrand an den Abläufen so gestaltet, dass 60 mm Wasseranstau entstand.

Vom Dachbegrüner waren über diesem gefällelosen Warmdachaufbau ein Schutzvlies (300 g/m$^2$) und darüber Gesteinsschüttungen als Drän- und Substratschicht mit Intensivbegrünung auszuführen. Der Dachrandabschluss der Abdichtung wurde durch eine verdeckt liegende Kastenrinne gebildet. Der 44 cm hohe Substrataufbau wurde durch winkelförmige, 1,2 m lange Betonfertigteile abgeschlossen, die auf dem Abdichtungsrand aufgesetzt wurden.

Zur Ortung von Lecks in der Bauwerksabdichtung war unter der EPDM-Bahn eine elektronisch arbeitende Leckmeldeanlage zwischengeschaltet, die die Position von Undichtheiten auf einem Display anzeigen sollte.

Bereits kurz nach Fertigstellung der Dachbegrünung kam es noch während der Bauzeit am Objekt zu erheblichen Durchfeuchtungen im darunter liegenden Geschoss. Die daraufhin in Betrieb genommene Leckmeldeanlage zeigte lediglich vollflächig Feuchte unter der Dachhaut an. Eine Leckortung war mit der Anlage nicht möglich.

## Ursachen

Beim aufwändigen abschnittweisen Abräumen der 44 cm hohen Substratschichten und dem Aufnehmen der schweren Winkelelemente zeigten sich u. a. Beschädigungen in der EPDM-Dachbahn, die – wie Eindrücke in der darunter liegenden Wärmedämmung belegten – wohl auf den Transport der schweren Winkelsteine während des Einbaus der Dachbegrünung zurückzuführen waren. Man hatte offenbar zur endgültigen Positionierung der schweren Winkelelemente Transportmittel verwendet und dabei die lediglich durch eine Vliesabdeckung geschützte, lose liegende EPDM-Bahnenabdichtung perforiert. Die wesentliche Ursache war demnach die völlig unzureichende Schutzmaßnahme für die 2 mm dünne, zudem auf einer zusammendrückbaren Dämmschicht liegenden Bahnenabdichtung angesichts absehbarer, hoher Belastungen während der Bauzeit.

Man hatte im vorliegenden Fall die Risiken einer unterläufigen Warmdachkonstruktion mit lose liegender, einlagiger Bahnenabdichtung durch den Einbau einer Leckmeldeanlage zu kompensieren versucht. Leckmeldeanlagen mit rasterförmig unter der Abdichtung angeordneten Sensoren orten einen durch eine Leckstelle in der Dachabdichtung fließenden elektrischen Impuls. Das setzt aber voraus, dass die restliche, nicht perforierte Abdichtungsfläche elektrisch nicht leitend ist. EPDM-Bahnen – wie hier eingebaut – sind aber aufgrund ihrer Rußzusätze elektrisch leitfähig, so dass die Leckmeldeanlage im vorliegenden Fall lediglich als Feuchtesensor genutzt werden konnte. Als die Leckmeldeanlage in Betrieb genommen wurde, hatte sich das Leckwasser aufgrund der gefällelosen Gesamtkonstruktion aber bereits flächig in der Wärmedämmung verteilt.

## Nachbesserung

Aufgrund der vertraglichen Randbedingungen wurde die Konstruktion nicht geändert. Die nur wenige Wochen andauernde Durchfeuchtung hatte den Dämmstoff nicht nennenswert geschädigt. Er konnte daher nach Entfernen des auf der Dampfsperre stehenden Wassers in der Dachkonstruktion verbleiben. Die beschädigte Kunstkautschukbahn wurde ausgetauscht. Als Schutzlage wurden 10 mm Bautenschutzmatten zwischengeschaltet. Während der gesamten Einbauarbeiten der Begrünungsschichten wurde darauf geachtet, dass keine schweren Lasten ohne lastverteilende Zwischenlagen transportiert wurden. Während der gesamten Arbeiten wurde die Leckmeldeanlage als Feuchtemesseinrichtung pausenlos beobachtet. So konnten mit hohem Bauleitungsaufwand erneute Beschädigungen vermieden werden.

## Schlussfolgerungen

Der Schadensfall zeigt die typischen Probleme von unterläufigen Warmdachaufbauten und relativ dünnen, einlagigen Abdichtungen. Gerade bei Intensivbegrünungen besteht ein erhöhtes Beschädigungsrisiko und die einmal eintretenden Lecks sind aufgrund der flächigen Verteilung des Wassers innerhalb des Schichtenpakets kaum auffindbar.

Im vorliegenden Fall einer Intensivbegrünung mit Anstaubewässerung von 60 mm Höhe wäre ein Warmdachaufbau mit vollflächig eingeschwommener Schaumglaswärmedämmung und mehrlagiger Bitumendachbahnenabdichtung die richtigere Lösung gewesen. Umkehrdachkonstruktionen scheiden hier wegen des

**Abb. 7.07:** Ansicht des mit Winkelsteinen abschließenden Randes der begrünten Dachfläche

**Abb. 7.08:** Konstruktive Situation am Dachrand

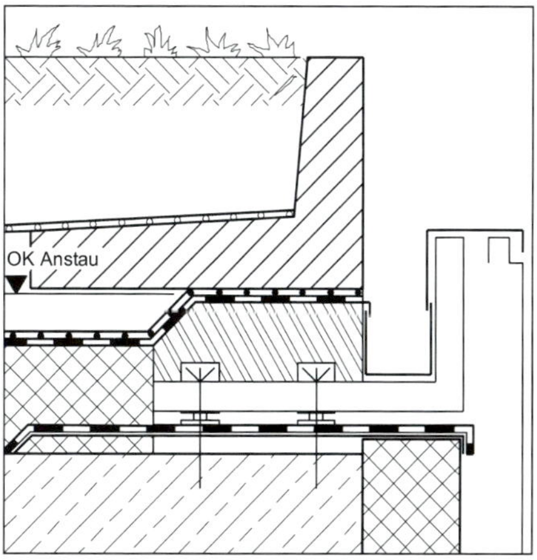

Wasseranstaus aus. Zudem hätte von vornherein eine deutlich strapazierfähigere Schutzlage – z. B. aus Bautenschutzmatten – vorgesehen werden müssen.

Estriche sind aus den in den folgenden Schadensfällen dargestellten Gründen nicht empfehlenswert.

### 7.1.3 Undichtheiten durch Beschädigung der Dachabdichtung während der Nutzung

#### Sachverhalt

Der Innenhof einer mehrgeschossigen Wohnblockbebauung bestand aus einer Tiefgarage, auf deren Decke begrünte Dachterrassen und Freiflächen, ein Kinderspielplatz und auch Baumbepflanzungen angeordnet waren. Die Stahlbetondecke des begrünten Daches war mit einer Kunststoffdampfsperre, 8 cm Wärmedämmung aus Polystyrolpartikelschaum und einer einlagigen PVC-Kunststoffbahnenabdichtung versehen worden. Zum Schutz der Abdichtung gegen mechanische Beschädigung waren eine 4 bis 5 cm dicke Zementestrichschicht auf PE-Trennlage aufgebracht; darüber waren Dränanstauplatten aus tiefgezogenem PVC, eine Vliesabdeckung und im überwiegenden Bereich ein ca. 30 cm hoher Erdsubstrataufbau bzw. Pflasterbeläge im Sandbett realisiert worden.

Zur Einweihung der Wohnanlage wurde im Innenhof ein Festzelt errichtet, dessen Verspannungen über Heringe im Dachuntergrund verankert wurden. Nach wenigen Monaten wurden Undichtheiten des Daches – insbesondere Abtropfungen an den Dehnfugen zu den aufgehenden Gebäudefassaden und an Dachdurchdringungen festgestellt.

#### Ursachen

Die Untersuchung ergab, dass beim Aufstellen des Festzeltes die Heringe so tief in den Grund der begrünten Dachflächen getrieben worden waren, dass sie an mehreren Stellen Erdsubstrat, Dränschicht und Schutzestrich durchstoßen und die gefällelose Abdichtung perforiert hatten. Trotz der einbebauten Schutzestriche war also eine mechanische Beschädigung im Zuge der Nutzung der Dachflächen ursächlich.

Ursache ist letztlich eine unsachgemäße Nutzung, da gegen eine solche Beanspruchung im Regelfall keine Vorsorge getroffen werden muss.

#### Nachbesserung

Da zu rekonstruieren war, wo die Befestigungspunkte des Zeltes angeordnet worden waren, konnte durch gezielte Öffnungsarbeiten die Leckstellen ermittelt und beseitigt werden. An den durch die Deckendurchbiegung definierten Tiefpunkten der gefällelosen Dachflächen wurden mehrere weitere Öffnungen im Dach hergestellt, um das in der Wärmedämmung stehende Wasser abzusaugen. Eine gewisse verbleibende Durchfeuchtung in der Wärmedämmung wurde in Kauf genommen, da diese den Wärmeschutz des Daches aufgrund der relativ kurzen Durchfeuchtungsdauer nicht wesentlich beeinträchtigte und da zudem ein Wärmeschutz der unbeheizten Parkdeckebenen ohnehin nicht zwingend erforderlich war – jedenfalls waren keine Energiemehraufwendungen durch eine geringe Verschlechterung des Wärmeschutzes erwarten.

### Schlussfolgerungen

Generell müssen Abdichtungen auf genutzten Dachflächen gegen Beschädigungen geschützt werden. Dies gilt ganz besonders für Warmdachkonstruktionen, bei denen aufgrund des weichen Dämmstoffuntergrundes der Abdichtung ein erhöhtes Perforationsrisiko besteht und Undichtheiten zu weiten Sickerwegen in der Ebene der Wärmedämmung führen können.

Während bei Parkdächern in Warmdachbauweise Betonschutzschichten zur Abtragung der Verkehrslasten unumgänglich sein können, sind diese bei begrünten Dächern grundsätzlich entbehrlich, da sie wie der Schadensfall 7.1.5 zeigt, aufgrund der ausgelösten Kalkhydrate zu Problemen im Bereich der Abläufe führen.

Die Dachbegrünungsrichtlinien [24] führen als Durchwurzelungsschutz Schutzvliese, Schutzplatten, Schutzbahnen (Bautenschutzmatten), ganzflächige Beschichtungen oder aber auch Dränschichten auf. Da – wie der vorliegende Schadensfall zeigt – selbst massive Betonschichten nicht gegen jede unsachgemäße Nutzung schützen können, reichen die o. a. Schutzmaßnahmen bei sachgemäßer Dachnutzung in der Regel auch aus. DIN 18 195 führt in Teil 10 (2004) diese Möglichkeiten ebenfalls auf, während die Vorgängernorm Betonschutzschichten vorsah.

**Abb. 7.09:** Intensiv begrüntes Dach mit Dränanstauplatten. Diese Platten dienen auch als Schutzlage gegen Beschädigung.

Von großer Bedeutung ist besonders bei Dachbegrünungen, bei denen ja mit gärtnerischen Arbeiten zu rechnen ist, der mechanische Beschädigungsschutz der seitlichen Randaufkantungen der Abdichtungen. Hier kann ohnehin nicht mit mineralischen Stoffen gearbeitet werden – es sei denn, man würde aufwändige Aufmauerungen vorsehen. Für diese Bereiche haben sich Bautenschutzmatten (Gummigranulate) bewährt, die bis zur Abschlussausbildung der Dachabdichtung geführt und z. B. durch Bleche abgedeckt werden.

Wird der Durchwurzelungsschutz durch eine eigens zu diesem Zweck über der Abdichtung liegenden Wurzelschutzbahn erbracht, so sollte die Schutzschicht gegen mechanische Beschädigung auch diese Bahnen am Rand schützen.

### 7.1.4 Druckstellen von Schutzschichten in Abdichtungsbahnen

#### Sachverhalt

Die Abstellflächen für die Pkws einer Eigentumswohnanlage waren in einer eingeschossigen Tiefgarage im Kellergeschoss des Gebäudekomplexes angeordnet. Da die Tiefgaragengrundfläche deutlich größer als die Grundfläche des Wohngebäudes sein musste, reichte die Tiefgarage bis in den rückseitigen Garten. Die gartenseitige Tiefgaragendecke war bis zu 1 m hoch erdüberschüttet und vollständig intensiv begrünt in die einzelnen Gärten der erdgeschossigen Wohnungen einbezogen. Die Decke wies ein Gefälle zur geländeseitigen Deckenkante auf und war mit einer gewebearmierten PVC-Dachdichtungsbahn (2,4 mm dick) einlagig lose liegend auf Trennvlies (300 g/m$^2$) abgedichtet worden. Als Schutz- und Dränlage war eine PVC-Drän-Noppenbahn sowohl auf den horizontalen wie auf den vertikalen aufgehenden Flächen der Abdichtung angeordnet worden. Über 20 cm Grobkiesfüllung als Dränschicht war über einem Flitervlies bis zu 80 cm Erdsubstrat aufgebracht worden.

Zur Beseitigung einer offensichtlichen Undichtheit in der Abdichtung des intensiv begrünten Daches waren Ausschachtungsarbeiten durchgeführt und nicht sachgerecht verschweißte Nähte nachgebessert worden. Im Zuge dieser Arbeiten bemerkten nun die Eigentümer, dass sich die Noppen der Schutzlage deutlich in der Abdichtung abzeichneten. Sie befürchteten daher auf Dauer Beschädigungen der Abdichtung.

#### Ursachen

Profilierte Schutzlagen – an senkrechten Flächen auch Schutz- und Dränschichten aus Dränsteinen oder Wellplatten – übertragen die Lasten nicht flächig, sondern führen zu Punktbelastungen der Abdichtung. Im vorliegenden Fall war diese Belastung relativ hoch, da die Aufbauhöhe 1 m betrug. Trotzdem konnte

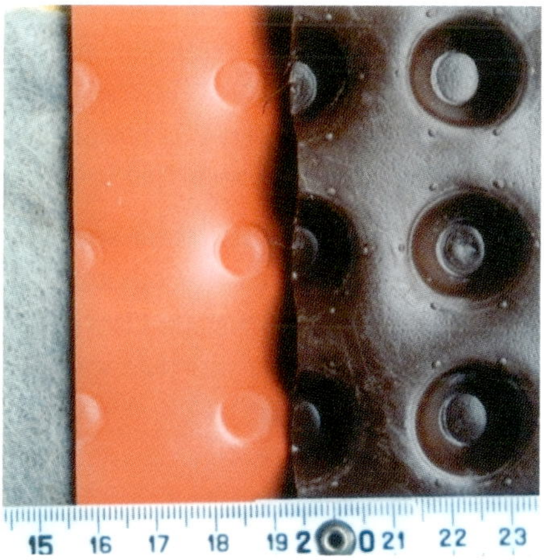

**Abb. 7.10 (oben links):** Schichtaufbau des intensiv begrünten Daches bis zur Noppenfolie

**Abb. 7.11 (oben rechts):** Geöffnete Noppenfolie – die Noppen zeichneten sich in der PVC-Abdichtungsfolie ab.

**Abb. 7.12 (rechts):** Nahaufnahme der Schichtenfolge über dem Stahlbetonuntergrund

festgestellt werden, dass die Eindruckstellen nach fünfjähriger Standzeit nur wenige Zehntel Millimeter tief waren und dass aufgrund des festen Betonuntergrundes nicht auf Dauer mit einer völligen Perforation des hier verwendeten Dichtungmaterials gerechnet werden musste. In der hier vorliegenden Einbausituation wurde daher die Verwendung von Noppenbahnen nicht als Mangel bewertet, da die langfristige Gebrauchstauglichkeit der Abdichtung nicht beeinträchtigt war.

## Schlussfolgerungen

Sowohl von Schutzschichten als auch von Schutzlagen, die eigentlich die Abdichtungsbahnen vor Beschädigung schützen sollen und die daher nach DIN 18 195-5 und 10, obligatorisch sind, kann selbst ein Beschädigungsrisiko ausgehen, wenn sie scharfkantig sind oder wenn sie so profiliert sind, dass die aufgebrachten Lasten konzentriert auf die Abdichtung abgetragen werden. Insofern sollten grundsätzlich möglichst Schutzschichten und Schutzlagen verwendet werden, die eine flächige Übertragung der Lasten gewährleisten. Dies gilt insbesondere für Intensivbegrünungen mit hoher Aufbauhöhe über Warmdachaufbauten, während bei Extensivbegrünungen nicht mit hohen Lasten gerechnet werden muss.

### 7.1.5 Undichtheiten durch Zusetzen der Abläufe aufgrund von Schutzbetonschichten

#### Sachverhalt

Die Hoffläche hinter einem öffentlichen Bürogebäude lag über einer Tiefgarage. Die Fläche wurde teilweise als Parkdach genutzt, in größeren Teilbereichen waren intensiv begrünte Flächen angelegt. Über der gefällelosen Stahlbetondecke bestand die Abdichtung des nicht wärmegedämmten Daches aus zwei Polymerbitumenbahnen mit Polyesterfaservlieseinlagen. Über eine Schutzlage aus Bautenschutzmatten war ein Schutzbeton bis ca. 10 cm Dicke verlegt. Über Sandauffüllung folgte dann eine Wurzelschutzbahn aus 1,8 mm PVC-Weich-Bahnen, die zugleich als Anstauebene für die Intensivbegrünungen diente.

Im dritten Jahr der Standzeit kam es nach starken Regenfällen zu erheblichen Durchfeuchtungen in der Tiefgaragenebene unterhalb der begrünten Dachfläche. Aus Dehnfugen, Deckendurchbrüchen und Schwindrissen im tragenden Stahlbeton tropfte in so großen Mengen Wasser ab, dass dieses in Eimern aufgefangen werden musste.

#### Ursachen

Nach Öffnungsarbeiten im Dachbegrünungsaufbau war festzustellen, dass sich Wasser bis zu 30 cm hoch im Erdsubstrat anstaute. Die Anschlüsse der Dachabdichtung waren nicht bis 15 cm über Oberkante der begrünten Fläche geführt, sondern endete mit einem einfachen Klemmprofilanschluss ca. 5 cm unter der Ebene der Erdüberschüttung. Die Wurzelschutzbahn war etwa bis zur Substratoberfläche aufgekantet und ebenfalls mit einer Schutzschiene versehen. Das Wasser hatte den Rand der Abdichtung unbemerkt überstaut, war über die Abdichtungsränder auf den Deckenbeton gelangt, hatte sich dort großflächig verteilt und zu den Durchfeuchtungen geführt.

Die Abläufe waren zwar zugänglich ausgeführt, lagen aber unter einer Schachtabdeckung. Nachdem diese geöffnet wurde, war festzustellen, dass die Abläufe vollständig zugesintert waren. Die Gefällebetonschichten und Schutzestriche hatten in so großen Mengen zu Kalkhydratauslösungen geführt, dass die Sinterschichten in den Abläufen im dritten Jahr den völligen Verschluss der Abläufe zur Folge hatte. Erschwerend kam hinzu, dass die Ablaufleitungen mit ovalem Rohr-

Abb. 7.13: Abtropfungen unter der Decke

querschnitt innerhalb der Betondecke verzogen waren und sich daher besonders schnell zusetzten konnten.

Wie es bei schwerwiegenden Bauschäden häufig der Falls ist, lag also eine Kombination mehrerer Ursachen vor. Da in großem Umfang mit Betonschutzschichten gearbeitet worden war, setzten sich die Abläufe zu. Dieser Mangel konnte nicht frühzeitig bemerkt werden, da die Abläufe verdeckt lagen. Die Folgen dieser Mängel waren groß, da die Aufkantungen der Abdichtung unterhalb der Oberfläche des begrünten Bereichs endeten.

### Nachbesserung

Die Abdichtungsränder mussten so weit höher geführt werden, dass sie bis 15 cm über Oberkante Begrünung reichten und mussten weiterhin im aufgekanteten Bereich gegen mechanische Beschädigungen geschützt werden (Blechabdeckungen). Die Abläufe selbst mussten von den Sinterschichten vollständig befreit werden. Durch Wartungsvertrag sollte die regelmäßige Prüfung der Abläufe sichergestellt werden.

### Schlussfolgerungen

Wie schon unter 7.1.3 erläutert, haben Schutzschichten aus Beton oder Zementestrich aufgrund der Sintervorgänge nachteilige Folgen. Auch die FLL-Richtlinien [24] empfehlen daher deren Verwendung nicht. Zur Lastverteilung von größeren Einzellasten oder auch zum Verlegen von Winkel- und Bordsteinen u. ä. kann jedoch häufig nicht völlig auf Verlegemörtelschichten verzichtet werden. Dann ist es ratsam, die Abläufe deutlich größer zu dimensionieren als dies DIN 1986 grundsätzlich zulässt. Weiterhin ist dann ganz besonders auf die Wartbarkeit der Abläufe zu achten.

**Abb. 7.14:** Situation im Bereich des Ablaufs (die Sinterschichten sind bereits entfernt)

**Abb. 7.15:** Zugesinterter Rohrquerschnitt (Rückstellprobe aus einem analogen Fall)

**Abb. 7.16:** Der Randanschluss der Abdichtung liegt tiefer als der Anschluss der Wurzelschutzbahn

Die Aufkantungshöhen von Abdichtungen müssen selbstverständlich bis etwa 15 cm über Oberkante Erdsubstrat reichen und gegen Beschädigungen geschützt werden.

### 7.1.6 Wasseraufnahme von Umkehrdach-Dämmplatten im einfach intensiv begrünten Dach aufgrund beschädigter Schäumhaut

#### Sachverhalt

Bei einem vielgeschossigen Mehrfamilienwohnhaus war die gefällelose Stahlbetondachfläche als Umkehrdachkonstruktion mit Extensivbegrünungen ausgeführt worden. Über der Dachabdichtung waren zunächst zwei Lagen Polyaethylenfolien verlegt worden. Darüber wurde dann eine 12 cm dicke extrudierte Polystyrol-Umkehrdach-Wärmedämmplatte eingebaut. Als Dränschicht wurde unmittelbar auf der Umkehrdachwärmedämmung ein Kies (Körnung 16/32) von ca. 5 cm Dicke aufgebracht. Darüber folgte ein Geotextil als Filtervlies, darüber dann ein Substrataufbau zwischen 10 und 20 cm Höhe.

Im Zuge von Undichtigkeiten an Anschlüssen wurde die Wärmedämmung in Abschnitten der Dächer aufgenommen. Dabei fiel ein hohes Gewicht der Dämmplatten auf. Es wurde fast eine Gewichtsverdopplung festgestellt. Genauere Untersuchungen ergaben eine Feuchteaufnahme um ca. 80 Masse-%.

Weitere Öffnungsarbeiten zeigten, dass die Platten mit deutlicher Wasseraufnahme im Bereich von stärkeren Beschädigungen der oberen Schäumhaut durch die darauf aufliegenden Kieskörner beschränkt waren. Weitere bemerkbare Schäden in Gebäudeinneren waren nicht festzustellen.

Die Eigentümer befürchteten eine wesentliche Verschlechterung des Wärmeschutzes.

### Ursachen und Bewertung

Bei Niederschlägen wasserunterströmte Umkehrdachdämmschichten bleiben nur dann funktionsfähig, wenn die Oberseite der Dämmplatte nicht dampfsperrend abgedeckt ist. Bei Beschädigung der Schäumhaut kann sich an der Oberfläche der Dämmplatten aber langanhaltend Wasser anlagern, das praktisch wie eine Dampfsperre mit sehr hohem $s_d$-Wert wirkt.

Insbesondere bei gefällelosen Dächern, bei denen die Unterseiten der Dämmplatte kontinuierlich feucht ist, kann sich dann über beheizten Räumen mit der Zeit eine sehr hohe Feuchtigkeitsmenge im Dämmstoff aufgrund von Diffusion und Tauwasserbildung ansammeln.

Es wurde schließlich ermittelt, dass der Mangel durch den weiteren Bauablauf verursacht worden waren. Über das fertige Dach waren im geschädigten Bereich noch über längere Zeit schwere Lasten transportiert worden, so dass die Kieskörner der Dränschicht sich tief in die Dämmplatten eindrückten.

Eine Feuchteaufnahme von 80 Masse-% entspricht bei Dämmplatten mit der Rohdichte von 40 kg/m$^2$ einem volumenbezogenen Feuchtigkeitsgehalt von 3,2 Vol.-%.

Wie aus dem abgebildeten Diagramm über die Zunahme der Wärmeleitfähigkeit mit dem Feuchtegehalt von Hartschaumdämmplatten zu entnehmen ist, wird durch einen solchen, schon deutlich am Gewicht der Platten bemerkbaren Feuchtegehalt die Wärmeleitfähigkeit nur sehr unwesentlich vermindert. Die tatsächliche Wärmeleitfähigkeit der entnommenen Dämmplatten lag immer noch unter dem genormten Rechenwert von 0,035 W/mK.

## Nachbesserung

Da über lange Frist mit einer weiteren deutlichen Zunahme des Feuchtigkeitsgehalts der Dämmplatten zu rechnen war, wurden die Dämmplatten mit geschädigter Schäumhaut ausgetauscht. Da in Zukunft im nachgebesserten Bereich keine besonderen Belastungen mehr zu erwarten waren, wurden keine weiteren Schutzmaßnahmen ergriffen.

## Schlussfolgerungen

Bei unterseitig wasserbeanspruchten Umkehrdachdämmplatten ist darauf zu achten, dass oberhalb der Dämmplatten keine dampfsperrenden Schichten liegen. Auch Wasserschichten wirken wie dampfsperrende Schichten. Die Schäumhaut

**Abb. 7.17 (links):** Ansicht des geöffneten, einfach intensiv begrünten Umkehrdaches

**Abb. 7.18 (unten links):** Schädigung der Schäumhaut der Umkehrdachwärmedämmplatte durch Kieskörner

**Abb. 7.19 (unten rechts):** Zunahme der Wärmeleitfähigkeit mit dem Feuchtigkeitsgehalt von Dämmstoffen [Cammerer, I., Achtziger, J.: Einfluss des Feuchtegehalts auf die Wärmeleitfähigkeit von Dämmstoffen, München 1984]

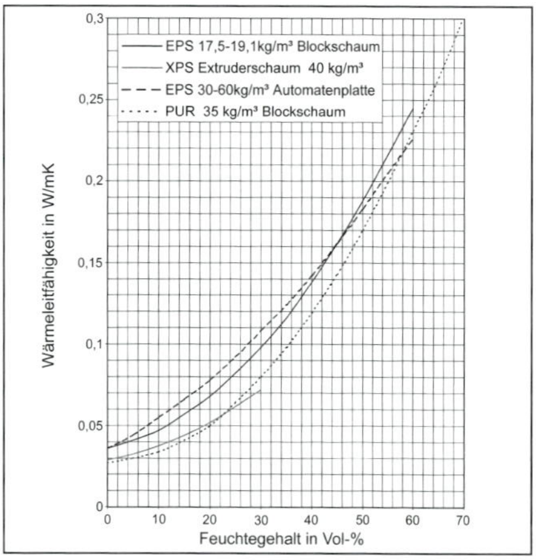

sollte deshalb nicht stärker geschädigt werden, die Dämmplatten sollten auch nicht langfristig überstaut oder mit dauerfeuchten Schichten (z.B. Sand) abgedeckt werden.

Sind stärkere Schädigungen der Schäumhaut aufgrund der Nutzungssituation zu befürchten, sollte zwischen Kiesschüttungen und der Dämmplatte ein Vlies angeordnet werden.

Die Bedeutung des Feuchtigkeitsgehalts in Dämmplatten wird sonst häufig überschätzt. Erst bei sehr hohen, volumenbezogenen Feuchtigkeitsgehalten ist – wie das Diagramm zeigt – mit einer erheblichen Verschlechterung des Wärmeschutzes – d.h. einer deutlichen Zunahme der Wärmeleitfähigkeit zu rechnen.

## 7.2 Schäden an den Details begrünter Flachdächer

### 7.2.1 Undichtheiten durch Überschütten des Abdichtungsrandes

#### Sachverhalt

Die über die Fassadenflucht eines aufgehenden Mehrfamilienhauses hinausreichende ebenerdig angeordnete Decke einer Tiefgarage wurde zum Teil als Fluchtwegfläche genutzt, war aber überwiegend als Gartenfläche intensiv begrünt. Die Stahlbetonaußenwände der Tiefgarage wiesen eine deutliche Randaufkantung (Attika) auf, die bis ca. 20 cm über Oberkante Belag reichte. Eine Attikaabdeckung war nicht vorgesehen, sondern der Sichtbeton war dachseitig mit einem Rücksprung zur Aufnahme des Abdichtungsrandes versehen (siehe Abb. 7.22–7.23). Die Randaufkantung der Bitumenbahnenabdichtung war mit einer einfachen Aluminiumklemmschiene in größeren Abständen im Rücksprung des Betonuntergrundes angedübelt worden. Die Abdichtung reichte etwa bis zur Oberkante Belag bzw. Erdsubstrat der Begrünung. Im Bereich der Zuwegungen zur Fläche waren noch höhere Überschüttungen ausgeführt, um ohne Schwelle die begrünte Fläche betreten zu können.

In der Tiefgarage kam es zu Wasserabtropfungen, die auf Undichtheiten der begrünten Fläche hindeuteten.

#### Ursachen

Aufgrund der einfachen Klemmschienenverwahrung der Abdichtung unter dem Attikarücksprung war der Abdichtungsrand zwar gegen abtropfendes Regenwasser gesichert, nicht aber gegen die Dauerwasserbelastung unter den Erdüberschüttungen der Zugänge. Wasser konnte daher langanhaltend auf den nicht

**Abb. 7.20:** Teilansicht der begrünten Dachterrassen mit anschließendem Gehweg

**Abb. 7.21:** Höhenlage des Erdsubstrats zur Randabdichtung

**Abb. 7.22:** Einfacher Klemmschienenanschluss mit viel zu großem Befestigungsabstand

**Abb. 7.23:** Lücke am oberen Schienenrand

stauwasserdichten Anschluss einwirken und so zu den Durchfeuchtungen führen. Die besondere Situation der Erdüberschüttungen in Teilbereichen der Attika war also bei der Detailgestaltung nicht ausreichend berücksichtigt worden.

Zudem war die Art der Randverwahrung der Abdichtung nicht fachgerecht. Eine Klemmschiene mit geringer Steifigkeit ist nicht in der Lage, eine Abdichtung linienförmig am Untergrund anzupressen, wenn zudem auch noch der Befestigungsabstand viel zu groß ist.

### Nachbesserung

Der Randanschluss der Abdichtung wurde durch ein steiferes, gekantetes Aluminiumklemmprofil mit Befestigungen im Abstand von max. 20 cm sorgfältiger am Untergrund verdübelt und zusätzlich im verbleibenden Spalt zwischen Klemmschiene und Rücksprung der Betonattika mit einer Dichtstoffphase versiegelt. Im Bereich der beiden Zuwegungen wurden die Erdüberschüttungen am Dachrand beseitigt. Die gartenseitige Erdüberschüttung wurde durch Winkelsteine gefasst, die im Abstand von ca. 30 cm vor der Attika angeordnet wurden. Der Übergang des Weges wurde durch Gitterroste überbrückt.

### Schlussfolgerungen

Auf eine ausreichende Aufkantung des Abdichtungsrandes ist insbesondere auch bei Dachbegrünungen zu achten. Die in den Regelwerken geforderte Höhe von mindestens 15 cm, gemessen ab Oberkante Substratschicht sollte ohne Not nicht unterschritten werden. Deutlich größere Höhen sind empfehlenswert, da bei der gärtnerischen Gestaltung häufig die abdichtungstechnischen Funktionen des Dachrandes nicht berücksichtigt und die ursprünglich vorgesehenen Substrathöhen überschritten werden. Wenn Unterschreitungen der Aufkantung aus funktionellen Gründen notwendig sind (z. B. an Türen), ist auf eine besonders sichere Anflanschung der Abdichtung am wasserundurchlässigen Untergrund, z. B. durch Klemmschienen nach DIN 18 195, Teil 9 (Querschnitt $\geq$ 45 mm x (4–7 mm), Schraubendurchmesser 8 im Abstand von 150–200 mm) zu sorgen und – wie im vorliegenden Fall – z. B. durch Gitterrostrinnen auf das zügige Ableiten des Wassers aus dem gefährdeten Bereich zu achten.

## 7.2.2 Undichtheiten durch Beschädigungen des Dachrandes aufgrund fehlender Schutzschichten

### Sachverhalt

Die intensiv begrünte Dachfläche des eingeschossigen Flachbaus neben einem vielgeschossigen Bürokomplex lag teilweise über Parkplatzflächen, zum Teil aber auch über beheizten Nebenräumen. Über der Ortbetondecke war daher ein Warmdachaufbau ausgeführt worden, der aus einer Bitumenschweißbahn als Dampfsperre, 8 cm Polystyrolpartikelschaum-Wärmedämmung (PS 25), einer ECB-Kunststoffdichtungsbahn (2 mm dick, lose liegend), 6 cm Schutzbeton über Polyethylentrennfolie, und darüber aus dem intensiv begrünten Dachaufbau mit Dränschichten, Filtervlies und Erdsubstrat bestand. Die Kunststoffdachbahn war an den Dachrändern bis ca. 15 cm über Oberkante Substrat aufgekantet und unter den Abdeckungen der anschließenden Attiken bzw. aufgehenden Bauteilen verwahrt.

Insbesondere an den Fugen zwischen den Attikafertigteilen und der Stahlbetondecke kam es nach einigen Jahren Standzeit zu umfangreichen Abtropfungen. Auch aus Fugen und Schwindrissen im Deckenbeton trat – meist in der Nähe der Randanschlüsse – kalkangereichertes Wasser in die Innenräume aus. Die Nutzer berichteten, dass nicht bei allen Niederschlägen Schäden auftraten, sondern jeweils nur bei Schlagregen mit starkem Wind aus bestimmten Richtungen.

### Ursachen

Wenn verstärkte Abtropfungen unter Flachdächern jeweils nur bei Schlagregen aus ganz besonderer Richtung auftreten, so ist dies meist schon ein wichtiger Hinweis darauf, dass in der Regel nicht die Dachfläche selbst, sondern die schlagregenbewitterten Dachränder bzw. aufgehenden Bauteile schadensursächlich sind.

Im vorliegenden Fall konnten dann auch Beschädigungen in der Kunststoffdichtungsbahn oberhalb des Begrünungsaufbaus festgestellt werden. Die Beschädigungen rührten wahrscheinlich von gärtnerischen Arbeiten her. Sie konnten entstehen, da zwar die horizontale Fläche der Abdichtung mit einem Schutzestrich versehen war, die aufgehenden, aufgekanteten Bereiche aber völlig ungeschützt waren. Dieser mangelnde Beschädigungsschutz ist die eigentliche bautechnische Mangelsituation, die hier zum Schaden führte.

### Nachbesserung

Da – wie stichprobenartige Untersuchungen zeigten – die Wärmedämmung nur geringfügig durch den Schaden betroffen war, konnte sich die Nachbesserung auf die Abdichtungsränder beschränken. Die Abdichtungen wurden bis zum Übergang zur horizontalen Fläche freigelegt und die Attikaabdeckungen demontiert und durch Überschweißen von Flicken repariert.

Zum Schutz wurden Bautenschutzmatten (6 mm dick) mit 20 cm Überlappung zum Schutzestrich eingebaut. Diese Matten wurden mit einer Blechabdeckung an den Untergrund geklemmt, die zugleich auch die optische Verkleidung der Bautenschutzmatte bis zur Oberfläche des Erdsubstrats darstellte.

### Schlussfolgerungen

Abdichtungen auf genutzten Dachflächen müssen gegen mechanische Beschädigungen geschützt werden. Darauf weist DIN 18 195 in den Teilen 5 und 10 ausdrücklich hin. Dies gilt erst recht für begrünte Dachflächen, bei denen mit gärtnerischen Arbeiten selbst dann zu rechnen ist, wenn zwischen der Begrünung und den anschließenden Bauteilen ein Kiesrandstreifen angeordnet wird. Dieser muss nämlich erfahrungsgemäß in regelmäßigen Abständen vom beginnenden Pflanzenwuchs freigehalten werden.

**Abb. 7.24:** Nicht ausreichend gegen Beschädigung geschützte Randaufkantung einer Abdichtung aus beschieferten Bitumenbahnen (zugleich ein weiteres Beispiel für nicht auf den Abdichtungsrand abgestimmte Auffüllhöhe des Substrats (siehe 7.2.1))

Als Schutz gegen mechanische Beschädigung können Bautenschutzmatten (Matten aus Gummigranulat), bei Extensivbegrünungen ggf. Geotextile (Flächengewicht mindestens 300 g/m²), aber auch Blechabdeckungen und andere Verkleidungen verwendet werden. Bei wärmegedämmten Dachkonstruktionen eignen sich auch gut senkrecht angeordnete Perimeterdämmplatten, die allerdings über dem erdberührten Bereich gegen UV-Strahlung, z. B. durch Blechabdeckungen, geschützt werden müssen.

Die im dargestellten Fall verwendeten Schutzestriche hatten hier nicht zum Schaden geführt. Sie sind aber prinzipiell aus Gründen, die bereits z. B. im Schadensfall 7.1.5 beschrieben worden sind, ungünstig. Und zwar nicht nur wegen der von den Schichten ausgehenden Sintervorgängen, sondern auch, weil von den Schutzbetonschichten Beschädigungsrisiken – gerade an den Dachrändern – ausgehen. Insbesondere, wenn eine wenig flexible Abdichtung in der Aufkantungskehle nicht hinterlegt ist (z. B. Dreieckskeil 6 x 6 cm) und daher hohl liegt, und wenn der Schutzestrich keine Randstellstreifen, z. B. aus Polystyrolpartikelschaum, aufweist, ist das Beschädigungsrisiko durch die Estrichschicht selbst groß. Das gilt ganz besonders auch für dünne, perforationsempfindlichere, einlagige Kunststoffdachbahnen, wenn die Randverwahrung in der Kehle nicht ausgeführt wird.

## 7.2.3 Undichtheiten durch Unterwachsung der Randverblechungen

### Sachverhalt

Die Dächer der eingeschossigen Pausengebäude eines großen Schulkomplexes waren als intensiv begrünte Flächen über Stahlbetondecken ausgeführt worden.

Der Abdichtungsaufbau bestand aus einer Warmdachkonstruktion mit Bitumendachdichtungsbahnen, die bis zum Rand der Attiken aufgekantet waren. Die Attiken überragen das Erdsubstrat um ca. 10 bis 15 cm. Nach einigen Jahren kam es zu Durchfeuchtungen entlang der Dachränder. Wasser tropfte z. B. im Bereich der Fenster der WC-Anlagen aus der Decke.

### Ursachen

Die Ortsbesichtigung ergab, dass die Intensivbegrünung ohne Kiesrandstreifen ausgeführt war, d. h. der begrünte Bereich reichte unmittelbar bis zum mit Verblechungen versehenen Dachrand. Zudem war die gesamte aus Gras und Büschen bestehende Begrünungsfläche offensichtlich seit Jahren nicht mehr gepflegt worden. Die Pflanzen hatten daher zum Teil die Randverblechungen unterwachsen und verbogen, so dass über die Dachränder Wasser in die Konstruktion einlaufen konnte. Wesentliche Ursachen des Schadens waren demnach der fehlende Sicherheitsabstand zwischen der Begrünung und den Randanschlüssen sowie eine völlig unzureichende Wartung des intensiv begrünten Daches. Der Schaden wäre allerdings nicht im gleichen Umfang aufgetreten, wenn die Abdichtung nicht nur bis zur Hinterkante der Attika aufgekantet worden wäre, sondern bis zur Fassadenaußenseite weitergeführt worden wäre. Dann hätten nämlich Lücken im Bereich der Blechabdeckungen nicht gleich zu Undichtigkeiten des Daches führen können.

### Nachbesserung

Die Intensivbegrünung war auf einem 50 cm breiten Streifen entlang der Dachränder zu entfernen und durch Winkelsteine von einem ca. 50 cm breiten Kiesrandstreifen (Körnung 16/32) zu trennen. Die Blechabdeckungen waren zu richten.

### Schlussfolgerungen

Wenn Intensivbegrünungen auch grundsätzlich der Wartung bedürfen, sollte man sich nicht darauf verlassen, dass bei diesen gärtnerischen Pflegearbeiten die Rändern freigehalten werden. Grundsätzlich sollte zwischen den Begrünungen und den empfindlichen Dachrändern ein Sicherheitsabstand – ein Randstreifen – von der Begrünung freigehalten werden. Darauf weisen die Begrünungsrichtlinien [24] auch deutlich hin. Sinnvoll ist ein Abstand von ca. 50 cm, der dann mit Kies – bei höheren Gebäuden und bei niedrigeren Attiken ggf. mit Gehwegplatten belegt werden sollte. Ein solcher Abstand ist auch erforderlich, damit die Begrünung auch brandschutztechnisch als „harte Bedachung" gilt. Die Begrünung muss dann vom Kiesstreifen durch eine Randeinfassung getrennt werden. Häufig werden dazu Winkelsteine oder Bordsteine im Verlegemörtel verwendet. Dann muss allerdings darauf geachtet werden, dass trotz dieser Randsteine der Kiesrand zu den Abläufen hin zügig entwässern kann (siehe Schadensfall 7.2.4).

**Abb. 7.25 (oben links):** Völlig überwuchertes Pausenhofdach – im Vordergrund ein Fallrohrlüfter der Schüler-WCs

**Abb. 7.26 (oben rechts):** Hinterwachsener Dachrand

**Abb. 7.27 (rechts):** Sachgerechter Kiesrandstreifen

Falls nicht Dachbahnen mit hohem Durchwurzelungswiderstand verwendet werden, sondern der Wurzelschutz durch eine eigene Wurzelschutzbahn ausgebildet wird, sollte diese nicht im Bereich der Randsteine der Begrünung enden, sondern auch den Kiesrandstreifen mit erfassen. Dies ist eine weitere Sicherheitsmaßnahme, um auch bei mangelhafter Wartung des Daches Schäden durch ungeplantes Pflanzenwachstum im Bereich der Kiesrandstreifen möglichst zu vermeiden.

## 7.2.4 Undichtheiten durch mangelhafte Entwässerung von Kiesrandstreifen

### Sachverhalt

Im eingeschossigen Vorbau eines vielgeschossigen Bürogebäudes war eine Bankfiliale untergebracht. Die Stahlbetondecke dieses Vorbaus war als intensiv begrünte Flachdachfläche mit Oberlichtern zur natürlichen Ausleuchtung der Kassenhalle ausgestattet. Die Konstruktion war als Warmdach mit mehrlagiger Bitumenbahnenabdichtung ausgeführt. Vor den aufgehenden Fassadenbauteilen waren Kiesrandstreifen ausgebildet. Die Winkelsteine zur Abtrennung des Kiesrandes von der Intensivbegrünung waren in Kalkzementmörtel unmittelbar auf einer Bautenschutzmatte versetzt worden, die die Abdichtung vor mechanischer Beschädigung schützen sollte. Innerhalb des durch die Winkelsteine abgegrenzten Bereichs war eine Wurzelschutzbahn auf PVC-weich (0,6 mm) als Anstauwanne verlegt. Nach einiger Zeit kam es nach starken Regenfällen zu Abtropfungen in den Kassenräumen.

### Ursachen

Es konnte festgestellt werden, dass bei starken Regenfällen das Wasser im Kiesrandstreifen so hoch anstaute, dass es an den Befestigungspunkten der aufgehenden vorgehängten Fassade die Abdichtung hinterlief und dann ins Gebäudeinnere gelangte. Die Befestigungspunkte waren nämlich nur recht sporadisch mit Spachtelmasse an die Abdichtung angedichtet worden und lagen nur 2 bis 3 cm über Oberkante Kiesrandstreifen.

Die wesentliche Ursache war allerdings die mangelhafte Entwässerung des Kiesrandstreifens. Das Dach hatte zwar zwei Abläufe; diese lagen allerdings mittig im intensiv begrünten Bereich. Das an der zur Wetterrichtung hin orientierten Fassade in großen Mengen herablaufende Schlagregenwasser konnte daher nicht zügig vom Kiesrandstreifen zu den Abläufen gelangen und staute sich an, insbesondere da das Fassungsvermögen der Abläufe durch Kalksinterschichten vermindert war. In der Untermörtelung der Winkelsteine waren zwar Dränrohrstücke zur Entwässerung des Randes eingebaut – diese waren aber an den Abläufen durch die Wurzelschutzbahn verschlossen.

Es lag also – wie in vielen Fällen – eine Überlagerung mehrerer Ursachen vor. Die Randaufkantungen der Abdichtung waren durch Fassadenbefestigungen perforiert. Zugleich lagen Mängel in der Entwässerung vor.

### Nachbesserung

Die Wärmedämmung des Daches war durch die Undichtigkeiten nicht wesentlich durchfeuchtet. In der Fläche musste daher nicht nachgebessert werden. Die Anschlüsse der Abdichtung an die Fassaden wurden freigelegt und sorgfältiger durch Dichtmanschetten an den Durchdringungspunkten abgedichtet. Die Dränrohrleitungen als Verbindung zwischen dem Kiesrand und den Revisionsschächten wurde so umgestaltet, dass die Entwässerung nicht mehr behindert war.

In den Zonen mit tief liegenden Durchdringungen wurde der Kiesrand in deutlich geringerer Höhe ausgeführt, um einen größeren Sicherheitsabstand zwischen

**Abb. 7.28:** Kiesrandstreifen mit stehendem Wasser

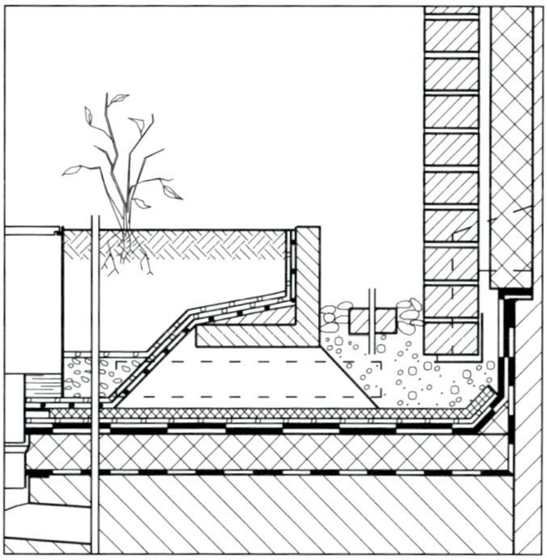

**Abb. 7.29:** Schnitt durch die Randstreifen und Entwässerungssituation

**Abb. 7.30:** Dränrohr in der Untermörtelung der Winkelsteine

**Abb. 7.31:** Zu niedrige und an Befestigungspunkten undichte Abdichtungsrandaufkantung

Kiesoberfläche und Durchdringungen zu erhalten und um Entwässerungsstörungen besser sichtbar zu machen.

## Schlussfolgerungen

Wie der Schadensfall zeigt, ist bei begrünten Dächern auf die zügige Entwässerung des Kiesrandstreifens zu achten. Das gilt besonders dann, wenn die Dränschichten der Intensivbegrünung nicht bis in den Kiesbereich hereinreichen, wenn aufgehende Fassaden eine hohe Wasserbelastung bei Schlagregen erwarten lassen und wenn zudem auch noch die Abdichtungsränder nur knapp über den Belagsschichten enden (z. B. bei Terrassentüren) oder – wie im vorliegenden Fall – durch Befestigungen perforiert sind.

### 7.2.5 Undichtheiten durch überlaufende Entwässerungsrinne einer Extensivbegrünung

#### Sachverhalt

Die ca. 28° geneigten Dachflächen einer Wohnanlage waren zum Teil als extensiv begrünte Pultdächer ausgeführt worden. Es wurde auf einer Balkenlage mit Brettschalung eine Warmdachkonstruktion mit Kunststoffdampfsperre, 12 cm Wärmedämmung und Kunststoffdachbahn ausgeführt. Zur Lagesicherung der Intensivbegrünung waren Holzroste aufgelegt worden, die bis in die als Rinne ausgebildete Randaufkantung der Außenwand geführt und so vor dem Abrutschen gesichert war. Der Dachrand war mit einer Blechabdeckung versehen. Die Fassaden des Gebäudes bestanden aus Mauerwerk und Wärmedämmverbundsystem.

Nach zwei Jahren Standzeit kam es zu extremen Durchfeuchtungen der Außenwände, die zur Unbenutzbarkeit von Wohnungen führten.

#### Ursachen

Die Feuchteschäden sind durch das Überlaufen der Regenrinne entstanden. Die Kehle der am Dachrand aufgekanteten, aber nicht bis über die Außenkante der Fassade geführte Kunststoffdichtungsbahn sollte durch einen Kiesrandstreifen von der unmittelbaren Begrünung frei gehalten werden und so als Rinne dienen. Aufgrund von Abschwemmungen war praktisch aber der gesamte Rinnenbereich mit Substrat zugesetzt. Weiterhin behinderte der Holzrost die Entwässerung.

Da zudem noch der einzige Ablauf sehr eng am hinteren Rinnenende angeordnet und durch eine Lochblechabdeckung zusätzlich in seiner Aufnahmefähigkeit reduziert war und weiterhin ein Überlauf fehlte, konnte das Wasser bei starkem Regen die Rinne überlaufen, unter der Blechabdeckung des Dachrandes in den Spalt zwischen Wärmedämmverbundsystem und Mauerwerk gelangen und dann an Fensteranschlüssen und Aufstandsflächen des Mauerwerks zu den sehr extremen Durchfeuchtungen in den Wohnungen führen.

Als wesentliche Ursache ist eine völlig unzureichende Dimensionierung und Entwässerung der Rinne sowie eine mangelhafte Endigung der Abdichtung zu nennen.

**Abb. 7.32:** Teilansicht der Traufe

**Abb. 7.33:** Durch eine Lattenstützkonstruktion und den zugesinterten Kiesrandstreifen ist das Fassungsvermögen der viel zu flachen Rinne reduziert.

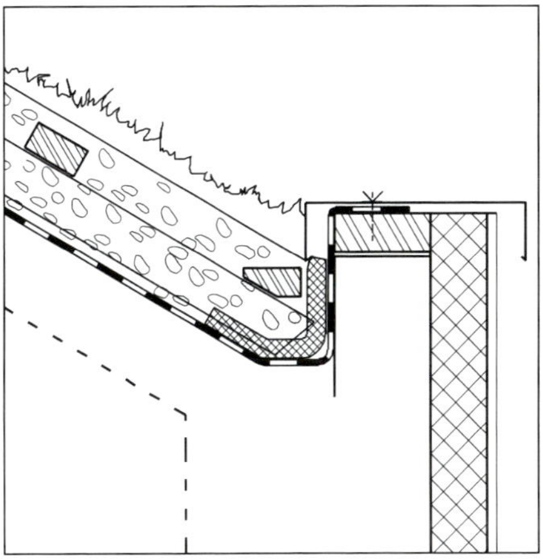

**Abb. 7.34:** Schnitt durch die Traufsituation

**Abb. 7.35:** Extreme Feuchtigkeitsschäden in den Außenwänden unter der Traufe

## Nachbesserung

Entlang der Rinnenränder musste die Extensivbegrünung völlig aufgenommen werden. Es musste für eine andere Form der Rutsch- und Schubsicherung der Extensivbegrünung auf dem Untergrund gesorgt werden (siehe dazu die Begrünungsrichtlinien [24], Abschnitt 5.10). Der Dachrand war so weit zu erhöhen, dass eine nach DIN EN 12 056-3 und DIN 1986-100 bemessene Rinne ausreichender Breite und Höhe entstand bzw. ein entsprechend bemessenes Dränrohr

## Schlussfolgerungen

Der Schadensfall zeigt zum einen erneut deutlich die negativen Folgen von Verlegemörtel- oder Schutzbetonschichten in genutzten Dachflächen, die – wenn eben möglich – vermieden werden sollten, da die sonst absehbare Sinterbildung erhebliche Probleme hervorruft.

DIN 18195 weist in Teil 5 ausdrücklich darauf hin, dass Abläufe zu warten sind und daher einfach zugänglich sein müssen; dies gilt ganz besonders, wenn mit einem Zusetzen der Abläufe gerechnet werden muss.

## 7.2.7 Schäden an Pkws durch vom Dachrand verfrachteten Kies einer Extensivbegrünung

### Sachverhalt

Mehrere viergeschossige Mietwohngebäude waren mit flach geneigten Pultdächern ausgestattet worden, die deutlich über die Fassaden ragten und aus formalen Gründen eine möglichst schmale Seitenansicht aufweisen sollten. Die belüftete, zweischalige Holzunterkonstruktion mit Bitumendachbahnenabdichtung erhielt eine extensive Begrünung. Damit der Dachrand trotz des Begrünungsaufbaus möglichst schmal erscheint, endete die Begrünung ca. 50 cm vor dem Dachrand und wurde durch einen aufgekanteten Lochblechstreifen begrenzt, dessen äußerer Schenkel zur Lagesicherung lediglich mit Kies (Körnung 16/32) beschwert wurde. Die Dachkante wies nur eine äußerst geringe, 2 bis 3 cm ho-

**Abb. 7.38:** Zum Dachrand verfrachtete Kieskörner

**Abb. 7.39:** Nahaufnahme der Dachecke mit bereichsweise völlig verwehter Kiesschüttung

he Blechrandaufkantung auf. Bei stärkerem Wind wurden Kieskörner vom Dach geweht und beschädigten parkende Autos. Passanten kamen glücklicherweise nicht zu Schaden.

### Ursachen

Der Kies war durch den Wind über die Dachränder verfrachtet worden, da das Gebäude deutlich über 8 m hoch war und da Randaufkantungen fehlten, die den Kies hätten zurückhalten können.

### Nachbesserung

Die Kiesränder waren völlig zu entfernen. Die Lochblechwinkel entlang des Randes der begrünten Zone waren mit ihrem horizontalen Schenkel unter die Begrünung zu schieben und durch Bitumenbahnenstreifen auf der Dachhaut zu fixieren.

### Schlussfolgerungen

Dachflächen können hohen Windsogkräften ausgesetzt sein, die von der geographischen Situation (Windzonen nach DIN 4131) sowie der Gebäudehöhe und -geometrie abhängig sind. Die höchsten Kräfte treten dabei an den Rändern und besonders in den Dachecken auf. Die baupraktischen Konsequenzen für Flachdächer sind sehr detailliert in den Flachdachrichtlinien [9] beschrieben. Aus den dort aufgeführten Tabellen ist zu ersehen, dass durch Kiesauflast selbst bei niedrigen Gebäuden (< 5 m) und selbst in der geringsten Windzone I mindestens 8 cm hohe Kiesschüttungen notwendig sind, um der Sogbeanspruchung durch Last entgegenzuwirken. Die Begrünungsrichtlinien [24] weisen in Abschnitt 5.8 darauf hin, dass in der Regel bei begrünten Dächern günstigere Randbedingungen vorliegen als bei nicht begrünten Dächern. Daher sind Sturmschäden selten. Trotzdem ist Kies selbst bei geringer Gebäudehöhe nicht lagesicher – er kann bei niedriger Dachkante über den Rand verfrachtet werden. Rasengittersteine sind dann die richtige Lösung.

Für Umkehrdächer machen die Bauaufsichtlichen Zulassungen [21] genauere Angaben: Für den Randbereich des Flachdachs, der mit $\frac{b}{8}$ der Breite des Flachdachs bzw. mindestens jedoch 1 m definiert ist, können nur bis zu einer Gebäudehöhe von 8 m Kiesschichten verwendet werden. Darüber sind z.B. Betonplatten (Gehwegplatten 0,35 x 0,35 x 0,06 m) in Kies (Körnung 8/16) einzubauen.

Zur Fixierung des Randstreifens eines Begrünungsaufbaus ist demnach eine Kiesschüttung allein ungeeignet. Der Randstreifen muss daher auf andere Weise mechanisch oder durch Einkleben in seiner Lage gesichert werden.

### 7.2.8 Undichtigkeiten durch den Abdichtungsanschluss an Winkelelemente

#### Sachverhalt

Die über einer eingeschossigen Tiefgarage liegende Hoffläche eines Amtsgebäudes wurde zum Teil als Parkplatz und zum Teil als intensiv begrünte Dachfläche genutzt. Der intensiv begrünte Bereich war vom Parkplatzbereich durch winkelförmige Stahlbetonfertigteile abgetrennt (Abb. 7.40). Die 30 cm dicke Stahlbetondecke war über hohen Gefällebetonschichten mit Bitumenbahnen abgedichtet. Im intensiv begrünten Bereich war dann über weiteren Schutzbeton- und Gefälleausgleichsschichten eine PVC-Wurzelschutzbahn für Anstaubewässerung ausgeführt, darüber dann eine Dränschicht, Filtervlies und Erdsubstrat mit Intensivbegrünungen. Im Gebäude kam es zu sehr erheblichen Durchfeuchtungen im dritten Jahr der Standzeit.

#### Ursachen

Sowohl an der Grundstücksgrenze zu den angrenzenden Baugrundstücken als auch als Abgrenzung zwischen dem Parkplatz und dem intensiv begrünten Bereich waren Stahlbetonfertigteile als Winkelelement auf die Gefällebetonschichten aufgestellt worden. Die Abdichtung der Decke war dann an den Winkelsteinen hochgeführt und bis ca. 5 cm unter Oberkante Erdsubstrat weitergeführt worden. Die Wurzelschutzbahn endete etwa in Höhe der Oberkante der Winkelelemente. Es wurde völlig übersehen, dass Winkelsteine aus Einzelelementen bestehen, die Fugen aufweisen, die nicht dicht sind und auch durch Überstreichen mit Dichtstoffen nicht dauerhaft dicht gemacht werden können. Über diese Fugen gelangte Niederschlagswasser in größeren Mengen unter die Abdichtung. Es sickerte auf dem Stahlbetondeckenuntergrund und gelangte über Durchbrüche und Risse in der Stahlbetondecke ins Gebäudeinnere.

#### Nachbesserung

Die Konstruktion des Daches musste vollständig geändert werden. Da der Ausbau der Winkelelemente extrem aufwändig ist, mussten die Winkelstein vollständig abgeklebt und anschließend dann wiederum optisch ansprechend verkleidet werden. Bei höheren, als Grenzwände benutzten Winkelelementen mussten zumindest sämtliche Fugen mit breiten Bahnenstreifen abgeklebt und anschließend optisch zufriedenstellend abgedeckt werden.

#### Schlussfolgerungen

Der Schadensfall zeigt in typischer Weise zunächst die großen Probleme von sickerfähigen Schichten unterhalb der Abdichtung. Das ggf. nur an einer Stelle in

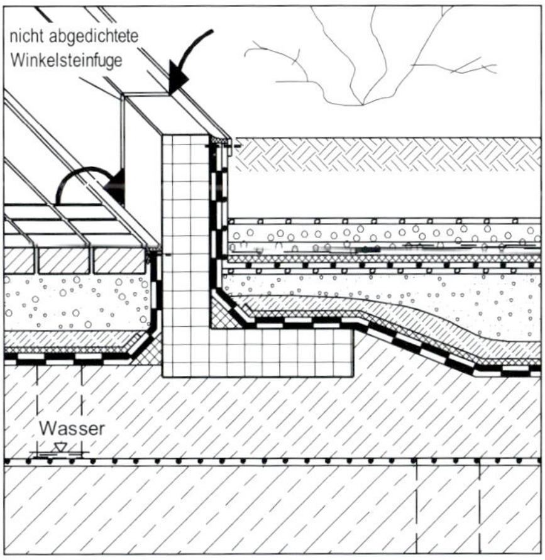

**Abb. 7.40 (oben links):** Teilansicht des Winkelelementrandes der Intensivbegrünung

**Abb. 7.41 (oben rechts):** Konstruktive Gesamtsituation (Zeichnung)

**Abb. 7.42 (rechts):** Nicht verschlossene Winkelelementfuge

die Konstruktion eindringende Niederschlagswasser kann über sehr lange Strecken auf der gefällelos ausgeführten Stahlbetondecke – in diesem Fall in der Ebene des Gefällebetons – sickern und an weit entfernten Stellen im Gebäudeinneren austreten. Die Lecksuche ist insofern bei solchen Konstruktionen höchst aufwändig. Gerade bei genutzten Dächern mit großen Aufbauhöhen sind entweder Verbundkonstruktionen, bei denen die Abdichtung unmittelbar auf dem Betonuntergrund vollflächig verklebt ist, oder aber bei Warmdachaufbauten Dachkonstruktionen mit hohlraumfrei in Bitumen verlegten Schaumglasdämmplatten zu empfehlen, da dann die Unterläufigkeit erheblich minimiert – bis nahezu völlig ausgeschlossen – werden kann.

Der Anschluss von Abdichtungen an Winkelelementkonstruktionen ist nicht abdichtbar und sollte daher grundsätzlich nicht vorgesehen werden. Die Abdichtung muss solche Bauteile unterfahren.

# 8 Typische Schadensfälle bei Parkdächern

## 8.1 Schäden an Ortbetonbelägen

Ortbetonplatten werden seit vielen Jahrzehnten als Fahrbeläge bei Parkdächern angewendet. Da bei oberseitig wärmegedämmten Parkdächern, zumindest im Warmdachaufbau z. B. unter Betonsteinpflaster- oder Asphaltbelägen, eine lastverteilende Betonplatte in der Regel notwendig ist, liegt es nahe, diese Betonschicht auch unmittelbar als Fahrbelag zu nutzen. Im Vergleich zu den alternativen Belägen, wie kleinformatige Betonfertigteilplatten, Betonsteinpflaster oder Asphalt weisen sie die größte Lagestabilität auf. Es gibt bei richtig bemessenen Ortbetonplatten durch Radlasten weder Verschiebungen, Verdrehungen noch Wackeln oder Eindrückungen.

Dennoch zeigen auch Ortbetonbeläge Schäden, die u. U. zu aufwändigen Sanierungen oder sogar zum Entfernen des gesamten Dachaufbaues mit einem kompletten Neuaufbau führen. Schadensursächlich sind zum einen Mängel in der Betonplatte selbst (z. B. ungünstige Zusammensetzung, Einbaufehler, ungenügende Nachbehandlung), zum anderen Fehler im Parkdachaufbau mit nachteiligen Auswirkungen nicht nur auf den Belag, sondern auch auf die Abdichtung und/oder die Wärmedämmplatten.

Häufig addieren sich die Fehler aus beiden Bereichen, so z. B. wenn eine Ortbetonplatte zu dünn dimensioniert ist (Fehlerbereich Aufbau) und außerdem die Platte sich an den Ecken aufschüsselt und dort reißt (Fehlerbereich Mängel in der Platte als Folge ungenügender Nachbehandlung). Nachfolgend werden typische Beispiele aus beiden Fehlerbereichen dargestellt und Empfehlungen gegeben, wie Schäden zu vermeiden sind.

Ortbetonplatten können sowohl im Schichtenaufbau von Warmdächern als auch von Umkehrdächern gebaut werden.

### Kenndaten

- Abmessungen der Ortbetonplatte: Die Platte bei reiner Pkw-Belastung hat eine Dicke d = 10–12 cm (Einzelheiten zur Bemessung siehe 5.2.4), sie sollte nach Möglichkeit eine quadratische Grundfläche von ca. 2,50 m x 2,50 m haben, [66] empfiehlt eine Seitenlänge von 25–30 d (2,50–3,50 m).
- Die Anforderungen an die Betonqualität und über das Mindestgefälle siehe 5.2.5.2. bzw. 8.1.1.1.

- In einem Aufbau als Warmdach werden als Trenn- und Gleitschicht zwischen Abdichtung und Betonplatte üblicherweise zwei Lagen PE-Folien 0,2 mm oder die Kombination PE-Folie plus eine 3 mm dicke Schaumstoffmatte verwendet. [47] empfiehlt die Verwendung von zwei Lagen PE-Folien 0,3 mit einer Mindestreißfestigkeit von 15 N/mm$^2$ und einer Reißdehnung von 250 %.
- In einem Umkehrdachaufbau ist die Kombination aus Ortbetonplatten auf Extruder-Wärmedämmplatten (XPS) bauaufsichtlich mit bestimmten Anforderungen zugelassen [21] (Ausführung E). Dazu gehören ein Mindestgefälle in der Abdichtungsebene und den darüber liegenden Schichten von > 2,5 % sowie die Forderung, dass die Fugen zwischen den Ortbetonplatten gegen das Eindringen von Wasser geschlossen zu halten sind. Als Trennschicht wird ein diffusionsoffenes Kunststoffvlies mit einem Flächengewicht von 150 g/m$^2$ verwendet [21].

Als Wärmedämmung sollten möglichst Produkte mit hoher Langzeitdruckfestigkeit (bei einer Stauchung < 2 %) verwendet werden, wie z. B. Schaumglas und Extruderschaum (siehe 5.2.4.2). Über den Einsatz von Dämmstoffen mit niedrigeren Werten für die Langzeitdruckfestigkeit liegen bei den Verfassern keine verlässlichen Langzeiterfahrungen vor.

## 8.1.1 Schäden an der Betonoberfläche

### 8.1.1.1 Abplatzungen in der Oberfläche von Ortbetonplatten wegen fehlender Frost- und Tauwasserbeständigkeit

#### Sachverhalt

Einige Ortbetonplatten eines großen Parkdaches wiesen bereits nach dem ersten Winter großflächige Abplatzungen in der Plattenoberfläche auf. Diese Abplatzungen hatten eine Schichtdicke bis zu etwa 2 mm und erfassten hauptsächlich den Feinkornbereich der Oberfläche.

Auffällig war die Tatsache, dass die schadhaften Platten vereinzelt in der Parkdachfläche lagen und direkt benachbarte Platten keine Schäden aufwiesen. Der Zustand der Plattenoberfläche hatte sich in den darauf folgenden Jahren unwesentlich verschlechtert.

#### Ursachen

Bei dieser typischen Oberflächenstruktur im Schadensbereich war davon auszugehen, dass es sich um Schäden aufgrund von Frost-Tausalzeinwirkung handelte. Typisch war z. B. die herausgebrochene Feinmörtelschicht über den widerstandsfähigeren nicht geschädigten groben Kieskörnern. Weiterhin typisch war auch das Erscheinungsbild schadhafter und völlig einwandfreier Platten direkt nebeneinander, was mit dem Betonieren zu unterschiedlichen Zeiten zusammenhing. In [105] werden Untersuchungsmethoden zur Ermittlung des Frost-Tausalz-Widerstands von Betonplatten beschrieben.

Die Ursachen für Frost-Tausalzschäden und deren Vermeidung wurden im Laufe der letzten Jahrzehnte in zahlreichen Bauschadens- und Forschungsberichten intensiv behandelt. Diese Schäden entstehen an Betonoberflächen, die in durchfeuchtetem Zustand häufigen und schroffen Frost-Tauwechseln sowie gleichzeitig den Einwirkungen von Tausalzen ausgesetzt sind. Da es zum Einsatz von aggressiven chloridhaltigen Tausalzen zur Zeit noch keine Alternative gibt, sind Maßnahmen zur Vermeidung nur in einer geeigneten Zusammensetzung und Verarbeitung des Betons zu suchen. Entsprechende konkrete Anforderungen an die Zusammensetzung und Verarbeitung gab es bereits zum Zeitpunkt der Herstellung des Parkdaches in der DIN 1045-88 unter Punkt 6.5.7.4 „Beton mit hohem Frost- und Tausalzwiderstand“.

Frost-Tausalzschäden haben daher in erster Linie ihre Ursache in Verstößen gegen die o. a. Regeln – also Fehlern bei der Zusammensetzung oder Verarbeitung des Betons. Obwohl es sich um ein komplexes Problem handelt, dürften diese Schäden daher eigentlich nicht mehr auftreten. Dennoch werden sie in der Praxis immer wieder hauptsächlich an Ortbetonflächen festgestellt, weniger dagegen an Betonwaren, also fabrikmäßig hergestellten Platten oder Pflastersteinen.

Eine wesentliche Rolle in der Schadensvermeidung kommt dabei dem Einsatz von Luftporenbildnern zu, die im vorliegenden Schadensfall vermutlich nicht oder in zu geringer Dosierung dem Beton zugeführt wurden. Eine andere mögliche Ursache für diesen Schaden ist trotz Zugabe von Luftporenbildnern entstanden, da diese durch eine zu intensive Mischtätigkeit zerstört wurden. Die Wirkungsweise der Luftporenbildner beruht im wesentlichen darauf, dass sie zahlreiche Luftporen mit einem Durchmesser < 0,3 mm im Beton erzeugen. Diese Kugelporen bleiben mit Luft gefüllt und bauen den Druck ab, der im Winter durch das Gefrieren des Kapillarwassers entsteht.

### Nachbesserung

Die Betonplatten mit den größten Frost-Tausalzschäden wurden entfernt und erneuert. Andere Platten, die in den Randzonen des Parkdaches lagen und geringere Schäden aufwiesen, blieben unbehandelt.

### Schlussfolgerungen

Wie erwähnt, gab es bereits in der DIN 1045-88 praxisnahe Anforderungen an die Betonqualität.

In der neuen DIN EN 206-1: 2001-07 Beton Teil 1: „Festlegung, Eigenschaften, Herstellung und Konformität“ [25] und der neuen DIN 1045-2: 2001-07 „Tragwerke aus Beton, Stahlbeton und Spannbeton, Teil 2: Beton-Festlegung, Eigenschaften, Herstellung und Konformität, Anwendungsregeln zu DIN EN 206-1“ [26] wurden Belastungs- und Expositionsklassen eingeführt und diesen erhöhte Anforderungen an den Beton (z. B. Wasserzementwert w/z, Mindestdruckfestigkeit min f, Mindestzementgehalt, Mindestluftgehalt min p usw.) zugeordnet.

- Entsprechend den Beanspruchungsklassen bestehen Mindestanforderungen an die Zusammensetzung und Eigenschaften des Betons
- Betondeckung und Bewehrung: Aufgrund der zahlreichen Korrosionsschäden an der Bewehrung sind die Mindestanforderungen an die Betonüberdeckung wegen der Tausalzeinwirkung erhöht worden.
- Anforderungen an die Bauausführung: In der neuen DIN 1045-3: 2001-07, Teil 3: „Bauausführung“ werden weitere wichtige Anforderungen in Bezug auf die Betonqualität präzisiert, wie z. B. die Zugabe von Zusatzmitteln auf der Baustelle, das Fördern und Verarbeiten des Betons, die Gefrierbarkeit und das Nachbehandeln des Betons.

Eine effektive Nachbehandlung des Betons trägt wesentlich dazu bei, dass eine hohe Festigkeit und Dichtigkeit der Betonoberfläche erzielt wird. Dies ist eine weitere Voraussetzung für einen ausreichenden Frost-Tausalzwiderstand, da Wasser nur in geringer Menge und Tiefe in die Betonoberfläche eindringen kann.

Fazit für die Anforderungen an die Herstellung von Ortbetonplatten in Parkdächern zur Vermeidung von Frost-Tausalzschäden:

- Eine Ortbetondecke muss wegen der Wahrscheinlichkeit, dass Tausalze eingesetzt werden (Expositionsklasse XD3), mindestens die Druckfestigkeitsklasse C 35/45 haben (entspricht einem B 45 der DIN 1045-88).
- Bei Verwendung von Luftporenbildnern muss die Druckfestigkeitsklasse C 30/37 erreicht werden (entspricht einem B 35 nach der DIN 1045-88)
- Die Betondeckung muss bei einer zu erwarteten Verwendung von Tausalz mindestens 4 cm betragen. Für eine 10 cm dicke Betonplatte bedeutet dies, dass die Bewehrung in der Mitte verlegt werden muss. Ist eine obere Bewehrung vorgesehen, so ist die Plattendicke entsprechend zu erhöhen. Dies gilt auch für überdachte Parkdächer.
- Die in der neuen DIN 1045-Teil 3 erwähnten Anforderungen an die Bauausführung, insbesondere eine effektive Nachbehandlung sind zu beachten.

**Abb. 8.1-01:** Schäden an der Betonoberfläche durch Einwirkung von Frost und Tausalzen

**Abb. 8.1-02:** Ortbetonplatten mit Frost-Tausalzschäden direkt neben unbeschädigten Platten

**Tab. 8.1-01:** Übersicht über die Beanspruchung und die Expositionsklassen für Ortbetonplatten in Parkdächern (entsprechend DIN 1045 – Teil 2 [26] und DIN EN 206-1 [25])

| Parkhäuser | | Beanspruchung | Bewehrungskorrosion durch Chloride bei Parkdächern | | | Verkehrsflächen, die mit Taumitteln behandelt werden. | | Mindestdruckfestigkeitsklasse | Betondeckung |
|---|---|---|---|---|---|---|---|---|---|
| | | Expositionsklasse: | XD | | | XF | | $f_{min.}$ | $c_{min.}$ |
| | | | 1 | 2 | 3 | 2 | 4 | N/mm² | mm |
| a) | Offenes Parkdeck/Dachparkdeck: Fahr- bzw. Parkbereich, Schrammborde<br>Frost, Tausalz | | | | X | | X | C30/37 (LP)<br>C35/45 | 40 |
| b) | Offenes Parkdeck/Dachparkdeck: Stützen, Wände, vertikale Bauteile<br>Frost, Tausalzsprühnebel | | | | | | | C25/30 (LP)<br>C35/45 | 40 |
| c) | Geschlossenes/unterirdisches Parkhaus: Fahr- bzw, Parkbereich, Schrammborde | | | | X | | | C35/45 | 40 |
| d) | Geschlossenes/unterirdisches Parkhaus: Stützen, Wände, vertikale Bauteile | | | | | | | C30/37 | 40 |

**Tab. 8.1-02:** Grenzwerte für die Zusammensetzung und Eigenschaften von Beton

| Expositionsklassen | Wasserzementwert max. w/z | Druckfestigkeit mind. f /N/mm2) | Zementgehalt min. z (kg) | Luftporen min. p (Vol.-%) |
|---|---|---|---|---|
| XD3 | 0,45 | C35/45 | 320 | – |
| XF4 | 0,50 | C33/37 | 320 | 4[1)] |
| XM1 | 0,55 | C30/37 | 300 | |

[1)] Bei Größtkorn von 32 mm

### 8.1.1.2 Rissbildung in den Plattenecken durch zu geringe Plattendicke und ungenügende Nachbehandlung

#### Sachverhalt

Zahlreiche Ortbetonplatten eines gedämmten Parkdaches mit Pkw-Verkehr zeigten nach etwa 20-jähriger Liegezeit starke Risse und Abbrüche in den Plattenecken. Es waren dadurch unterschiedlich große Dreiecke entstanden. Die abgetrennten Plattenstücke unter den Radlasten hatten sich schon vor längerer Zeit in die Abdichtung und sogar in die Dämmstoffplatten eingestanzt, und es war dadurch zu größeren Undichtigkeiten gekommen. Diese hat man teilweise zwischenzeitlich repariert und die Plattenzwickel wieder anbetoniert. Die anbetonierten Dreiecke hatten sich erneut von der übrigen Ortbetonplatte abgelöst und waren teilweise völlig zerstört.

#### Ursachen

Die Hauptursache für die Zerstörung der Plattenecken war das Schüsseln der Ortbetonplatten, also das Aufwölben der Betonplattenränder nach oben, besonders der Plattenecken. Dieser Vorgang findet ausschließlich während des Austrocknungsprozesses in den ersten Wochen statt. Der Grund hierfür ist die schnellere Austrocknung an der Plattenoberfläche gegenüber einer wesentlich langsameren an der Plattenunterseite. Hieraus ergibt sich ein unterschiedliches Verformungs- und Spannungsverhalten. Die Plattenoberfläche verkürzt sich stärker als deren Unterseite. Dadurch entstehen oben Zug- und unten Druckspannungen im Beton.

Die tiefere Ursache des Schadens liegt in einer mangelhaften Nachbehandlung der betonierten Fläche, die auf ein möglichst gleichmäßiges Abkühlen und Austrocknen des Betons hinwirken muss. Die äußerst geringe Dicke des Belages von nur 8 cm hat zum einen das Schüsseln verstärkt und zum anderen die Zugspannungen in der Plattenoberseite durch die Radlasten nicht rissefrei aufnehmen können, so dass es zum Brechen der Platten kam.

### Nachbesserung

Wegen der zahlreichen und ständig wiederkehrenden Wassereinbrüche in die Verkaufsräume eines großen Warenhauses entschloss man sich für einen Totalabriss und einen Neuaufbau als Warmdach mit einem Ortbetonbelag von 12 cm Dicke.

### Schlussfolgerungen

In Abb. 8.1-04 ist die überschlägliche Verteilung der Biegezugspannungen unter einer Pkw-Radlast an markanten Punkten einer vollflächig gelagerten Ortbetonplatte, 2,50 m x 2,50 m (ohne Berücksichtigung der Verformungen der Konstruktion) dargestellt.

Die Eckbereiche der Betonplatten sind somit auch ohne den Effekt des Schüsselns rissegefährdeter als alle anderen Plattenbereiche, weil dort an der Plattenoberseite Zugspannungen aus den Radlasten entstehen.

Das Schüsseln kann weitgehend durch eine richtige Nachbehandlung des frischen Betons verhindert werden. In Tabelle 8.1-03 [40] sind die erforderlichen Nachbehandlungsmaßnahmen von Beton aufgeführt.

Der Schutz gegen zu schnelles Austrocknen und Abkühlen des Betons erfordert bei Parkdächern mehr Aufwand als bei normalen Geschossdecken. Die in der „Richtlinie zur Nachbehandlung von Beton" [35] geforderte Zeiten für die Dauer der Nachbehandlung sind um mindestens 50 % zu erhöhen.

**Abb. 8.1-03:** Abgebrochene Ecke einer Ortbetonplatte

**Abb. 8.1-04:** Überschlägliche Spannungsverteilung in der Betonplatte unter Pkw-Radlast

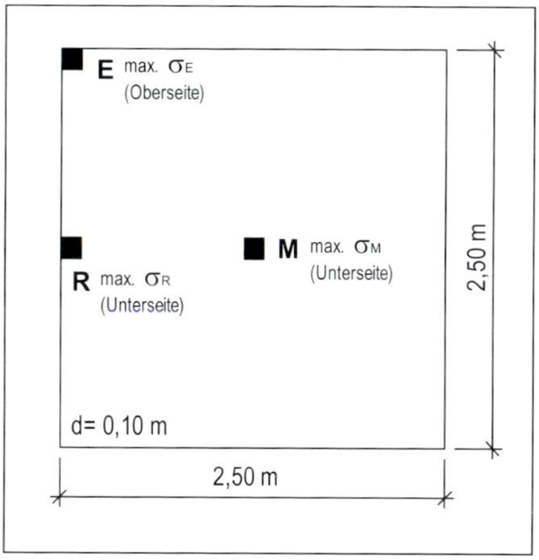

**Tab. 8.1-03:** Nachbehandlungsmaßnahmen von Beton [40]

| Art | | Außentemperaturen in °C | | | | |
|---|---|---|---|---|---|---|
| | Maßnahmen | unter −3° | −3°– +5° | +5° – 10° | 10° – 25° | über 25° |
| Folie/Nachbehandlung/ggf. zusätzlich Wasser | Abdecken bzw. Nachbehandlungsfilm aufsprühen und benetzen; Holzschalung nässen; Stahlschalung vor Sonnenstrahlung schützen | | | | | X |
| | Abdecken bzw. Nachbehandlungsfilm aufsprühen | | | X | X | |
| | Abdecken bzw. Nachbehandlungsfilm aufsprühen und Wärmedämmung. Verwendung wärmedämmender Schalung – z.B. Holz – sinnvoll | | X | | | |
| | Abdecken und Wärmedämmung; Umschließen des Arbeitsplatzes (Zelt) oder Beheizen (z.B. Heizstrahler); zusätzlich Betontemperaturen wenigstens drei Tage lang auf +10°C halten | X*) | | | | |
| | Durch Benetzen ohne Unterbrechung feucht halten | | | | X | |

*) Nachbehandlungs- und Ausschalfristen um Anzahl der Frosttage verlängern, Beton mindestens sieben Tage vor Niederschlägen schützen

### 8.1.1.3 Kantenausbrüche durch frostempfindliche Gesteinskörungen

#### Sachverhalt

In einem kleinen Flächenbereich von ca. 100 m² eines großen Parkdaches waren nach neunjähriger Liegezeit große Kantenausbrüche sichtbar. Sie traten hauptsächlich an den Raumfugen (Abb. 8.1-05), aber auch entlang von Rissen innerhalb der Plattenfläche auf (Abb. 8.1-06). Es begann mit feinen Rissen im Eckbereich parallel zu den Plattenfugen, die immer breiter wurden, bis es schließlich unter den Radlasten nach einer Liegezeit von etwa 5 Jahren zu den ersten schmaleren Abbrüchen kam. Im weiteren Verlauf brachen dann die Plattenränder nicht nur in den Ecken, sondern an der gesamten Fugenlänge aus (Abb. 8.1-07).

Auffällig war die Feststellung, dass solche massiven Ausbrüche nicht nur im Fugenbereich sondern auch innerhalb der Plattenfläche entlang von Rissen (möglicherweise von ursprünglichen Schwindrissen) auftraten.

Das Parkdach lag am Stadtrand einer Großstadt, wobei der Nord- und Nord-ostwind aufgrund der großen Höhe des Gebäudes unbehinderten Zugang zur Parkdachfläche hatte. Der Flächenaufbau in diesem Teilbereich von oben nach unten war folgender:

- Ortbetonplatten, d = 10 cm, Gefälle ca. 1 %
- zwei PE- Folien
- Abdichtung aus zwei Bitumenbahnen
- Wärmedämmplatten aus hochdruckfestem Extruderschaum, d = 10 cm
- Dampfsperre aus einer Bitumenbahn
- Betondecke aus Fertigteilen, Gefälle im Schadensbereich ca. 1 %

### Ursachen

Behinderte thermische Längenänderungen, wie im Schadensfall (8.1.1.4) schieden als Ursache aus. Zum einen war das Schadensbild vor allem aufgrund der Ausbrüche auch innerhalb der Betonplatten ein völlig anderes, zum anderen waren die Plattenlängen zwischen den Raumfugen mit maximal 5 m für diese massiven Ausbrüche nicht groß genug.

Eine weitere mögliche Schadensursache, die Zerstörung der Plattenränder durch intensiven Fahrverkehr in Verbindung mit einer zu geringen Dicke der Betonplatten schied ebenfalls aus. Dazu war die Verkehrsbelastung nicht ungewöhnlich hoch. Außerdem hatten die geschädigten Platten eine Dicke von 10 cm, wie sie auch auf der übrigen Fläche ausgeführt wurde.

Die betroffene Fläche lag im Schatten eines hohen Gebäudes (s. Abb. 8.1-07). Sie erhielt während der gesamten Wintermonate keine Sonneneinstrahlung. Das Gefälle war mit etwa 1 % nur sehr gering ausgebildet, so dass für längere Zeit Wasser auf der Fläche stand und auf sie einwirkte. Stehendes Wasser, das auch öfters gefror, gab es besonders lange in den ausgebrochenen Vertiefungen.

Es konnte davon ausgegangen werden, dass die Hauptursache für die Kantenausbrüche in der Verwendung von nicht frostbeständigen Gesteinskörnungen lag, die unter normalen Standardprüfungen als frostbeständig galten, aber für diese besonderen Beanspruchungen nicht. Für diese Annahme sprach:

- Die schadhafte Fläche lagt im Dauerschatten
- Zu geringes Gefälle mit lange einwirkender Feuchtigkeit und im Winter in Form von Frost durch stehendes Wasser, besonders in den durch die Kantenausbrüche entstandenen Vertiefungen
- In Schadensberichten aus Nordamerika [77] wird seit Jahren von ähnlichen Schäden (Kantenausbrüchen an Fugen und Rissen auf befahrenen Ortbetonplatten) berichtet. Diese Schäden, benannt als „D-cracking“ haben folgende Merkmale:

- Die Ausbrüche entstehen nur an den Plattenfugen und entlang von Rissen innerhalb der Plattenfläche. Bereits in einem geringen Abstand von den Rändern und Rissen ist der Beton völlig unversehrt.
- Erklärt wird das Auftreten der Schäden ausschließlich in den Fugen und Rissen damit, dass dort die Feuchtigkeit, also auch der Frost, wesentlich länger auf den Beton einwirkt. Sie kommen deshalb auch nur in feuchtem Klima mit häufigen Frost-Tauwechseln vor. Begünstigt wird die Schadensentwicklung durch Betonflächen mit geringem Gefälle.
- Es kann mehrere Jahre dauern, bis die Schäden auftreten
- Die Ursache sind Abplatzungen von nicht frostbeständigen, meist gröberen Gesteinskörnungen (Durchmesser > 12 mm und besonders > 18 mm). Nach Schädigung dieser Steine wird schließlich auch das Feinkorn gelockert, so dass es zu Rissen und Ausbrüchen kommt.
- Bemerkenswert ist nun die Tatsache, dass sich diese frostempfindlichen Gesteinskörnungen in den üblichen Standardtests der USA als frostbeständig erweisen. Nur in zeitaufwändigen und bisher nicht eingeführten Tests, wie z.B. dem Washington Hydraulic Fracture Test können diese speziellen Gesteine als nicht geeignet erkannt werden.
- Von ähnlichen Abplatzungen der Zuschlagkörner in Deutschland berichtet [80].

### Nachbesserung

In Teilbereichen mussten die Ortbetonplatten entfernt und erneuert werden.

### Schlussfolgerungen:

Die Gesteinskörnung nimmt im Beton den weitaus größten Volumenanteil ein. Wesentliche Eigenschaften, wie die Frostwiderstandsfähigkeit, werden daher maßgeblich von den Eigenschaften der verwendeten Gesteinskörnungen beeinflusst. Daher muss die Gesteinskörnung ausreichend widerstandsfähig gegen Frostangriffe sein, wenn sie im Beton für Parkdachbeläge eingesetzt wird, der bekanntlich nach der neuen DIN 1045-Teil 2 in der höchst beanspruchten Expositionsklasse XF4 (hohe Wassersättigung mit Taumittel, z.B. tausalzbehandelte Verkehrsflächen) eingestuft wird.

Die in den Standardtests bestätigte Frost- oder Frost-Tausalz-Widerstandsfähigkeit bedeutet nicht, dass eine Gesteinskörnung jedweden Frost- oder Frost-Tausalz-Angriff überstehen kann. Hierzu sagt die DIN 4226:

„Der Widerstand einer Gesteinskörnung gegen Frost muss für den vorgesehenen Verwendungszweck ausreichen. Dabei ist jedoch das Ausfrieren einzelner Körner („pop outs") an freien Betonflächen möglich."

Für die Beurteilung der Gesteinskörnungen sind folgende Normen maßgebend:

- DIN EN 206-1: 2001-07
- DIN 1045-2: 2001-07
- DIN 4226-1 Gesteinskörnungen für Beton und Mörtel:

Teil 1 Normale und schwere Gesteinskörnungen

Sie ersetzen die DIN 1045-88 und die DIN 4226-Teil 1-83

Soweit Parkdachflächen mit Taumitteln behandelt sind (wozu auch die Tausalze gehören), sind sie nach DIN EN 206-1 der Expositionsklasse XF4 zuzuordnen. Die dazu gehörende Anforderungskategorie für eine Gesteinskörnung ist die Kategorie MS18 d.h., dass nach DIN EN 1367-1 z.B. der Magnesiumsulfatwert einen Verlust von max. Gew. 18 % ergeben darf. Zu weiteren Einzelheiten s. die zitierten Normen bzw. den Aufsatz [80].

**Abb. 8.1-05 (oben links):** Im Eckbereich der Raumfugen zeigten sich die ersten Ausbrüche

**Abb. 8.1-06 (oben rechts):** Beginnende Ausbrüche auch entlang von Rissen innerhalb der Ortbetonplatte

**Abb. 8.1-07 (rechts):** Massive Betonausbrüche sowohl an den Raumfugen als auch entlang der Flächenrisse

### 8.1.1.4 Schwindrisse in Ortbetonplatten

#### Sachverhalt

Bereits wenige Tage nach dem Betonieren wurden auf einem Parkdach in der Oberfläche mehrerer Ortbetonplatten schmale Risse sichtbar. Nach dem Erhärten erkannte man den Umfang der Rissbildung:

- Die Risse verliefen ohne eine ausgeprägte Richtung und liefen auf Null aus (Abb. 8.1-08).
- Sie hatten eine Breite von 0,2-0,4 mm und eine Tiefe von 1,0-2,0 cm
- Bemerkenswert war, dass die Fläche mit starker Rissbildung nur eine Größe von etwa 100 $m^2$ hatte. Die angrenzenden Ortbetonplatten wiesen keine oder nur sehr vereinzelt Risse auf.

Es handelte sich um ein Warmdach mit 10 cm dicken Ortbetonplatten, die auf Trenn- und Gleitschichten aus 2 PE-Folien aufbetoniert worden waren. Der Abstand zwischen den 2 cm breiten Raumfugen betrug 12 m, dazwischen wurden Scheinfugen im Abstand von 3 m eingeschnitten, so dass ein Plattenraster von 3m x 3m entstanden war. Die Scheinfugen waren nur etwa 2 cm tief eingeschnitten (Abb. 8.1-09).

#### Ursachen

Bei den Rissen handelte es sich um Schwindrisse. Für die Verarbeitung des Betons war mehr Wasser erforderlich, als für die Hydratation (Wasserbindung durch den Zement) benötigt wurde. Unter Schwinden versteht man die Verkürzung des Betons während des Austrocknungsprozesses als Folge der Verdunstung des Überschusswassers. Das Schwindmaß ist umso größer, je größer die verdunstete Wassermenge beträgt.

Es wird zwischen dem Frühschwinden im Frischbeton und dem Trocknungsschwinden des erhärteten Betons unterschieden. Das Frühschwinden (plastisches Schwinden) tritt innerhalb der ersten Stunden nach dem Betonieren auf, solange der Beton noch plastisch verformbar ist. Das Trockenschwinden dauert von einigen Wochen bis zu mehreren Jahren nach dem Einbau des Betons. In der Frühphase erfolgt das Schwinden sehr schnell, es verlangsamt sich bei zunehmender Austrocknung.

Auf einem frei bewitterten Parkdach mit nur 10 cm dicken Betonplatten können die Schwindvorgänge in den heißen Sommermonaten wesentlich schneller ablaufen.

Im Schadensfall handelte es sich um Rissbildungen im Stadium des Frühschwindens, wenn der Beton durch das zu schnelle Erstarren des Zementleimes daran gehindert wurde, sich in vollem Umfang zu verkürzen. Die Risse treten auf, wenn die resultierenden Spannungen aus dem Schwinden die Frühfestigkeit (Längszug- und Biegezugfestigkeit) erreichten [58].

Die hauptsächlichen Ursachen für die Entstehung von Schwindrisse im Stadium des Frühschwindens sind:

- Zu schnelles Austrocknen des Frischbetons infolge zu hoher Außentemperaturen, intensiver Sonneneinstrahlung, warmer Winde und einer geringen Luftfeuchtigkeit
- Nicht funktionierende Scheinfugen, die z.B. nicht tief genug eingeschnitten wurden. Nach [58] sollte die Einschnitttiefe 25 bis 30 % der Plattendicke betragen (also mindestens 2,5 bis 3 cm). Im Schadensfall betrug die Fugentiefe maximal 2,0 cm.
- Hiervon sind insbesondere große horizontale Betonflächen mit relativ dünnen Querschnitten (Ortbetonplatten von Parkdächern) betroffen

Im Unterschied zu den Witterungsbedingen, die beim Betonieren der benachbarten Ortbetonflächen vorlagen, war das Wetter am Tag des Einbaues für die Schadensfläche sehr heiß und windig. Eine dringend notwendige Beregnung mit mehreren Wasserschläuchen wurde viel zu spät vorgenommen. Auch das Aufbringen einer PE-Folie, um den zu schnellen Verdunstungsvorgang zu unterbinden, kam zu spät.

## Nachbesserung

Zwei Monate nach dem Betonieren wurden die Schwindrisse nachbehandelt. Man entschloss sich für die Methode eines kraftschlüssigen Verbundes, wobei eine zug- und schubfeste Verbindung der Rissflanken hergestellt wurde. Grundlage war die „Richtlinie Schutz und Instandsetzung von Betonbauteilen“ [41]. Im Einzelnen wurden folgende Maßnahmen durchgeführt:

- Erweiterung der Risse durch Aufkratzen
- Lösen der lockeren Teile durch Abklopfen
- Kräftiges Abbürsten des gesamten Rissbereiches, anschließend sorgfältiges Ausblasen unter hohem Luftdruck
- Verwendung eines lösungsmittelfreien kalthärtenden niedrigviskosen Zweikomponenten-Kunstharzes, Einbringen durch Injizieren des Kunstharzes unter Druck mit Hilfe von Einfüllstutzen, genannt Packer [41]

Etwa acht Jahre nach dieser Nachbesserung liegen die Betonflächen einwandfrei. Die Verfüllung der Risse haben sich an keiner Stelle von den Flanken gelöst. Da sich die dunkelgrauen Linien des Epoxydharzes vom hellgrauen Plattenbeton farblich etwas abheben, liegt allenfalls noch eine geringe optische Beeinträchtigung vor.

## Schlussfolgerungen

Das Schwinden in Ortbetonplatten und die damit verbundene Rissbildung in geringem Maße sind unvermeidbar. Dennoch sollten alle Maßnahmen getroffen werden, damit das Risiko einer Rissbildung minimiert wird. Es ist im Grunde ein Hinausschieben des Zeitpunktes der Verkürzung des Betons. Dies kann durch folgende Maßnahmen unterstützt werden:

- Möglichst niedriger Wassergehalt, ggf. durch Zugabe von Fließmitteln;
- Konsequente Nachbehandlung gemäß der zuständigen Richtlinie bzw. Norm (siehe Schadensfall 8.1.1.2). Eine Nachbehandlung ist vor allem gegen die Austrocknung des jungen Betons die wirksamste Methode. Im allgemeinen genügt es, wenn die Parkdachflächen sieben Tage feucht gehalten werden.
- Ausbildung funktionierender Scheinfugen durch Einschnitte von ca. 0,3 d (d = Plattendicke [58]).

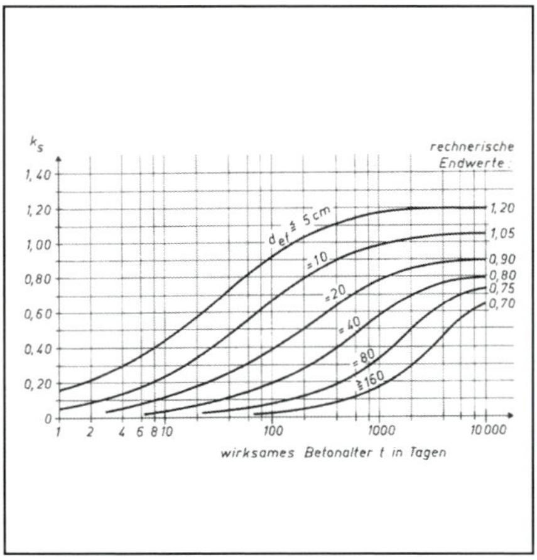


**Abb. 8.1-08 (oben links):** Unsystematische Risse in jungem Ortbeton, die später erfolgreich mit Epoxydharzinjektionen nachbehandelt wurden

**Abb. 8.1-09 (oben rechts):** Scheinfuge, die nicht tief genug eingeschnitten wurde

**Abb. 8.1-10 (links):** Zeitlicher Verlauf des Schwindens von Betonbauteilen in Abhängigkeit von der Dicke des Bauteils nach DIN 4227-Teil 1, Bild 3

- Risse in jungem Beton (noch erhärtend) können unmittelbar nach ihrem Entstehen meist noch durch Nachverdichten mit einem Oberflächenrüttler oder Reibbrett geschlossen werden.
- Risse im Festbeton (bereits erhärtet) können durch Einbürsten von Zementleim bzw. durch Tränken von Kunstharzen nachgebessert werden. Die nachhaltigste Methode ist das Injizieren von Kunstharzen mit Packern.

### 8.1.2 Schäden an der Abdichtung und Wärmedämmschicht im Parkdachaufbau mit Ortbetonplatten

#### 8.1.2.1 Risse und Abbrüche im Betonfahrbelag, Undichtigkeiten sowie Zerstörungen der Wärmedämmplatten

**Sachverhalt**

Immer öfter tropfte Regenwasser aus den Fertigteilfugen der Parkdachdecke in die Verkaufsräume. Alle Versuche, die zahlreichen Leckagen in der Abdichtung draußen auf dem Dach unterhalb der Ortbetonplatten zu beseitigen, schlugen fehl. Es war noch nicht einmal möglich, die Leckagen zu orten. Dazu hätten die Betonplatten mindestens teilweise zerstört werden müssen, was einen sehr großen Aufwand bedeutet hätte. Auch provisorische Maßnahmen, wie das erneute Vergießen der Fugen mit Vergussmasse oder das streifenweise Überkleben mit Schweißbahnen (Abb. 8.1-11) blieben erfolglos. Als die Wassereinbrüche mit den üblichen Notmaßnahmen, wie das Aufdübeln von Auffangwannen oder Rinnen unterhalb der Leckstellen (Abb. 8.1-12) nicht mehr bewältigt werden konnten, sah sich der Eigentümer gezwungen, den alten Parkdachaufbau komplett abzureißen und zu erneuern.

Der ursprüngliche Schichtenaufbau des 23 Jahre alten Parkdaches von oben nach unten:

- Fahrbelag aus 8 cm dicken bewehrten Ortbetonplatten, 2,20 m x 2,20 m, Fugen vergossen mit bituminöser Fugenvergussmasse.
- Trenn- und Gleitschicht aus zwei Lagen PE-Folie 0,2 mm,
- Abdichtung aus zwei Lagen Bitumen-Dachdichtungsbahn G 200 DD, vollflächig mit Bitumen auf die Wärmedämmplatten aufgeklebt
- Wärmedämmschicht aus 6 cm dicken Schaumglasplatten, Type nicht bekannt,
- Dampfsperre aus einer Lage Bitumenbahn mit Glasvlieseinlage V 13
- Ausgleichsschicht aus einer Lage Lochglasvlies-Bitumendachbahn auf der vorgestrichenen Betondecke.

Die Stahlbetondecke bestand aus TT-Platten ohne Aufbeton. Der Abstand zwischen den Längsfugen betrug 3,0 m und zwischen den Kopffugen 19,0 m. Diese Fugen wurden mit Schleppstreifen überbrückt.

Das Gefälle sowohl in der Konstruktion als auch in der Fahrbahnoberfläche betrug 2 %.

Beim Abbruch des gesamten Dachaufbaues oberhalb der TT-Platten (Abb. 8.1-13) stellte man Folgendes fest:

- Die Ortbetonplatten waren vielfach gebrochen, vorwiegend in den Eckbereichen und entlang der Fugen (Abb. 8.1-14). Die Betonoberfläche war erheblich verschlissen. Die Unterseite der Betonplatten war stellenweise sehr rau, mürbe und absandend. Sie zeigte Abbrüche von zerklüfteten und stark beschädigten Betonresten, rostende Stahlstäbe, geringe Betondeckung und Einschnürungen durch Folienfalten. An vielen Stellen war der Beton erheblich dickenreduziert.
- In der Schaumglasschicht befand sich Wasser, vor allem in den Fugen und zahlreichen Rissen zwischen und innerhalb der Dämmplatten. In den Rinnbereichen auf einer Breite von ungefähr einem Meter war so viel Wasser im Aufbau, dass es während der Abbrucharbeiten beim Befahren durch Radlader deutlich sichtbar herausgepresst wurde.
- Außerdem wurde in den noch nicht durch Räumfahrzeuge befahrenen Zonen an mehreren Stellen festgestellt, dass sich die Schaumglasstruktur direkt unterhalb der Abdichtung völlig aufgelöst hatte.

### Ursachen

Unmittelbar schadensursächlich für die Wassereinbrüche waren zunächst einmal die zahlreichen Risse in der Abdichtung oberhalb sowie in der Dampfsperre unterhalb der Schaumglasschicht. Tatsächlich entsprechen die seinerzeit verwendeten zwei Bitumenbahnen mit Glasgewebeeinlagen als obere Abdichtung sowie eine Glasvlies-Bitumenbahn als Dampfsperre bei weitem nicht mehr den heutigen Anforderungen an Abdichtungen für hohe Beanspruchungen, die für Parkdächer maßgebend sind [7]. Dennoch gibt es zahlreiche andere Projekte, die mit der gleichen – nach jetzigen Maßstäben unzureichenden – Abdichtung noch heute dicht sind.

Wesentlicher sind daher folgende Fragen:

Welche Hauptursachen waren verantwortlich für die Risse in der Abdichtung und wie ist der Zusammenbruch des ganzen Aufbaues zu erklären, bei dem sowohl der Ortbetonbelag als auch ein Großteil des Schaumglases zusammen mit der Abdichtung zerstört wurden?

Wie bei größeren Schadensfällen üblich, lag auch bei diesem nicht nur eine einzige Schadensursache zugrunde, sondern die Addition mehrerer Ursachen. Die nachfolgende Aufzählung gibt zugleich den Schadensfortschritt an:

- Unzureichende Entwässerung der Plattenfugen:
  Ein Parkdach mit einem Belag aus Ortbetonplatten wird hauptsächlich über die verfugte Plattenoberfläche entwässert. Es muss aber mit der Möglichkeit gerechnet werden, dass ein Teil des Niederschlagwassers im Laufe der Zeit in den Fugenraum eindringt und dieser dann ebenfalls zügig entwässert werden muss. Im vorliegenden Fall versprödete und löste sich die Fugenvergussmasse von den Fugenflanken, und außerdem gab es immer mehr Risse im Beton quer zu den Plattenfugen, wodurch auch immer mehr Wasser in die Fugen gelangte. Beim Öffnen wurde festgestellt, dass besonders in den tiefer gelegenen Bereichen um die Abläufe bis etwa die Hälfte der Fugentiefe mit Wasser gefüllt war. Der Grund für diesen Stau waren erhärtete Betonreste in der Fuge, die z.B. durch das zu frühe Herausziehen der Plattenschalung aus den Fugen und das anschließende Nachlaufen des noch zu weichen Betons in den Hohlraum entstanden, aber auch spätere Sintererscheinungen sein können.

Die Entwässerung verschlechterte sich noch durch das Vollsetzen der Abläufe mit dem aus den Betonplatten herausgelösten Kalkhydrat, das in den Abläufen eine dicke Sinterschicht bildete.

- Kanäle zwischen Beton und PE-Folien:
  Bei den Abbrucharbeiten wurden die Oberseiten der mit der Abdichtung verbundenen unteren PE-Folie sichtbar. Die Folie lag nicht planeben auf der Abdichtung, sondern hatte Falten und Aufstülpungen bis zu 1 cm. Die gleiche Situation lag bei der oberen Folie vor. Man konnte davon ausgehen, dass sich sowohl zwischen oberer PE-Folie und Betonplatte, zwischen Abdichtung und Folie als auch zwischen den Folien Wasser in den flachen Kanälen ausbreiten konnte.
- Frost-Tausalzeinwirkungen auf den Ortbeton:
  Auf diese Weise gelangte im Winter auch Tausalzlösung unter die Betonplatten. Während die Plattenoberfläche relativ schnell durch den Wind abtrocknete, war die Einwirkungszeit des Wasserfilms unterhalb der Platten wesentlich länger. Dadurch entstanden im Laufe der Jahre größere Betonabplatzungen an der Plattenunterseite bis hin zur Bewehrung.
  Das Ergebnis war eine Dickenreduzierung an vielen Stellen des Parkdaches von 8 auf zum Teil unter 6 cm (Abb. 8.1-18). Die beachtlichen Absprengungen deuteten darauf hin, dass die Betonfestigkeit deutlich geringer als die eines B 35 war. Über den Zementgehalt und den Einsatz von Luftporenbildnern

usw. gab es keine Informationen. Auffällig war aber die geringe Betondeckung an der Unterseite der Betonplatte von ca. 2 cm mit der Folge, dass eine starke Bewehrungskorrosion durch die Chloride der Tausalzlösung einsetzte.

- Starke Rissbildungen in der Betonplatte
  Als Folge der starken Reduzierung der Plattendicke und der korrodierten Bewehrung kam es dann zu den vielen Rissbildungen fast in jeder Ortbetonplatte. Hierbei spielte natürlich auch eine Rolle, dass die Plattendicke mit 8 cm ohnehin schon zu gering war.

- Einstanzungen der abgetrennten Plattenteile in die Abdichtung und Wärmedämmplatten
  Die weitere Folge waren Eindrückungen bzw. Einstanzungen der einzelnen Plattensegmente in den Untergrund, d.h. in die Abdichtungsbahnen und in die Schaumglasplatten. Durch die undichten Plattenfugen und Plattenrisse sowie die gerissenen Bitumenbahnen gelangte Wasser in die Schaumglasplatten und unter die Dampfsperre. Es war dann nur noch eine Frage der Zeit, bis das Wasser seinen Weg durch die Schleppstreifen und schließlich durch die Fugen der TT-Platten ins Gebäudeinnere fand.

## Nachbesserung

Aus den vorerwähnten Gründen wäre eine punktuelle Sanierung direkt oberhalb der Wassereinbrüche erfolglos geblieben. Da auch der Fahrbelag ersetzt werden musste, entschloss man sich zu einer Totalsanierung und einem anschließenden Neuaufbau, dessen Schichtenaufbau erheblich von dem bisherigen Warmdachaufbau abweicht. Gebaut wurde ein Umkehrdach mit einem Belag aus Betonfertigteilplatten.

Um in Zukunft unkontrollierbare Unterläufigkeiten auszuschließen, wurde eine Verbundabdichtung aus Spezial-Kautschukbitumen mit einer Polymerbitumendachbahn PYE PV 200 DD auf die sorgfältig vorbereitete Betondecke vollflächig im Gießverfahren aufgebracht (8.2).

Die Fugen der TT-Platten wurden zusätzlich zur Flächenabdichtung mit einem Streifen Kupferriffelband, Breite 33 cm, vollflächig mit der heißflüssigen Spezial-Kautschukmasse auf die Betondecke aufgeklebt (Abb. 8.1-19).

Vor einer Sanierung undichter Parkdächer ist gemäß der „Instandsetzungsrichtlinie“ von 10-2001 des DAfStb (Deutscher Ausschuss für Stahlbeton) der Zustand der Konstruktion auf Schädigungen durch langeinwirkende Undichtigkeiten zu prüfen. So könnte es z.B. erforderlich werden, dass bei einer starken Chloridbelastung der Stahlbetonbewehrung große Korrosionsschäden vorliegen, die besondere Maßnahmen bedingen.

Verantwortlich für die Durchführung dieser Prüfung ist der Bauherr, der i.d.R. einen fachkundigen Planer damit beauftragt.

(1) Schlussfolgerungen:

- Trotz der zwischenzeitlich eingetretenen Verbesserungen im Standard von Ortbeton sollte berücksichtigt werden, dass die Herstellung einer Ortbetonplatte grundsätzlich mit gewissen Schwierigkeiten und Risiken verbunden ist, die meistens in den witterungsbedingten Schwankungen auf einer Baustelle ihre Ursache hat (Temperaturschwankungen, Hitze, Frost, Wind, Regen usw.). Hinzu kommen noch Schwankungen bei dem Einbau der Ortbetonplatte, wie z. B. zu lange Fahrtzeiten oder Verspätungen des Transportmischers, starke Reduzierung der Luftporenbildner durch zu lange Mischzeiten, Zugabe von Restwasser in den Schläuchen und damit nachteilige Erhöhung des w/z-Wertes etc.
- Der Schadensfall zeigt weiter, wie wichtig die richtige Dimensionierung der Plattendicke ist. Ein häufiger Fehler ist es wohl, dass im Rahmen der Rohbauplanung die erforderliche Höhe eines Parkdachaufbaues erheblich unterschätzt wird und später bei der Ausführung der Belags- und Gefälleschichten in der Schichtdicke bis an die Grenze der Funktionsfähigkeit gespart werden muss. Eine Mindestdicke von 10 cm, besser 12 cm, ist erforderlich für Pkw-Verkehr. Hierbei ist auch zu berücksichtigen, dass in der Abdichtungsebene nicht unbeträchtliche Unebenheiten bis zu mehreren Zentimetern vorliegen können, die in der Ortbetonplatte ausgeglichen werden müssen.

Diese Unwägbarkeiten der Herstellung vor Ort sind neben der schnelleren Montage wohl der Hauptgrund, warum immer häufiger auf andere Belagstypen, wie z.B. Betonfertigteilplatten zurück gegriffen wird.

(2) Schlussfolgerungen zum Grundkonzept:

- Der Fall belegt in typischer Weise die Nachteile von Warmdachaufbauten in Parkdächern im Hinblick auf die Leckortung und die Nachbesserbarkeit (s. Abschnitt 2.3.3.2). Bei einem Umkehrdach mit Betonfertigteilplatten ist die Ortung von Leckstellen vergleichsweise einfach (s. Abschnitt 8.2).

(3) Schlussfolgerungen zur Abdichtungsqualität

Abdichtungen unter unmittelbar aufliegenden Betonbelägen sind – besonders im Bereich von erforderlichen Plattenfugen – extrem mechanisch beansprucht. Zwischen Abdichtung und Beton sind daher Trenn- und Schutzschichten nach DIN 18 195-Teil 10 (z.B. Kunststofffolien oder Schaumkunststoffe), einzusetzen.

- In der DIN 18 195-Teil 5, sind hochwertige Abdichtungsbahnen vorgeschrieben. Dennoch besteht ein großes Risiko, dass beim Einbringen des Betons (z.B. durch Schaufeln, Rüttler) oder durch Stahlbewehrung, Stahlschalung etc. die Abdichtung beschädigt wird.

- Eine größere Sicherheit gegenüber mechanischer Beschädigung ist bei der Kombination von Ortbetonplatten auf Umkehrdachaufbau gegeben. Ein weiterer Vorteil ist die Trennung der Abdichtung von der Verkehrsbelastung durch XPS-Platten.

**Abb. 8.1-11:** Überkleben der Raumfugen von Ortbetonplatten mit Schweißbahnenstreifen, meistens ohne bleibenden Erfolg

**Abb. 8.1-12:** Wassereinbruch durch eine Deckenfuge. Als Notmaßnahme wurden im Gebäudeinneren Rinnen angebracht.

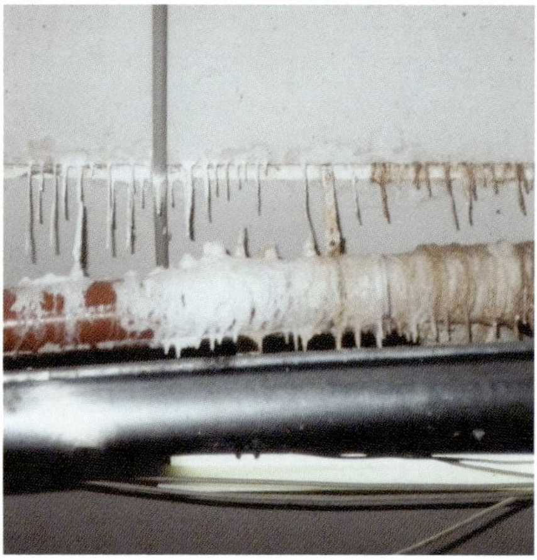

**Abb. 8.1-13:** Abbruch des Parkdachs bis auf die Betondecke

**Abb. 8.1-14:** Beschädigte Ortbetonplatten mit zahlreichen Rissen, hauptsächlich in den Plattenecken

**Abb. 8.1-15 (oben links):** Tiefe Einschnürungen an der Unterseite der Betonplatte

**Abb. 8.1-16 (oben rechts):** Herauslaufendes Wasser aus der Wärmedämmschicht aus Schaumglasplatten

**Abb. 8.1-17 (Mitte li.):** Deutliche Faltenbildung in den PE-Folien unter den Betonplatten

**Abb. 8.1-18 (Mitte re.):** Tiefe Zerklüftungen an der Unterseite der Ortbetonplatten. Der stark geschädigte Beton war deutlich dickenreduziert

**Abb. 8.1-19 (rechts):** Verkleben der Fugen der TT-Platten mit einem zusätzlichen Streifen aus Kupferriffelband

### 8.1.2.2 Risse in der Abdichtung eines Parkdaches mit Ortbetonplatten

**Sachverhalt**

Aufgrund zahlreicher Wassereinbrüche in den Verkaufsraum eines Verbrauchermarktes stellte man bei Dachöffnungen fest, dass direkt unterhalb der Fugen der Ortbetonplatten Risse in der Abdichtung vorhanden waren, in die in erheblichem Umfang Wasser eindringen konnte (Abb. 8.1-20).

Folgender Schichtenaufbau wurde angetroffen (Abb. 8.1-21):

- Ortbetonplatten, ca. 2,50 m x 2,50 m, d = 8 cm; versiegelte 2 cm breite Raumfugen, in die dennoch Wasser eindringen konnte
- zwei Lagen PE-Folie als Trenn- und Gleitschicht
- Abdichtung aus 2 Lagen Bitumen-Dachdichtungsbahnen G 200 DD und PV 200 DD
- Wärmedämmplatten aus Schaumglas, ca. 6 cm dick mit Heißbitumen vollflächig auf den vorgestrichenen Untergrund aufgebracht. In den Fugen und Rissen des Schaumglases befand sich Wasser, das sichtbar austropfte
- Gefälleestrich aus Leichtbeton, der größtenteils stark durchfeuchtet war. Trichtergefälle von ca. 2% zu den Abläufen
- Betondecke gefällelos

**Ursachen**

Da die zahlreichen Risse in der Abdichtung direkt unterhalb der Plattenfugen auftraten, lag die Vermutung nahe, dass die Ursachen in der Auswirkung der Fuge oder des Plattenrandes auf die Abdichtung zu suchen sei. Die Ursache konnte z.B. in der zu hohen Kantenpressung bei der Reifenüberfahrt der Plattenränder liegen. Gegen eine solche Erklärung sprach aber die geringe Flächenpressung bei diesem Aufbau von ca. 0,10 $N/mm^2$, die auf die Abdichtung und die Wärmedämmung einwirkte (siehe Lastverteilung 5.2.4.3) sowie die hohe Langzeitdruckfestigkeit der Schaumglasplatten. Vor allem aber zeichneten sich keine Eindrückungen der Plattenkanten in den Bitumenbahnen ab.

Es lag eine andere Ursache vor, die im Zusammenhang mit dem thermischen Verformungsverhalten der Betonplatten stand. Betonplatten sind besonders auf freibewitterten Parkdächern größeren thermischen Längenänderungen ausgesetzt. Damit in einem Warmdachaufbau diese Verformungen sich nicht nachteilig auf die Schichten unterhalb der Betonplatten, also die Abdichtung und die Wärmedämmung, auswirken können, müssen die Betonplatten auch wirklich auf der Trenn- und Gleitfolie gleiten, d.h. relativ zwängungsfrei schieben können.

Im Schadensfall war dies offensichtlich nicht im erforderlichen Maße möglich. Angesichts der häufig sehr uneben verlegten PE-Folien mit Rillen und zahlreichen

Falten ist davon auszugehen, dass die Reibung zwischen der Betonplatte und den Folien größer ist, als in der Fachliteratur häufig unterstellt. In der Praxis wird daher vielfach die Verwendung einer Kombination aus einer PE-Folie als untere Lage mit einer 3 mm dicken geschlossenzelligen Matte aus Polyethylenschaum zum Ausgleich der Unebenheiten als obere Lage einer doppelten PE-Folie vorgezogen.

Es ist allerdings zu bedenken, dass bei weitgehend reibungsfreier Lagerung sich die Platten infolge der Horizontallasten aus Bremsen sowie durch thermische Längenänderungen sehr leicht durch Berührung in den Raumfugen verschieben könnten. Es handelt sich bei diesem Aufbau daher um ein schwer zu lösendes Dilemma: Auf der einen Seite ist ein zwängungsfreies Gleiten der Platten auf der „Gleitschicht" erwünscht. Auf der anderen Seite käme es aber zu beachtlichen Verschiebungen, wenn dieses Gleiten voll realisiert würde. Die Schlussfolgerung daraus ist, dass eine Übertragung der Pkw-Lasten auf die Abdichtung unvermeidbar und sogar erforderlich ist, da sonst der Aufbau nicht funktionsfähig wäre.

Bei einem gedämmten Aufbau ist der Temperaturgradient im Betonbelag ziemlich steil, da durch die Wärmedämmschicht ein Abtransport der Oberflächentemperaturen in die Betontragdecke sehr verzögert wird. Die Folge sind häufige thermisch bedingte Längenänderungen der Betonplatten, von denen der ganze Plattenquerschnitt erfasst ist. Wenn sich aber z. B. bei einem plötzlichen Temperatursturz die Verkürzung der Platte aufgrund der Anfangsreibung auf dem Untergrund nicht ausbilden können, entstehen Zugspannungen in der Abdichtung. Die Aufnahme dieser Spannungen innerhalb der Abdichtung hängt sehr von der Qualität der Abdichtung ab, insbesondere vom Kälte- und Dehnungsverhalten sowie der Schichtdicke des Materials.

Im Schadensfall wurden zwei Lagen der Bitumen-Dachdichtungsbahn G 200 DD und PV 200 DD nach DIN 52130 verwendet, also Dachbahnen mit einer Einlage aus Glasgewebe und Polyestervlies sowie einem nicht modifizierten Oxidbitumen. Für eine solch extreme Beanspruchung besonders bei tiefen Temperaturen war dieser Bahnentyp nicht geeignet. Die Werte für das Verformungsverhalten, erkennbar am Wert Dehnung bei Höchstzugkraft, sowie für das Kälteverhalten, erkennbar am Wert Kaltbiegeverhalten deuten darauf hin, dass diese damals häufig verwendeten Bahnen für eine solch extreme Beanspruchung, besonders bei tiefen Temperaturen, ungeeignet sind.

Das durch die Risse in der Abdichtung eingedrungene Wasser konnte sich in den Fugen und Rissen der Schaumglasplatten unkontrolliert in Richtung der Abläufe verteilen und gelangte schließlich in den Gefälleestrich. Dieser Estrich war in großen Bereichen des Parkdaches, hauptsächlich um die Abläufe herum, stark durchfeuchtet.

## Nachbesserung

Da es aufgrund der vorhandenen Situation unmöglich war, die Fehlerursachen zu lokalisieren und dann punktuell zu reparieren, entschloss man sich zu einer Totalsanierung und einem Umkehrdach mit einem Belag aus Betonsteinpflaster, bei dem vor allem eine schnelle Schadensfindung im Falle einer nie ganz auszuschließenden späteren Undichtigkeit im Vordergrund stand.:

- Totalabriss des gesamten Aufbaues inkl. des Gefälleestrichs (Abb. 8.1-22)
- Vorstreichen und vollflächiges Aufkleben einer Verbundabdichtung aus einer Spezial-Bitumenkautschukmasse und zwei Lagen Polymerbitumen-Dach-dich-tungsbahnen
- Loses Auflegen von XPS-Wärmedämmplatten hochdruckfest, d = 8 cm, Fugen dicht gestoßen im Läuferverband
- Aufbringen eines Rieselschutzvlieses
- Einbau einer Sand/Splittgemisches 2/11 im Gefälle von ca. 2,5 % als zusätzliche Dränschicht
- Aufbringen eines Trennvlieses
- Einbau der Splittbettung aus Diabassplitt 2/5 mm
- Maschineller Einbau eines Belages aus Betonsteinpflaster, d = 8 cm. Verfugen mit einem Feinsplitt

Obwohl das sanierte Parkdach einige Mängel in der Lagestabilität der Fahrspuren aufweist, liegt es schon über zehn Jahre voll funktionsfähig und war immer dicht.

## Schlussfolgerungen

- Bei einem Warmdachaufbau mit der Direktauflage der Ortbetonplatte auf den Trenn- und Gleitfolien als Schutz für die Abdichtung sind die Folien möglichst planeben und faltenfrei zu verlegen. Dennoch muss bei den thermisch bedingten Längenänderungen mit Behinderungen durch zu große Reibung und damit zu Spannungen in der Abdichtung gerechnet werden. dies ist vor allem im Winter der Fall.
- Mit der Einführung der neuen DIN 18 195 [7], die auch für Parkdächer zuständig ist, wurden die Anforderungen an die Abdichtungsbahnen wesentlich erhöht. Sie sollten auch vor dem Hintergrund dieses großen Schadensfalles unbedingt eingehalten werden.
- Ein wasserdurchlässiger Gefälleestrich sollte nach Möglichkeit entfallen, da eingedrungenes Wasser sich in ihm sehr leicht verteilen kann. Stattdessen sollte ein Gefälle bereits in der Konstruktion oder durch Gefälledämmplatten, z.B. aus Schaumglas im Aufbau als Warmdach, hergestellt werden.

• In einem Aufbau als Umkehrdach ist bei gefällelosem Untergrund die Verlegung eines Belags aus Betonfertigteilplatten möglich. Für alle anderen Fahrbeläge ist ein Gefälle zwingend erforderlich.

**Abb. 8.1-20:** Risse unterhalb der Fuge von Ortbetonplatten

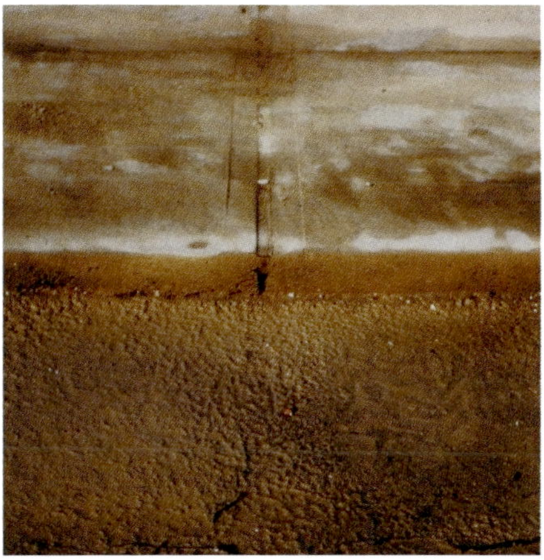

**Abb. 8.1-21:** Schichtenaufbau des gedämmten Parkdaches mit einem Gefälleestrich

**Abb. 8.1-22:** Totalabbruch des gesamten Parkdachaufbaus inkl. des Gefälleestrichs

**Abb. 8.1-23:** Im Hintergrund das alte Parkdach, im Vordergrund die neue, nicht unterläufige Verbundabdichtung direkt auf die Betondecke ohne Gefälleestrich geklebt.

### 8.1.2.3 Schrägstellung von Brüstungselementen eines Parkdaches aufgrund fehlender Raumfugen im Ortbetonfahrbelag

#### Sachverhalt

Nach einer Liegezeit von 15 Jahren war der Belag aus Ortbetonplatten stark verschlissen und die Abdichtung an vielen Stellen so undicht, dass eine Totalsanierung als einzige Möglichkeit blieb. Bei dieser Gelegenheit sollte geprüft werden, ob mehrere Betonbrüstungsplatten, die sich im Laufe der Zeit schräg gestellt hatten, überhaupt noch standsicher befestigt waren und ob eine Rückstellung dieser Elemente in eine Vertikale möglich wäre.

Der horizontale Abstand zwischen der vertikalen Fuge und der Brüstungsplatte am oberen Ende betrug 7 cm (Abb. 8.1-24). Die Brüstungselemente hatten eine Länge von 5,0 m und eine Dicke von 12 cm und waren in der Betontragdecke verankert, wie aus der Querschnittsskizze (Abb. 8.1-25) ersichtlich.

Der Parkdachbelag bestand aus einer Ortbetonplatte mit einer Länge von 30 m, in die lediglich Scheinfugen im Abstand von 1,0 m eingeschnitten waren. Es entstand so der Eindruck, dass es sich um einen Plattenbelag von 1,0 m x 1,0 m handelte. Das Parkdach bestand zur Hälfte aus dem gedämmten Teil, das in diesem Schadensfall behandelt wird. Die andere Hälfte war ungedämmt und hatte einen Asphaltbelag. Bemerkenswert war die Tatsache, dass es bei einer etwa gleichlangen Fläche in diesem Parkdachabschnitt keine Schrägstellungen der Brüstungsplatten gab.

Das Parkdach mit einem Oberflächengefälle von 1 % hatte folgenden Schichtenaufbau:

- Ortbeton, aufgeteilt in Feldgrößen von 1,0 m x 1,0 m durch Scheinfugen, d = 10 cm
- zwei Lagen PE-Folien
- Bitumenhaltige dreilagige Abdichtung
- Wärmedämmplatten aus Polystyrol PS 30, d = 10 cm
- Bitumenbahn mit Alu- Einlage als Dampfsperre, punktweise verklebt
- Betondecke , d = 20 cm, gefällelos

#### Ursachen

Die Ursache für diesen Schaden war das Fehlen von Raumfugen in einem Abstand von höchstens 3,0 m, die den Betonbelag von oben bis unten in einer Breite von 2 cm durchgehend trennen. Dadurch wäre es gelungen, die thermischen Längenänderungen nahezu spannungsfrei für die Betonplatte selbst oder – wie in diesem Fall – für begrenzende Brüstungselemente aufzunehmen.

Die Längenänderung bei zwängungsfreier Verschieblichkeit der Platte errechnet sich aus: Dl = l x at x DT , wobei l die Entfernung (30 m), at die Temperaturdehnzahl (10 x $10^{-6}$ ) und DT die Temperaturdifferenz zwischen der höchsten Temperatur in frei bewitterten Betonbelägen und der Temperatur bei der Herstellung des Belages (Annahme: DT = 40 K) ist. Dies ergibt eine Längenänderung von ca. 12 mm. Wenn die Platte daran gehindert wird, sich in dieser Größenordnung zu verformen, entsteht daraus ein Druck der Betonplatte gegen das Brüstungselement. Im Schadensfall war die Attikaplatte mit der Betondecke verbunden. Die Längsverformung bewirkte daher eine Verdrehung der Platte mit einer Spaltöffnung von 7 cm am oberen Ende.

## Nachbesserung

Die Nachbesserung teilte sich in zwei Abschnitte auf, in den Versuch einer Rückbildung der Schrägstellung und in die Beseitigung der Ursache für diese Verformungen:

(1) Rückbildung der Schrägstellung der Brüstungselemente
Nach einer sorgfältigen Prüfung wurde festgestellt, dass die Stahlbewehrung im Übergang von der horizontalen Betondecke zur Attika sich in einem einwandfreien, vor allem korrosionsfreien Zustand befand. Eine Querschnittsminderung war nicht aufgetreten.
Die Rückführung der Attika erfolgte mit Gewindestangen, die auf Ankerplatten befestigt waren. In der Gewindestange befand sich eine Spannvorrichtung, mit der die Attikaelemente langsam bis in die Vertikale zurück gedreht werden konnten (Abb. 8.1-26). Danach wurden die beiden Bauteile mit Stahlwinkeln 250 mm x 350 mm im Abstand von 1,20 m befestigt (Abb. 8.1-27).

(2) Flächensanierung:
Für den neuen Dachaufbau wurde ein Umkehrdach mit einem Belag aus Betonfertigteilplatten gewählt. Bei einer Plattenlänge von 1,10 m beträgt die thermische Längenänderung nur 0,3 mm. Diese Größenordnung wird innerhalb der Fertigungstoleranzen der Fertigteilplatten aufgenommen.

## Schlussfolgerungen

Bei Fahrbelägen aus Beton muss stets die Größenordnung der thermischen Längenänderungen abgeschätzt werden. Geschieht dies nicht, so kann es zu größeren Schäden führen, nicht nur innerhalb der Betonplatten selbst, sondern auch in den Bauteilen, die einer Langenänderung im Wege stehen.

Für Beläge aus Ortbetonplatten bedeutet dies konkret, dass durchgehende Raumfugen zur Sicherheit alle 2,50–3,00 m angeordnet werden sollten.

**Abb. 8.1-24:** Brüstungsplatten am oberen Ende um 7 cm aus der Vertikalen gedrückt

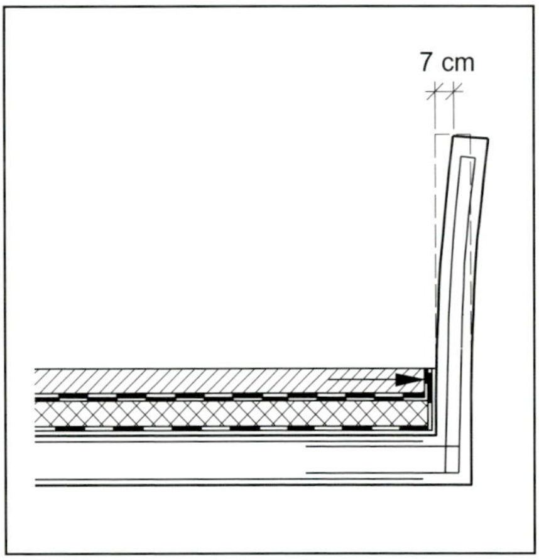


**Abb. 8.1-25:** Verdrehung der Brüstungsplatte durch die Längenänderung des Ortbetonbelags

**Abb. 8.1-26:** Erfolgreiche Rückführung der schräg gestellten Brüstungselemente mit Gewindestangen

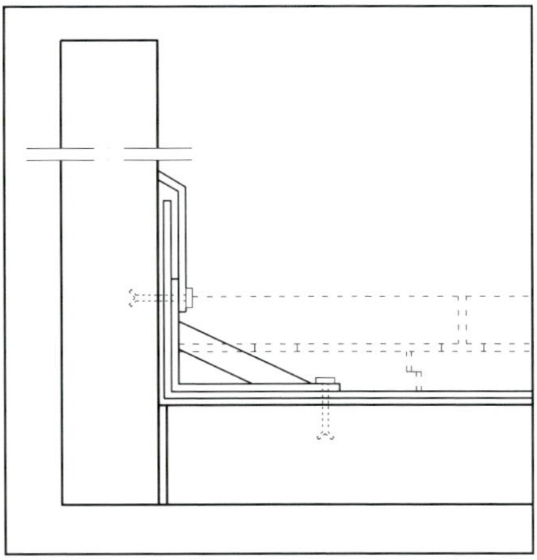

**Abb. 8.1-27:** Fixierung der gerichteten Brüstungsplatten mit Eckwinkeln

### 8.1.2.4 Kantenausbrüche an den Raumfugen eines Ortbetonbelages

#### Sachverhalt

Auf einem zwei Jahre alten gedämmten Parkdach mit einem 10 cm dicken Ortbetonfahrbelag begannen während der heißen Sommermonate 1992 in großem Umfang die Kanten an vielen Raumfugen auszubrechen (Abb. 8.1-28). Die Raumfugen hatten eine ursprüngliche Breite von 2 cm. Die Abstände zwischen den

Raumfugen betrugen bis zu 30 m. Die Scheinfugen waren alle 5 m eingeschnitten. Dort gab es erwartungsgemäß keine Schäden. Als Trenn- und Gleitschichten wurde eine PE-Folie und darauf eine PE-Schaumstoffmatte verlegt.

### Ursachen

Dieser Schadensfall hatte die gleiche Ursache, wie in 8.1.2.3 beschrieben, nur mit dem Unterschied, dass das Schadensbild ein anderes war. Eine Brüstungswand gab es bei diesem Fall auch , aber davor befand sich ein massiver Reifenabweiser aus Beton, der sich nicht wegdrücken lies. Daher suchte sich die thermisch verlängerte Betonplatte die leichter verformbaren Ziele: die Kanten der viel zu schmalen Raumfugen.

Die eigentliche Ursache war eine falsche Planung in Bezug auf das Rastermaß. Die Ortbetonplatten zwischen den Raumfugen hätten wesentlich kleinere Abmessungen haben müssen (siehe Schlussfolgerungen), wodurch auch die Anzahl der Raumfugen zur Aufnahme der Längenänderung wesentlich größer wäre.

### Nachbesserung

Beidseits der Fuge wurde je nach Schadensumfang ein Streifen von 0,50 bis 1,0 m Breite aus der Platte heraus geschnitten. Innerhalb dieses Streifens wurde die durch das Aussägen der Betonstreifen beschädigte Abdichtung ausgebessert und eine zusätzlicher Schweißbahnstreifen aufgeflämmt (Abb. 8.1-29). Auf die darin ausgelegten Trenn- und Gleitschichten betonierte man den Zwischenraum aus, wobei in diesem Streifen wieder eine neue Raumfuge angeordnet wurde.

Abschließend wurde die Fugenanordnung auf der gesamten Parkdachfläche verändert. Es wurden neue Raumfugen im Abstand von 5 m eingeschnitten, Schaumstoffstreifen eingelegt und die Fugen anschließend versiegelt.

### Schlussfolgerungen

Die Ortbetonplatten sollten nach Möglichkeit von Raumfugen eingefasst sein. Die Plattengröße und damit der Abstand der Raumfugen sind wichtige Parameter: Die Ortbetonplatte sollte möglichst quadratisch mit einer Seitenlänge von 25 bis 30 d, wobei d die Plattendicke ist. Eine 10 cm dicke Platte sollte also die Abmessungen von etwa 2,50 x 2,50 m haben. Mit dieser Plattengröße hat man in der Praxis gute Erfahrungen gemacht.

- Die Längenänderungen einer Platte mit diesen Abmessungen aus Temperaturbeanspruchung sind gering. Innerhalb der Fugen kommt es zu keinen Plattenberührungen; es entsteht nicht – wie im vorliegenden Fall – ein großes Verformungsmaß aufgrund einer Gesamtlänge von 30 m.
- Die Fugenversiegelung ist wesentlich geringeren Verformungen ausgesetzt, wodurch ihre Dauerhaftigkeit erhöht wird.

**Abb. 8.1-28:** Betonausbrüche an Raumfugen

**Abb. 8.1-29:** Ausgesägter Betonstreifen, der neu abgedichtet wurde

- Bei dieser Plattengröße sind die temperaturbedingten Spannungen aus Schüsseln (Dehnung der Plattenecken an der Oberseite) und Wölben (Dehnung an der Unterseite) im unbedenklichen Bereich, so dass die Gefahr von Rissbildungen verringert wird.

Bei der Herstellung von Raumfugen muss neben der Wahl eines nicht zu großen Abstandes außerdem sichergestellt sein, dass der Fugenraum sauber ausgebildet wird, d.h. dass keine Betonreste in der Fuge verbleiben. Insbesondere ist darauf zu achten, dass die nach unten konisch zulaufende Fugenschalung als metallische Fugenschalung nicht zu früh gezogen wird, so dass der noch zu weiche Beton aus der unteren Plattenhälfte in den offenen Fugenraum nachdrückt. Abweichend von der hier durchgeführten Sanierung sollte ein geringerer Raumfugenabstand gewählt werden, wie bereits mehrfach erwähnt.

### 8.1.2.5 Starke Beschädigung von Bitumenbahnen als Folge einer fehlenden Schutzschicht zwischen einem Ortbetonbalken und dem Wandanschluss

#### Sachverhalt

Auf einem ungedämmten Parkdach mit Verbundsteinpflaster kam es drei Jahre nach der Fertigstellung an zwei Stellen zu Wassereinbrüchen im Anschlussbereich. Direkt oberhalb der Undichtigkeiten befinden sich jeweils die Kopfenden von Längsrinnen und quer dazu ein Ortbetonbalken entlang des Wandanschlusses (Abb. 8.1-30).

Um festzustellen, weshalb die Anschlüsse an diesen beiden Stellen undicht geworden sind, musste der Beton des Balkens freigestemmt werden. Hierbei zeigte sich folgende Situation, wie in Abb. 8.1-33 dargestellt. Der Betonrandbalken diente als seitliches Widerlager für das Pflaster und als Schutz für den Wärmedämmputz vor eventuellen Beschädigungen durch sich verschiebende Pflastersteine. Er war bewehrt und wurde fugenlos auf einer Länge von ca. 20 m betoniert. Zur Vermeidung von Wärmebrücken vom ungedämmten Parkdach zu den angrenzenden Büroräumen wurden auf einer Breite von 60 cm eine 6 cm dicke Extruderschaumplatte unterhalb des Betonbalkens verlegt.

Der Wärmedämmputz wurde nicht bis in die Anschlussecke hinein ausgebildet, so dass eine nicht gedämmte Lücke von 7 cm zwischen Unterkante Balken und Unterkante Dämmputz von Anfang an vorhanden war. In diesem Bereich war der Betonbalken direkt an die Bitumenbahnen des senkrechten Anschlusses betoniert worden (Abb. 8.1-32). Abgesehen von der dadurch entstandenen Wärmebrücke wurde festgestellt, dass exakt in diesem Zwischenraum beide Abdichtungsbahnen bis auf die Betonwand abgefräst worden waren. An den ursprünglichen Anschluss erinnerte nur noch die schwarze vorgestrichene Wand, die in den Betonbalken eingepresste Besplittung der äußeren Polymerbitumen-Schweißbahn und die herausgequetschten Bitumenzwickel (Abb. 8.1-31).

In diesen nicht mehr abgedichteten Wandstreifen konnte Wasser eindringen, was zu den starken Durchfeuchtungen in dem darunter liegenden Geschoss führte.

## Ursachen

Die Hauptursache für den völlig abgeschabten Anschlussstreifen und die dadurch aufgetretenen Undichtigkeiten war die fehlende Schutzschicht zwischen dem Betonbalken und der Abdichtung. Es wurde übersehen, dass der Dämmputz nicht bis in die Ecke herunter geführt wurde und anschließend zwischen Ortbetonbalken und dem Dämmputz keine Schutzschicht angeordnet wurde.

## Nachbesserung

Die Nachbesserung wird im ersten Quartal 2004 durchgeführt. Sie sieht den kompletten Abbruch des Betonbalkens, die teilweise Erneuerung des Wandanschlusses, die Herstellung eines neuen Betonbalkens mit 1cm breiten Raumfugen sowie die Anordnung einer 1 cm breiten Wärmedämmplatte als Schutzschicht zwischen dem Balken und dem Wärmedämmputz vor. Die Fuge wird anschließend mit Fugendichtstoff geschlossen.

## Schlussfolgerungen

- Es war richtig, dass die Ränder des Pflasterparkdaches von einem druck- und biegesteifen Widerlager eingefasst wurde. Dies fordert z.B. das Merkblatt [29] im Anhang 2 unter 2. Bewitterte Fläche: „Pflaster und Plattenbeläge müssen durch feste Randeinfassungen gegen Horizontalverschiebungen gesichert werden". Diese Einfassung ist zum einen für eine dauerhafte Pflasterstabilität im Randbereich erforderlich. Zum anderen dient sie als Schutz für die angrenzenden Bauteile, wie z. B für einen weichen Dämmputz, der durch Pflasterverschiebungen beschädigt werden kann. Außerdem bietet ein Randbalken ein optisch ansprechenderes Bild als eine Belagskante mit gebrochenen Pflastersteinen.

**Abb. 8.1-30:** Ortbetonrandbalken zwischen Pflasterbelag und Gebäudewand

**Abb. 8.1-31:** Öffnung des Betonbalkens im Bereich des undichten Wandanschlusses: zwischen den beiden herausgepressten Bitumenstreifen wurde der Anschluss aus Polymerbitumenbahnen abgefräst.

**Abb. 8.1-32:** Querschnitt durch den Balken im Eckbereich direkt nach der Herstellung

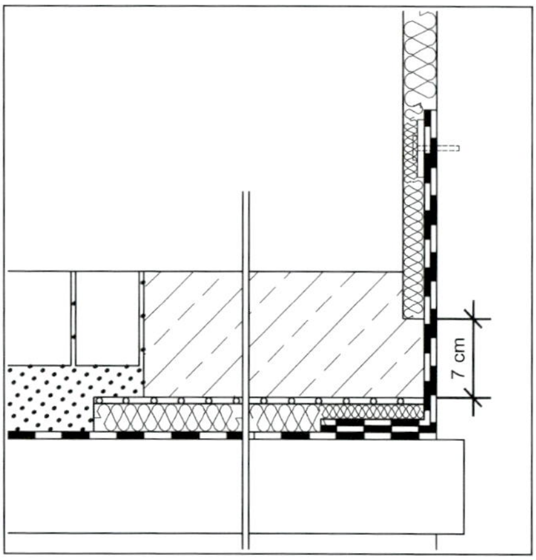


**Abb. 8.1-33:** Querschnitt durch den Balken im Eckbereich in der Schadenssituation

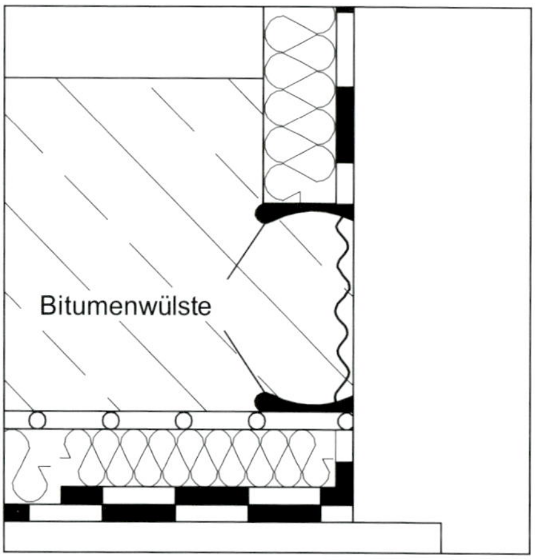

- Es liegt aber dann ein wesentlicher Verstoß gegen die Forderungen in der DIN 18 195 [7] vor, wenn – wie in diesem Fall – keine Schutzschicht zwischen dem Randbalken und dem Dämmputz bzw. zwischen dem Randbalken und der Abdichtung angeordnet wird.

Die DIN macht dazu folgende Aussagen:

(1) DIN 18 195-5, 8.1.7 Ausführung: „Die Abdichtung ist vor Beschädigung zu schützen. Zwischen Abdichtung und Belag ist eine Schutzschicht (...) anzuordnen, (...). **Auf den Schutz der aufgekanteten Dachränder ist besonders zu achten".**

(2) DIN 18 195-10, 4.2.1 Anforderungen: „Schutzschichten müssen Bauwerksabdichtungen dauerhaft vor schädigenden Einflüssen statischer, dynamischer und **thermischer** Art schützen."

(3) Sinngemäß zu DIN 18 195-10, 4.2.2 Anforderungen: „Bewegungen und **Verformungen** der Schutzschichten dürfen die Abdichtung nicht beschädigen. Schutzschichten (...) sind erforlichenfalls von der Abdichtung zu trennen und **durch Fugen aufzuteilen**. Darüber hinaus müssen in diesem Fall an **Aufkantungen** und Durchdringungen der Abdichtung in der Schutzschicht ausreichen breite Fugen vorhanden sein".

## 8.2 Schäden an Betonfertigteilplatten

Seit langem gibt es Fahrbeläge von Parkdächern für Pkw-Verkehr, bei denen man anstelle von Ortbetonplatten Betonfertigteilplatten einsetzt. Die Platten haben Abmessungen zwischen 50 und 200 cm Seitenlänge. Im Folgenden werden überwiegend quadratische Platten mit einer Kantenlänge von ca. 60 bis 100 cm angesprochen, bei einer Dicke von 6 bis 10 cm. Die Verlegung erfolgt entweder im Splitt- oder Mörtelbett. Die Langzeitergebnisse mit diesen Belägen sind abhängig von der Verkehrsbelastung und im Großen und Ganzen nicht zufriedenstellend.

Durch zwei technische Entwicklungen in den Niederlanden zu Beginn der achtziger Jahre ist diese Bauweise für Parkdachbeläge aber stark beeinflusst und gefördert worden:

(1) Größere aufgestelzte Betonplatten
Auf einem Parkdach in Hilversum ist 1983 ein Belag mit 208 cm x 138 cm x 7,5 cm großen Fertigteilplatten hergestellt worden, an die Betonfüße, 25 cm x 25 cm x 2 cm, anbetoniert sind (Abb. 8.2-01). Der Aufbau ist ein Umkehrdach mit hochdruckfesten XPS-Wärmedämmplatten, auf denen die

Betonfüße gelagert sind (Abb. 8.2-02). Die Zwischenlage Vlies ist nach heutigen Erkenntnissen überflüssig und sogar nachteilig. Die Lagestabilität ist aber immer noch ohne Beanstandungen, es sind weder Verschiebungen oder Wackeln der Platten noch Eindrückungen der Stützenfüße in die XPS-Platten festgestellt worden [101].

(2) Seit 1986 ist ein anderes System auf dem Markt, dessen Lagestabilität über ein Spannelement erreicht wird.
Der Fahrbelag aus Betonfertigteilplatten in den Abmessungen L x B x D = 90 cm x 90 cm x 8 cm, mit hoher Festigkeit (Mindestdruckfestigkeit C 45/55, entspricht einem B 55 nach DIN 1045) und hohem Frost- und Tausalzwiderstand wird aufgestelzt auf Gummischrotscheiben ø 40 cm (Abb. 8.2-03). Der Beton ist nicht bewehrt. Wichtiger Bestandteil dieses Parkdachsystems ist ein Spannelement, das im Schnittpunkt der Plattenfugen (im Mittelpunkt der Lagerscheibe) angeordnet wird und im verspannten Zustand die benachbarten Platten zu einer großen Scheibe verbindet. Die Verlegung erfolgt mit einem Vakuumgerät. Auf diese Weise entsteht ein lagestabiler Belag, der sich auch unter hoher Verkehrsbelastung seit über 15 Jahren bewährt hat (Abb. 8.2-04).

(3) Seit 1995 werden in Deutschland bewehrte Betonfertigteilplatten mit Abmessungen 110 cm x 110 cm x 9,5 cm in Anlehnung an (1) erfolgreich eingesetzt. Die Platten sind auf kunstharzgebundenen Gummischrotgranulattellern (ø 50 cm) gelagert. Fugenkreuze aus nicht rostendem Stahl dienen als Abstandhalter und Verlegehilfe (Abb. 8.2-05). Die Lagestabilität dieses Systems wird über das Plattengewicht (280 kp) und damit die größere Reibung erzielt. Wie bei (2) werden die plattierten Rinnen und Firste ausgerundet (Abb. 8.2-06).

Der Fahrbelag aus Fertigteilplatten kann sowohl auf einem Warmdach als auch auf einem Umkehrdach sowie für ungedämmte Parkdächer vorgesehen werden. Bei einer Verlegung auf gedämmten Dächern sollten nur hochdruckfeste Dämmstoffe wie Schaumglas (Warmdächer) oder extrudiertes Polystyrol (Umkehrdächer) verwendet werden.

**Die Hauptvorteile eines Belages mit aufgeständerten kleinformatigen Betonplatten (ca. 1,00 m x 1,00 m) sind:**

- Eine gleichbleibend gute Plattenqualität
  Durch die kontrollierte Fertigung sind günstige Bedingungen für eine hochwertige Betonqualität mit Mindestdruckfestigkeiten > 45 N/mm$^2$, einem niedrigen w/z-Wert, exakten Betondeckungen und einer gleichbleibenden Plattenoberfläche gegeben. Die Risikofaktoren Wetter (Temperatur, Regen, Frost und Hitze) sowie Baustelle (Ausbildung der Fugen und eine effektive Nachbehandlung des Betons) scheiden aus.

- Kürzere Montagezeiten als beim Ortbeton durch Wegfall der Erhärtungszeiten auf der Baustelle.
  Besonders dieser Vorteil hat auf stark frequentierten Parkdächern die Anwendung von Betonfertigteilplatten gefördert, wenn z. B. bei Sanierungen die schnelle Wiederbenutzung der Parkplätze wichtig ist.
- Im Falle von Undichtigkeiten oder späterer Montagearbeiten ist die Abdichtung sehr leicht zugänglich. Das Aufnehmen und Wiederverlegen der Platten erfolgt mit einem Vakuumhebegerät, das im Verleih verfügbar ist.
- Im Unterschied zu allen anderen Fahrbelägen ist eine gefällelose Verlegung möglich. Das in den offenen Fugen schnell versickernde Regenwasser kann in dem ca. 2 cm hohen aufgeständerten Hohlraum sehr zügig zu den Abläufen hin entwässern. Bei gefällelosen Umkehrdächern besteht wegen des diffusionsoffenen Aufbaus keine Gefahr einer Feuchtigkeitsaufnahme, wie aus zahlreichen Untersuchungen an älteren Dächern dieses Typs bestätigt wurde.

Die **Probleme dieser Bauweise** liegen in der exakten Maßgenauigkeit der vorgefertigten Platten sowie deren Verlegung. Platten mit größeren Fertigungstoleranzen oder eine unfachmännische Verlegung können bewirken:

- Kippeln der Platten um eine Diagonalachse, Probleme mit der 4-Punkt-Lagerung
- Verschiebungen innerhalb des Belages mit verengten und ausgeweiteten Fugen
- Höhensprünge zwischen zwei benachbarten Fahrbahnplatten
- Höhensprünge zwischen bei benachbarten Fertigteilplatten der Deckenkonstruktion (Überzähne, siehe Punkt 5.2)
- Höhensprünge innerhalb der Abdichtung an den Überlappungen der Nähte und Stöße, z. B. bei der Verwendung von 5 mm dicken Bitumenschweißbahnen. Diese Höhensprünge können, wenn sie nicht konsequent ausgeglichen werden, insbesondere bei Umkehrparkdächern in den XPS-Wärmedämmplatten einen Trampolineffekt bewirken.
- Klappern der leichtgewichtigen Platten, wenn diese bei der Reifenüberfahrt kurzzeitig etwas angehoben werden und dann auf das Lager wieder zurück fallen.
- Falsches Verlegekonzept, z. B. in einer U-Form, so dass die Fluchten und die höhengleichen Übergänge bei der Vereinigung nicht eingehalten werden können (Abb. 8.2-07).
- Eine Verlegung der Platten im Mörtelbett verbessert die Lagestabilität nur kurzzeitig, längerfristig entstehen in der Regel Fugenrisse mit anschließenden Mörtelausbrüchen und Lockerungen der Platten.

- Für steilere Rampenbeläge (> 7 %) sind Fertigteilplatten wegen der großen Schrägkomponente nur bedingt geeignet. Beim Plattentyp ohne Spannelement (3) sollten ab einer Steigung von 4 % Schubwinkel in Abständen von etwa 4 bis 5 Plattenreihen eingebaut werden.
- Ähnlich wie beim Umkehrdach mit Pflasterbelägen können sich auch beim Umkehrdach mit Betonfertigteilplatten unebene Abdichtungen mit größeren

**Abb. 8.2-01:** Aufgeständertes Parkdach in einem Aufbau als Umkehrdach mit größeren Betonfertigteilplatten (2,08 m x 1,38 m x 0,08 m) und anbetonierten Eckfüßen

**Abb. 8.2-02:** Lagerung der Eckfüße auf hochdruckfesten Extruderschaumplatten (XPS)

**Abb. 8.2-03:** Aufgeständerte Betonfertigteilplatten (unbewehrt, 0,90 m x 0,90 m x 0,08 m) mit einem Spannelement zu einer großen Scheibe verspannt

**Abb. 8.2-04:** Einbau der Betonplatten mit einem Vakuum-Verlegegerät

**Abb. 8.2-05 (oben links):** Betonfertigteilplatten (bewehrt 1,10 m x 1,10 m x 0,10 m), aufgeständert auf Gummischrotplatten ø 50 cm, Verlegung mit Fugenkreuzen durch ein Vakuum-Verlegegerät

**Abb. 8.2-06 (oben rechts):** Ausgerundete Firste und Täler für den Plattentyp 8.2-3 und 8.2-5

**Abb. 8.2-07 (rechts):** Plattenverlegung in U-Form oder O-Form sollte möglichst vermieden werden

Höhenversätzen durch die Bahnennähte und -stöße nachteilig auf die Lagestabilität des Belags auswirken. Eine Abdichtung mit 5 mm dicken Bitumenschweißbahnen ohne anschließende Ausgleichsmaßnahmen ist für eine intensive Verkehrsbelastung nicht geeignet.

## 8.2.1 Schäden in der Oberfläche von Betonfertigteilplatten

### Sachverhalt

Im Jahr 1990 erhielt ein großes Parkdach einen Belag aus Betonfertigteilplatten. Bereits nach dem ersten Winter zeigten einige Platten braune Flecken, die aber zunächst kaum Beachtung fanden. Nach dem nächsten Winter vervielfachten sich die braunen Flecke, und außerdem waren einige Steine – in erster Linie sol-

**Abb. 8.2-09:** Kleinformatige Platten (0,30 m x 0,30 m), die sich durch Pkw-Belastung vor einer Hotelanfahrt verdreht haben

für eine Verbesserung der Lagestabilität ist daher die dauerhaft gefüllte Plattenfuge, die gemäß der DIN 18318 wie beim Verbundsteinpflaster eine Breite zwischen 3 und 5 mm haben sollte. Als Fugenfüllung empfiehlt sich ein Splitt 1/3 mm aus gebrochenem Gestein.

Obwohl durch eine größere Plattenhöhe eine Verbesserung der Lagestabilität erreicht werden kann, wird für solche durch Schub beanspruchten Fahrbereiche von einer Verwendung sehr leichter und kleinformatiger Platten abgeraten.

## 8.2.3 Risse und Plattenbrüche in einem Belag aus Betonfertigteilplatten im Mörtelbett

### Sachverhalt

Etwa 1980 wurde auf einem gedämmten Parkdach eines Verbrauchermarktes mit nicht sehr hohem Pkw-Verkehr ein Belag aus Betonfertigteilplatten im Mörtelbett verlegt (Abb. 8.2-10). Nach einer anfänglich guten Lagestabilität hatte es seitdem immer wieder Probleme mit dem Belag gegeben. Es zeigten sich Risse in den Fugen, Risse in den Betonplatten, Brüche in den Platten bis hin zur Zerstörung ganzer Teilbereiche (Abb. 8.2-11).

Der Schichtenaufbau des Warmdaches von oben:

- Plattenbelag aus Betonwerksteinen 80 cm x 80 cm, d = 8 cm, im Mörtelbett, ca. 3 cm
- eine Lage Vlies
- Abdichtung aus Bitumenbahnen
- Wärmedämmung, Material und Dicke unbekannt
- Betondecke aus Fertigteilen

Das Quergefälle betrug ca. 2 %

Größere Undichtigkeiten hatte es nicht gegeben.

### Ursachen und Schlussfolgerungen

Die Mörtelverlegung eines Plattenbelages für die Aufnahme von Pkw-Radlasten hat sich nicht bewährt. Durch die dynamische Beanspruchung des Belages, die Schubbelastung aus Bremsen und Beschleunigen, besonders in den Kurven, wird vor allem die Mörtelfuge überbeansprucht. Die Folge sind feine Risse in der Fuge, in die zunehmend Wasser eindringt. In Verbindung mit Frost, Regen und Hitze wird die Fuge weiter zerstört, bis einzelne Mörtelstreifen durch den Reifensog aus der Fuge herausgezogen werden. Schließlich dringt Wasser auch unter die Betonplatte, die nun zunehmend gelockert wird. In dieser Phase wird die Platte extrem durch Reifenstöße beansprucht, was zu Kantenabplatzungen und Plattenbrüchen führt.

Weitere Einzelheiten über vermörtelte Fahrbeläge sind im Schadensfall 8.3.10 behandelt.

### Nachbesserung

Eine Totalsanierung ist beabsichtigt, wurde aber aus Kostengründen bisher nicht durchgeführt. Vorgesehen ist ein Totalabriss und ein Neuaufbau als Umkehrdach mit aufgeständerten Betonfertigteilplatten 1,10 m x 1,10 m x 0,10 m oder 0,90 m x 0,9 m x 0,08 m mit Spannelementen.

**Abb. 8.2-10:** Im Mörtelbett verlegte Betonfertigteilplatten (0,80 m x 0,80 m)

**Abb. 8.2-11:** Zerstörte Platten im Mörtelbett vor einer Rinne

## 8.2.4 Veränderungen in den Fugenbreiten eines Belages aus Betonfertigteilplatten

### Sachverhalt

In einem Parkdach als Umkehrdach mit einem Belag aus 1,10 m x 1,10 m x 0,095 m großen Fertigteilplatten hatte sich nach einjähriger Liegezeit eine Fuge innerhalb eines Gefälleabschnitts von ursprünglich 4,5 bis 6 mm bis zu einer Breite von 9 mm ausgeweitet (Abb. 8.2-12). Der Fugenspalt hat sich seitdem nicht verändert.

Auf einem anderen Parkdach als Umkehrdach mit verspannten Fertigteilplatten 0,90 m x 0,90 m x 0,08 m mit einem Gefälle von 2,5 % war unbemerkt vom Betreiber eine Fuge im Firstbereich mit einer Breite von 13 mm entstanden (Abb. 8.2-13). Andere Plattenfugen im Rinnenbereich hatten sich verengt. Diese Ausweitung bzw. Verengung der Fugen hatte sich kontinuierlich in den letzten sechs Jahren seit der Herstellung entwickelt.

Die Funktion beider Parkdächer war durch die Veränderung der Fugenbreiten nicht beeinträchtigt. Im eigentlichen Sinne lag deshalb auch kein Mangel vor; er könnte sich aber möglicherweise entwickeln und sollte deshalb beobachtet werden.

### Ursachen

Es gibt im Wesentlichen folgende Ursachen für die Verschieblichkeit von Belägen aus Fertigteilplatten unter Verkehrsbelastung:

1. Zu große Fertigungstoleranzen in den Plattenabmessungen
   Die zulässigen Grenzabmaße und Ebenheitstoleranzen sind in der DIN 18500 „Betonwerkstein, 1991-4“ festgelegt. Danach dürfen die Toleranzen für die Seitenlänge sonstiger Werkstücke bei Längen unter 1000 mm 2 mm und über 1000 mm 4 mm betragen. Dieser Wert ist für eine genaue Verlegung von Betonfertigteilplatten, die dynamischen Lasten ausgesetzt sind, viel zu hoch, er darf bei höchstens < 1 mm liegen.
2. Ausbildung von breiteren Fugen in den Gefällebrechpunkten am First, Fugenverengung im Tal
   Wenn zwischen zwei benachbarten Platten ein Gefällebrechpunkt liegt, weitet sich die Fuge unvermeidbar nach oben oder nach unten aus. Dadurch entsteht schon bei einer Ausrundung im First aus geometrischen Gründen eine Fugenverbreiterung an der Oberfläche von ursprünglich 4,5 mm auf 7 bis 9 mm. Entsprechend sind die Fugen im Rinnenbereich an der Oberseite der Fuge enger (Abb. 8.2-14).
   Im vorliegenden Fall ist es also noch zu zusätzlichen Verschiebungen im Gefällebereich gekommen, wahrscheinlich weil die Verspannung sich gelockert hat. Die Fuge hätte sich bei weitem nicht so verbreitert, wenn man rechtzeitig die Spannschraube (siehe 8.2 Einleitung) nachgezogen hätte.

3. Keine exakte Plattenverlegung mit zu großen Abständen zwischen Plattenrand und Lagerkreuz
   Bei dem Plattensystem mit Spannelementen zwischen den Platten ist das Risiko von breiten Fugen durch fehlerhafte Verlegung und der geringen Dicke gegeben.

### Nachbesserung

Da es sich nur um eine relativ geringe optische Beeinträchtigung handelte, wurde in beiden Fällen zunächst keine Nachbesserung vorgenommen. Sollte die Fuge sich entgegen den Erwartungen noch weiter verbreitern, muss im ersteren Fall ein Bereich von ca. 4–6 Platten neu verlegt und im anderen Fall die Platten im Firstbereich neuverlegt und nachgespannt werden.

### Schlussfolgerungen

- Bei der Verlegung der Fertigteilplatten über die Hoch- und Tiefpunkte ist es erforderlich, die Lagerhöhen im First niedrig zu halten und in der Rinne zu erhöhen. So wird aus dem Polygonzug eine leicht gewellte Oberfläche mit Ausrundungen. Damit gelingt es, die Fugenspreizung an den Hochpunkten und die Fugenverengung an den Tiefpunkten zu reduzieren.
- In einem Belag mit Fertigteilplatten bei einer Plattengröße von 1,00 m x 1,00 m sind ungleiche Fugenabstände schon bei der Fertigung, der Verlegung und der Gefälleverhältnisse unvermeidbar. Daher ist die DIN 18 318 „Verlegearbeiten – Pflasterdecken, Plattenbeläge, Einfassungen – 2000-12“ [28] in Bezug auf die Fugenbreite nicht anwendbar. Dies sollte zwischen dem Bauherrn und dem Auftragnehmer auch klar definiert werden. Ein Grenzwert von 7 mm (am First 10 mm) sollte aber nicht überschritten werden. Bei Überschreitung dieses Grenzwerts ist u.U. eine Neuverlegung dieser Teilfläche erforderlich.
- Die DIN 18 318 [28] ist daher für die Toleranzen von Fugenbreiten zwischen zwei benachbarten Fertigteilplatten bei Ausrundungen im First- oder Rinnenbereich nicht anwendbar.
- Anwendbar ist die DIN 18 318 aber in Bezug auf die Höhensprünge zwischen zwei benachbarten Fertigteilplatten (Abb. 8.2-15). Diese Differenzen sollen nicht mehr als 5 mm betragen (Punkt 3.2.3, Platten mit grob-rauer Oberfläche).
- Bei einem gefällelosen Parkdach, das – wie bereits erwähnt – keine entwässerungstechnischen Probleme hat, kann die Fugenbreite nahezu konstant zwischen 5,0 und 6,5 mm gehalten werden.
- Das Fugenbild und die Ebenheit des Plattenbelags wird entscheidend bestimmt durch die Qualifikation der Verlegekolonne. Die Erfahrung zeigt, dass es wesentlich einfacher ist, einen normalen Plattenbelag in Mörtel/Splitt oder ein

Verbundpflaster zu verlegen, als einen aufgeständerten Belag aus Betonfertigteilplatten der Größe 1,00 m x 1,00 m.

- Damit beginnende Schäden schon frühzeitig erkannt werden, ist unabhängig vom Belagstyp eine jährliche Wartung eines Parkdaches erforderlich, die nach Möglichkeit vertraglich geregelt sein sollte. Die Musterverträge des Zentralverband des Deutschen Dachdeckerhandwerks e.V., Köln, geben Hinweise zur vertraglichen Gestaltung solcher Wartungsarbeiten.

**Abb. 8.2-12:** Ausgeweitete Fugen durch Maßtoleranzen der Plattenabmessungen

**Abb. 8.2-13:** Ausgeweitete Fugen durch Ausrundungen des Belags im Firstbereich

**Abb. 8.2-14:** Ausrundungen eines Plattenbelags mit Gefälle; Fugenverbreiterung im First und Verlegung in der Rinne

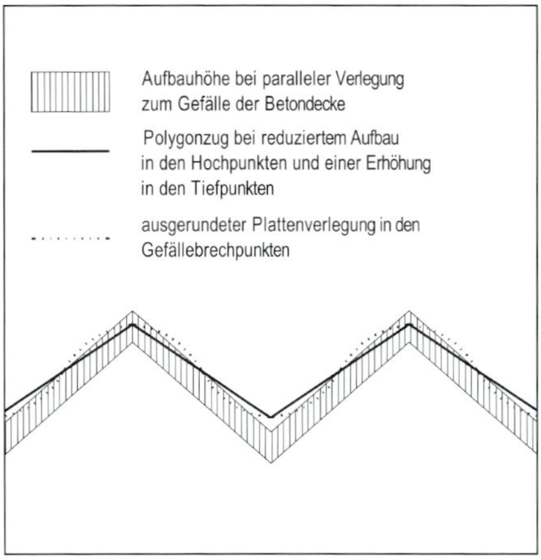


**Abb. 8.2-15:** Zulässige Höhendifferenzen zwischen benachbarten Platten

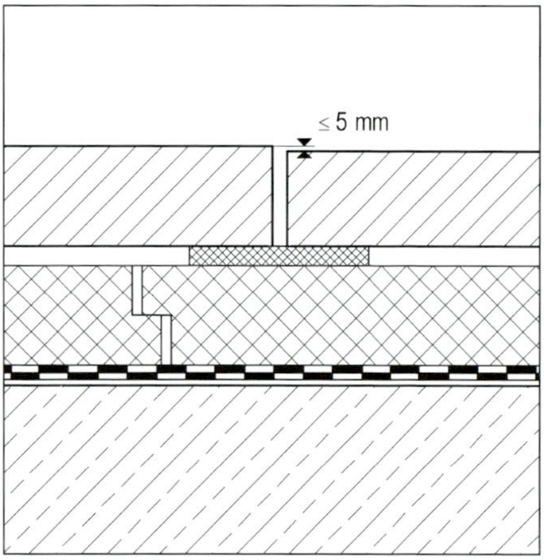

### 8.2.5 Kippeln der Fertigteilplatten

Fall 1: Kippelnde Platten innerhalb der Fläche

#### Sachverhalt

Auf einem Parkdach wurde kurz nach der Inbetriebnahme festgestellt, dass einige Fertigteilplatten wackelten. Die Platten kippten jeweils um eine Diagonalachse, was schon beim Begehen bemerkbar war.

Eine Öffnung des Aufbaues unter einer wackelnden Platte zeigte Hohllagen in einer Plattenecke mit einem Abstand zwischen Oberkante Lagerplatte und Unterkante Betonplatte von ca. 5 mm

#### Ursache

Es lagen offensichtlich Verlegefehler vor, da die erforderlichen dünnen Auflagerscheiben aus Gummigranulat von 3 bzw. 5 mm für die Feinjustierung in einem Plattenlager nicht verwendet wurden (Abb. 8.2-16). Eindrückungen in den Wärmedämmplatten, die ein ähnliches Schadensbild zeigen, lagen nicht vor.

#### Nachbesserung

Da an beiden Auflagerpunkten jeweils die drei anderen Platten einwandfrei lagerten, wurde für die Lagerfläche der kippelnden Platte nur ein Viertelstück einer Lagerscheibe als Höhenanpassung unterlegt. Danach wurden alle vier Platten mit dem Vakuumhebegerät wieder verlegt und die Lagestabilität überprüft.

Fall 2: Kippelnde Betonplatten an den Überfahrten zu starren Belägen

#### Sachverhalt

In einer Ausfahrt vom Parkdach mit Betonfertigteilplatten zu einer Ortbetonfläche wurde bereits nach wenigen Monaten der Fertigstellung bemerkt, dass zwei Platten aus der letzten Reihe wackelten, wenn ein Pkw darüber fuhr. In der letzten Reihe betrug der Abstand zum Ortbetonbelag nur 0,60 m und deshalb musste die Plattenlänge von ursprünglich 1,10 m auf 0,60 m verkürzt werden (Abb. 8.2-17).

#### Ursachen

Die Erfahrung hat gezeigt, dass an solchen Überfahrten das Gewicht der Platten in der ersten Reihe mindestens das 0,8-fache des Ursprungsgewichts haben muss. In diesem Fall hätte die Plattenlänge mindestens 0,8 x 110 = 88 cm betragen müssen, sie betrug aber nur 60 cm.

Der Grund für eventuelle Instabilitäten an den Überfahrten zu anderen Belägen ist das unterschiedliche Verformungsverhalten zwischen einem nahezu starren Belag (Ortbetonplatten) und der sich um einige Millimeter eindrückenden Betonfertigteilplatte. Das Lager der Fertigteilplatten besteht aus einem kunstharzgebundenen Gummigranulat, das die dynamische Belastung sehr wirkungsvoll mit einer kleinen Eindrückung abfedert. Damit es bei diesem Wechsel von einem nahezu starren Belag zum leicht verformbaren Fertigteilbelag keine Instabilitäten gibt, wird möglichst viel Plattengewicht benötigt, das in diesem Fall nicht ausreichend vorhanden war.

## Nachbesserung

Eine Nachbesserung wurde bis jetzt noch nicht durchgeführt, da das leichte Kippeln für den Pkw-Verkehr keine große Belästigung darstellt. Im Falle einer Nachbesserung gibt es folgende Möglichkeiten:

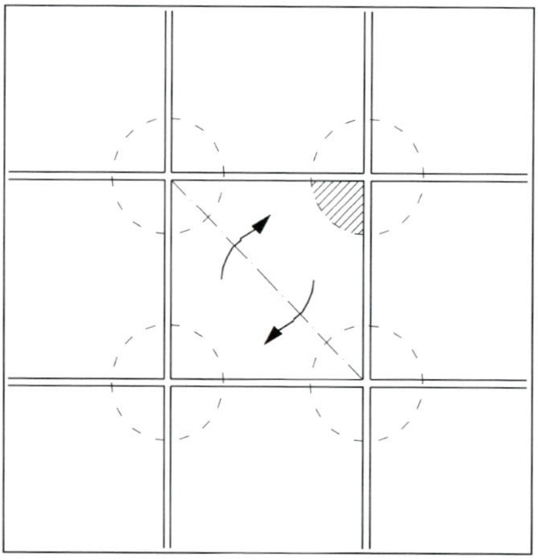

**Abb. 8.2-16 (oben links):** Kippeln bei einer vierpunkt-gelagerten Betonplatte

**Abb. 8.2-17 (oben rechts):** Kippeln durch zu schmale Platten in der Ausfahrt eines Parkdachs mit hoher Pkw-Belastung

**Abb. 8.2-18 (links):** Ausbetonieren schwieriger geometrischer Übergänge zum Plattenbelag, z.B. am Fußpunkt einer Spindel

- Die einfachste Methode: Austausch der letzten mit der vorletzten Plattenreihe. Erfahrungsgemäß liegt eine kürzere Fertigteilplatte innerhalb der Fläche vor der Überfahrt viel problemloser als direkt im Übergangsbereich.
- Ausbetonieren des 0,6 m breiten Streifens mit einem kunststoffvergüteten und schnell erhärtenden Spezialbeton.

### Schlussfolgerungen

Aus den angeführten Beispielen geht hervor, dass eine exakte Verlegung eine wesentliche Voraussetzung dafür ist, dass die Platten unter Verkehr stabil liegen. Darüber hinaus müssen insbesondere die Fahrbahnübergänge sorgfältig geplant werden. Häufig ist die ausschließliche Verlegung von Fertigteilplatten schon aus geometrischen Gründen bis direkt an die Ein- oder Ausfahrt nicht sinnvoll; es empfiehlt sich stattdessen die Verwendung von Ortbeton oder Asphalt (auf ungedämmter Fläche) für den Einbau im Übergangsbereich. So wäre es z.B. unzweckmäßig, den Flächenbereich an einer Überfahrt zu einer gekrümmten, ungedämmten Rampe mit Fertigteilplatten zu belegen, da dieses nur mit mehreren, gesägten und damit leichten und verschieblichen Dreiecksplatten hätte erreicht werden können. Aus diesem Grund sollte so ein Kreissektor nicht plattiert, sondern mit Ortbeton betoniert werden (Abb. 8.2-18).

Wichtig für die Planung und Ausführung ist außerdem, dass die Wärmedämmplatten in den Fahrstraßen möglichst eine gleichbleibende Dicke, zumindest aber keine abrupten Höhensprünge haben sollten. Diese Niveauunterschiede bedingen unterschiedliche Lagerdicken, was ebenfalls zu kleinen Verschiebungen führen kann.

## 8.3 Schäden an Belägen aus Betonsteinpflaster

Fahrbeläge aus Betonsteinpflaster haben sich seit Jahrzehnten im Straßenbau und als Hofbefestigungen selbst unter Lkw-Belastungen bewährt. So war es naheliegend, diese kostengünstige und optisch ansprechende Bauweise auch auf gedämmten und ungedämmten Parkdächern auszuführen. Hierbei zeigte sich aber, dass einige wesentliche Unterschiede zwischen einer Verlegung auf Erdplanum einerseits und auf einer verformbaren Betondecke mit geringem Dickenaufbau andererseits nicht ausreichend berücksichtigt wurden. Die Hauptunterschiede sind:

(1) Im Unterschied zu einem Pflasterbelag auf Erdplanum, wo eindringendes Regenwasser bei geeignetem Unterbau in der Regel direkt und schnell unter dem Pflasterbelag versickern kann, sind auf einem Parkdach mit Betonstein-

pflaster die Entwässerungswege und damit die Verweilzeit des Wassers im Dachaufbau wesentlich länger.

(2) Die Möglichkeit einer optimalen Verdichtung zur Erzielung hoher Festigkeiten sind beim Erdplanum wesentlich besser als bei einem dünnschichtigen Parkdachaufbau.

(3) Der Verformungswiderstand ist beim dünnschichtigen Parkdachaufbau noch weiter reduziert, wenn – wie in der Praxis zunehmend der Fall – verformbare und vibrierende Fertigteilplatten in der Konstruktion verwendet werden.

(4) Die Anordnung von verformbaren Wärmedämmplatten wirkt, besonders dann wenn diese hohl liegend eingebaut werden, verstärkend zu Punkt (3). Dies gilt insbesondere für Umkehrdächer.

Diese nicht genügend berücksichtigten Unterschiede führten auf zahlreichen Parkdächern mit Belägen aus Betonsteinpflaster teilweise zu erheblichen Schäden :

- Horizontale Verschiebungen mit zum Teil starker Fugenausweitung bis hin zur völligen Lockerung des Pflasterverbundes
- Vertikale Absenkungen der Betonsteine
- Schrägstellung der Betonsteine
- Stehendes Wasser im bzw. auf dem Pflasterbelag
- Kantenabplatzungen an den Betonsteinen
- Zerstörung der Abdichtung und der Dämmplatten durch Einstanzen der Betonsteine
- Kornzertrümmerung und Zermahlen von Kies- oder Splittkörnern aus der Pflasterbettung mit Zementmilchbildung auf der Pflasteroberfläche

Die vorgenannten Schadensbilder treten in der Regel mit zunehmender Verkehrsintensität (Anzahl der Fahrzeuge pro Tag) verstärkt auf. Ist diese sehr hoch, muss die Frage gestellt werden, ob ein Fahrbelag aus Betonsteinpflaster für das betreffende Parkdach überhaupt geeignet ist und ob nicht ein wesentlich lagestabilerer Belag aus Ortbeton-, Betonfertigteilplatten oder Gussasphalt vorzuziehen ist. Festgelegte Grenzwerte, ab welcher Verkehrsfrequenz von Betonsteinpflaster grundsätzlich abgesehen werden sollte, gibt es nicht, da die Einflussfaktoren zu vielfältig sind.

Die Hauptursachen für die vorgenannten Schadensbilder sind:

(1) Planungsfehler (ungenügende Entwässerung, fehlerhafter Gesamtaufbau, falsche Wahl der Baustoffe)

(2) Ausführungsfehler (hohl liegende Dämmplatten im Umkehrdachaufbau, ungleichmäßige Dicken in der Bettungsschicht, keine Filterstabilität zwischen Pflasterbettung und Fugensand, zu schmale oder zu breite Pflasterfugen,

unzureichende Verdichtung, ungenügende Fugenfüllung, kein frühzeitiges Nachsanden usw.)

Nachfolgend werden nur Schäden an Pflasterbelägen, an der Bettungsschicht oder an der Wärmedämmung behandelt. Schäden in der Abdichtung sind kein spezifisches Problem von Parkdächern mit Betonsteinpflaster und werden an anderer Stelle eingehender behandelt.

Die nachfolgend gezeigten Schäden traten hauptsächlich bei Umkehrdächern auf. Hieraus kann aber nicht ohne weiteres gefolgert werden, dass in erster Linie dieser Aufbau für die zahlreichen Schäden an Pflasterbelägen verantwortlich ist. Die meisten der zuvor erwähnten Schadensbilder gelten gleichermaßen für Pflasterdecken auf einem Warmdach oder in einem ungedämmten Aufbau. In den Fällen, wo das Umkehrdach besondere Risiken für die Lagestabilität des Pflasterbelages bedeuten kann, wie z. B. bei hohl liegenden Dämmplatten oder eindringendem Benzin, wird hierauf in einzelnen Schadensbeispielen gesondert eingegangen.

Generell wird darauf hingewiesen, dass Pflasterbeläge auf verformbaren Betondecken mit einem dünnschichtigen Dachaufbau **unter hoher Verkehrsbelastung** (z. B. auf Verbrauchermärkten) für die Lagestabilität des Pflasters, die Dauerhaftigkeit sowie für die Abdichtung und die Wärmedämmplatten problematisch sind. Dies ist auch der Grund dafür, dass das zuständige Merkblatt für Flächenbefestigungen mit Pflaster und Plattenbelägen, ergänzte Fassung, Anhang 2 [29] vor kurzem zunächst ersatzlos zurückgezogen wurde.

Pflasterbeläge **auf Rampen** sollten möglichst vermieden werden.

Pflasterbeläge auf Dachflächen mit **vorwiegend ruhendem Verkehr** (z.B. für Büros) sowie auf Tiefgaragen mit massiver Deckenkonstruktion und hohem Granulataufbau sind geeignet. Aber auch dort sollten die nachfolgend behandelten Schadensursachen in Planung und Ausführung vermieden werden.

In vielen Fällen sind mehrere Ursachen für ein Schadensbild verantwortlich. Durch deren Addition wird der Schadensfortschritt beschleunigt und der Schadensumfang meistens vergrößert. Bei den nachfolgenden Beispielen wird in solchen Fällen jeweils die Hauptschadensursache genannt, auch wenn noch weitere, aber weniger bedeutende Faktoren das Schadensbild verstärkt haben.

### 8.3.1 Horizontale Verschiebungen und vertikale Einsenkungen im Pflaster durch zu geringes Gefälle

#### Sachverhalt

Auf einem Parkdach eines Verbrauchermarktes mit Umkehrdachaufbau zeigten sich bereits nach einem halben Jahr intensiver Verkehrsnutzung horizontale Verschiebungen in den Fahrstraßen. Es entstanden offene, breite Fugen zwischen den Betonsteinen bis zu einer Breite von 2 cm, andere Fugen verengten sich auf nur wenige mm (Abb. 8.3-01). Der Fugensand war zum größten Teil nicht mehr in der Fuge vorhanden. Ein Teil der Fugenfüllung war in die Pflasterbettung eingesickert, der Rest war vollkommen ausgespült. Größere Vertikalverformungen stellten sich erst im nachfolgenden Winter in Verbindung mit Frost ein. Das Gefälle in der Abdichtung und Belagsoberfläche betrug ca. 1,0 %. Der Entwässerungsweg vom Hochpunkt bis zum Ablauf betrug teilweise bis zu 19 m.

Die benachbarten Pkw-Stellplätze zeigten keine Belagsschäden.

Bei einer Öffnung wurde folgender Schichtenaufbau von oben nach unten vorgefunden:

- Betonsteinpflaster, d = 8 cm
- Pflasterbettung, Splitt 2/5 mm, d = i.M. 4 cm
- Kunststoffvlies, diffusionsoffen
- Wärmedämmplatten aus Extruderschaum (XPS), zulässige Dauerdruckspannung 0,18 N/mm$^2$ bei 2 % Stauchung, d = 8 cm
- Abdichtung mit Bitumenbahnen
- Betondecke aus vorgespannten Betonfertigteilen, l = 10 m mit nachträglicher Vermörtelung der Längs- und Querfugen.

Ein mehrmaliges Nachsanden stabilisierte den Belag jeweils nur für kurze Zeit, danach entleerten sich die Fugen immer wieder in unterschiedlicher Tiefe.

#### Ursachen

Die Hauptursache für diesen Schaden war ein zu geringes Gefälle auf der Abdichtungsebene und der Pflasteroberfläche von nur 0,5–1,0 %, noch dazu über eine Entfernung zwischen Hochpunkt und Ablauf von bis zu 19 m. Eine Öffnung des Dachaufbaues ca. zwei Stunden nach einem Regen ergab, dass die Bettungsschicht aus Splitt 2/5 mm sehr nass war und teilweise sogar noch stehendes Wasser enthielt.

Die Fahrzeugreifen belasteten während des Regens und danach noch für einige Zeit eine Wasser gesättigte Bettungsschicht. Durch die Wassersättigung wird die innere Reibung und die Scherfestigkeit der Pflasterbettung erheblich reduziert, der Belag „schwimmt“. Diese Erscheinung ist als Porenwasserüberdruck aus dem Straßenbau bekannt, wo es bei Belastung gesättigter Frostschutzschichten zu Verschiebungen und Verdrückungen kommen kann [67]. Neben der Verringerung der Scherfestigkeit der Pflasterbettung entleeren sich außerdem die Fugen durch Reifensog bei Nässe. In dieser Kombination ist der Verformungswiderstand der Pflasterdecke (Pflaster plus Bettung) stark reduziert, und die Betonsteine lassen sich leicht verschieben. Die Verschiebungen sind um so größer, je länger und höher sich das Wasser in der Pflasterbettung aufstaut und je intensiver der Verkehr hierauf einwirkt. Eine so entstehende Instabilität des Pflasterbelages kann sich verhältnismäßig schnell einstellen, besonders dann wenn es trotz häufigen Nachsandens nicht gelingt, die Fugen geschlossen zu halten.

### Nachbesserung

Da mit einer baldigen völligen Instabilität des hoch beanspruchten Pflasterbelages zu rechnen war, musste eine umfassende, schnelle und dauerhafte Lösung gefunden werden. Hier bot sich der Ersatz des Pflasterbelages durch einen Belag aus aufgeständerten Betonfertigteilplatten an. Die Gründe für diese Lösung waren:

- Das Gefälle konnte nicht erhöht werden, da die Bauhöhen nicht zur Verfügung standen. Es musste daher ein neuer Aufbau gefunden werden, bei dem das Gefälle nicht verändert zu werden brauchte. Durch die Aufständerung der Platten auf Speziallagern entstand ein Hohlraum von normalerweise 1,5–2 cm (in diesem konkreten Fall sogar 2,5 cm), bei dem ein ungebremster Abfluss sogar von extrem hohen Niederschlagsmengen sichergestellt war.
- Aus Kostengründen sollten bei einem neuen Dachaufbau möglichst die vorhandenen und funktionsfähigen Schichten Abdichtung und Wärmedämmung wieder verwendet werden. Durch die gefundene Lösung mit aufgeständerten Betonfertigteilplatten konnte der vorhandene Umkehrdachaufbau erhalten werden, was eine beachtliche Kostenersparnis bedeutete. Die Bauweise entsprach der dafür zuständigen Zulassung [21], Ausführung C.
- Die zu sanierende Fläche wurde sehr intensiv befahren. Sie war die Verteilerplattform mit dem gesamten Ein- und Ausfahrtsverkehr des Parkdaches sowie zwei weiteren seitlich abgehenden Fahrstraßen. Alle wesentlichen Beschleunigungen, Bremsvorgänge und Kurvenfahrten fanden auf dieser Fläche statt.
  Es war daher von großer Bedeutung, für die Sanierung einen Belag auszuwählen, der sehr zügig und unter voller Aufrechterhaltung des normalen Fahrverkehrs verlegt werden konnte. Einschränkungen in der Nutzung des Parkdaches, z. B. als Folge von längeren Erhärtungszeiten bei Ortbetonplatten wurden nicht akzeptiert (Abb. 8.3-02).

Der aufgebrachte Belag aus Betonfertigteilplatten, 1,10 x 1,10 m, d = 9,5 cm wurde auf Speziallager aus kreisrunden Gummischrotplatten, ø = 50 cm mit einem Vakuum- Hebefahrzeug aufgelegt. Die Gesamtaufbauhöhe mit dem Belag aus Betonplatten musste exakt an die vorhandene Höhe der angrenzenden Parkflächen, deren Pflasterbelag nicht erneuert wurde, angepasst werden. Dies wurde mit unterschiedlichen Höhen der Lagerplatten (1 bis 2,5 cm) erreicht. In einem anderen Schadensfall wurde das instabile Pflaster der Fahrspur durch Ortbetonplatten ersetzt (Abb. 8.3-03). Voraussetzung für eine solche Maßnahme mit Ortbeton ist ein Gefälle in der Abdichtung und in der Oberfläche von mindestens 2 % (Warmdach) bzw. 2,5 % (Umkehrdach).

Bei nur wenigen Radübergängen, z. B. von der Fahrstraße auf den benachbarten Parkbereich, ist lediglich ein Lochblechwinkel und ein wasserdurchlässiger Vliesstreifen vorzusehen. Hierdurch wird verhindert, dass die Splittschicht unter dem Pflaster nicht in den aufgeständerten Hohlraum des Plattenbelags einsickert (Abb. 8.3-04).

In den Fahrstraßen muss im Übergangsbereich von der neuen zur alten Fahrstraße ein Betonbalken angeordnet werden, damit die ersten Pflasterreihen nicht verdreht oder verschoben werden (Abb. 8.3-05).

### Schlussfolgerungen

Gerade in den ersten Jahren der Liegezeit eines Parkdaches mit Betonsteinpflaster erfolgt die Entwässerung hauptsächlich innerhalb der Bettungsschicht, beim Umkehrdach auch z. T. in den Fugen und unterhalb der Dämmplatten. In dieser Phase reicht ein Gefälle von ca. 1,0 % bei weitem nicht aus, wie bereits unter Punkt 4.1 „Gefällegebung und Entwässerung" erwähnt. Nur bei einem deutlichen Gefälle wird verhindert, dass sich in der Anfangszeit Stauwasser in der Bettung und damit ein gefährlicher Porenwasserüberdruck einstellen kann. Dieses Mindestgefälle von 2,5 % darf nicht unterschritten werden [21], [28], [29]. Es ist eine von mehreren wichtigen Voraussetzungen dafür, dass im Pflasterbelag keine größeren Verformungen auftreten und die Fugen gefüllt bleiben.

Erst im Laufe der Zeit, wenn der Pflasterbelag sich infolge der Verkehrsbelastung verdichtet hat und auch die Pflasterfugen durch Ansammlung von Humus, Moosen und Flechten dichter geworden sind, entwässert das Regenwasser mehr und mehr über die Oberfläche.

In einem anderen Schadensfall ist es auf einem ungedämmten Parkdach aus demselben Grund zu Pflasterverschiebungen in den Fahrspuren gekommen (Abb. 8.3-06). Ausschlaggebend war auch hier ein zu geringes Abdichtungsgefälle und damit die lange Verweilzeit des in die Bettung eingedrungenen Regenwassers.

Die Nachbesserung dieses Schadens zeigt eine kostengünstige Möglichkeit, die schadhaften Pflasterflächen in den Fahrspuren durch einen lagestabilen Betonplattenbelag zu ersetzen, ohne dass die einwandfreien gepflasterten Parkflächen ersetzt werden. Voraussetzung hierzu sind allerdings in etwa gleiche Aufbauhöhen.

Abweichend von der vorerwähnten generellen Forderung nach einem eindeutigen Gefälle, sowohl in der Abdichtungsebene als auch in der Oberfläche, gibt es andererseits Beispiele für lagestabile, gepflasterte Parkdächer ohne Gefälle mit folgendem Aufbau:

- Pflastersteine 25 cm x 25 cm, d = 8 cm, aus Einkornbeton („Dränstein") mit gezackten Kanten (Abb. 8.3-07)
- Bettungsschicht aus einer Lava-Schüttung 1/8 mm, d = 4 cm
- Schlackengranulat 0/32 mm, d = 12 cm
- Gefälleloser Umkehrdachaufbau

Bei diesem Aufbau ist aus ökologischen Gründen (geringere Beanspruchung des öffentlichen Abwassernetzes im Falle plötzlicher und ergiebiger Niederschläge) die sonst gewünschte schnelle Entwässerung über die Pflasteroberfläche bewusst nicht beabsichtigt, sondern eine längere Verweilzeit des Regenwassers im Dachaufbau. Damit kein Porenwasserüberdruck in der Bettungsschicht auftritt, werden die Gesteinsschichten dicker bemessen (16 anstatt 4 cm), was natürlich auch eine dickere Betondecke voraussetzt. Eine Mindestdurchlässigkeit muss aber zur Vermeidung von Stauwasser gewährleistet sein. Entsprechend den For-

**Abb. 8.3-01:** Breite und stark eingeengte Pflasterfugen in einer verkehrsreichen Fahrstraße (Gefälle ca. 1 %)

**Abb. 8.3-02:** Sanierter Bereich mit hoher Verkehrsbelastung; Austausch des instabilen Pflasters durch aufgeständerte Betonfertigteilplatten

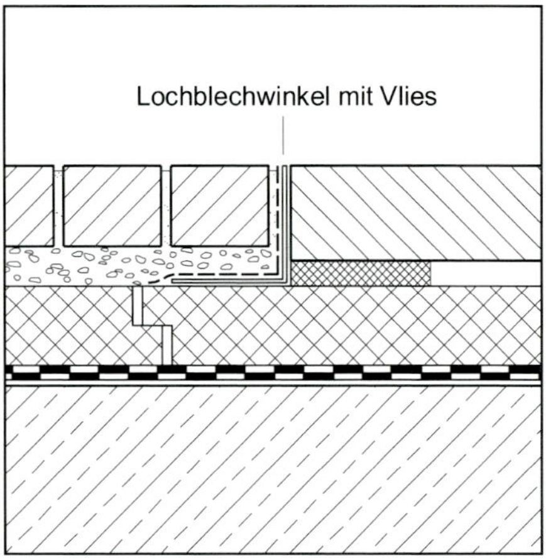


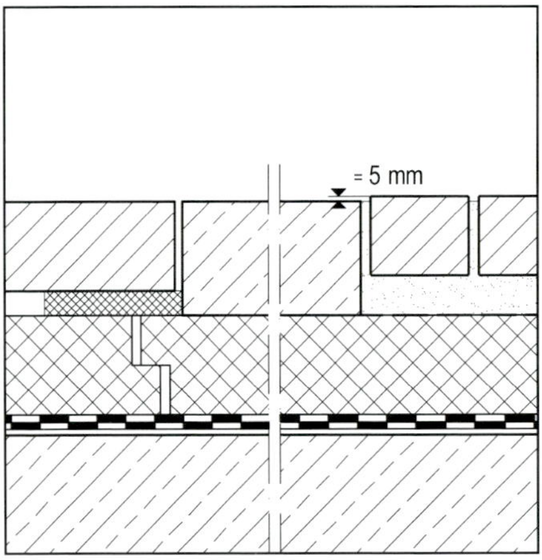

**Abb. 8.3-03 (oben links):** Sanierte Fahrstraße; Ersatz des instabilen Pflasters durch Ortbetonplatten

**Abb. 8.3-04 (oben rechts):** Anordnung eines gelochten Alu-Winkels bei wenig Radüberfahrten im Übergang Fahrstraße/Parkbereich

**Abb. 8.3-05 (Mitte links):** Anordnung eines Betonbalkens bei intensivem Fahrverkehr im Übergang Fahrstraße/Fahrstraße

**Abb. 8.3-06 (Mitte rechts):** Pflasterverschiebungen auf einem ungedämmten Parkdach wegen zu geringen Gefälles

**Abb. 8.3-07 (links):** Pflastersteine 25 cm x 25 cm als Dränsteine mit einem dicken Granulatunterbau auf einem gefällelosen Parkdach

**Abb. 8.3-08:** Stehendes Wasser in der nur 4 cm dicken Bettungsschicht unter einem Dränpflaster

derungen des „Merkblatts für wasserdurchlässige Befestigungen von Verkehrsflächen“ muss der Durchlässigkeitsbeiwert $k_f$ > 5,4 x 10-5 m/sec. betragen.

Auf keinen Fall darf aber die Kombination Dränpflaster auf einem dünnen Gesamtschichtenaufbau ausgeführt werden, da hiermit die dünne Bettungsschicht die gesamte Entwässerung übernehmen muss und dazu nicht in der Lage ist. In einem solchen Schadensfall (Abb. 8.3-08) ist das Wasser in der Bettung unter einem Dränpflaster erkennbar, obwohl dieses sogar in einem Gefälle von 2,5 % verlegt worden ist.

## 8.3.2 Horizontale Verschiebungen und vertikale Einsenkungen im Pflasterbelag durch Wasserstau vor den Abläufen wegen fehlender Dränmatte

### Sachverhalt

Auf einem Parkdach zeigten sich innerhalb der Fahrstraßen bereits zwei Jahre nach der Inbetriebnahme breite Fugen mit Pflasterverschiebungen in der Nähe der Dachabläufe (Abb. 8.3-09). Im Laufe von weiteren drei Jahren hatten sich die Belagsschäden ausgehend von den Dachabläufen großflächig in die Fahrstraßen ausgebreitet. Das Umkehrparkdach war mit einer hohen Verkehrsfrequenz belastet. Das Gefälle der Abdichtung und des Belages betrug ca. 2,5 %.

Der Dachaufbau des Parkdaches von oben war folgender:

- Betonsteinpflaster, d = 8 cm
- Pflasterbettung, Splitt 2/5 mm, d = i.M. 4 cm
- Kunststoffvlies, diffusionsoffen

- Dränschicht aus Kies 16/32 mm, d = 6 cm
- Wärmedämmplatten(XPS), hochdruckfest, d = 10 cm
- Abdichtung aus Bitumenbahnen
- Betondecke im Gefälle, kein Gefälleestrich

### Ursachen

Die Verschiebungen im Pflasterbelag waren auf einen Wasserstau vor den Abläufen zurück zu führen. Wie im Schadensfall unter Punkt 8.3.1 ausführlich behandelt, entstand auch auf diesem Parkdach unter Pkw-Verkehr ein Porenwasserüberdruck in der Nähe der Abläufe mit den bekannten Pflasterverschiebungen. In diesem Fall war aber nicht das zu geringe Gefälle schadensursächlich, sondern ein Wasserstau unmittelbar vor den Dachabläufen.

Ein solcher Wasserstau konnte eigentlich nicht erwartet werden, da durch die Anordnung einer zusätzlichen Dränschicht aus 6 cm Kies das Dränvolumen mehr als ausreichend war. Eine Dachöffnung am Ablauf zeigte aber eine Unterbrechung der Dränschicht, weil die Betoneinfassung des Ablaufs direkt auf die Wärmedämmplatten betoniert wurden. Es war auch keine Dränmatte zwischen Betonkranz und XPS-Platten vorhanden. Ein Eimer Wasser, der direkt vor den Betonkranz gegossen wurde, floss nur mit großer Verzögerung ab (Abb. 8.3-10). Wasser stand also sehr lange in der Bettung auf den Dämmplatten, die Entwässerung konnte nur in den Plattenfugen oder unterhalb der Dämmung erfolgen. Die sinnvolle Anordnung einer zusätzlichen Dränschicht, in der das in den Belag eingedrungene Regenwasser schnell abgeführt werden sollte, war durch eine fehlerhafte Detailausbildung wirkungslos geblieben.

### Nachbesserung

Aufgrund der größeren Verschiebungen in den Fahrstraßen sowie der zwischenzeitlich stark angestiegenen Verkehrsbelastung entschloss man sich zu einer Teilsanierung:

- In den stark beschädigten Fahrstraßen wurde das Pflaster nebst Bettung und XPS-Platten entfernt. Da die Abdichtung noch voll funktionsfähig war, wurde sie lediglich geringfügig überarbeitet.
- Entfernt wurden außerdem die Betoneinfassungen der Abläufe.
- Der neue Aufbau wurde ein Umkehrdach mit einem Fahrbelag aus aufgeständerten Betonfertigteilplatten. Durch die Plattenaufständerung ist nun ein ungebremster Wasserzufluss zu den Abläufen gegeben, und es besteht keine Gefahr eines erneuten Wasserstaues.
- Die gepflasterten Stellflächen lagen noch schadensfrei und brauchten deshalb nicht ersetzt zu werden.

## Schlussfolgerungen

- Die unter 8.3.1 gegebenen Hinweise auf die Bedeutung einer zügigen Entwässerung gelten nicht nur für die Gefällegebung und die Sickerfähigkeit der Bettung, sondern selbstverständlich auch für einen zügigen Wasserdurchlauf zu den Abläufen und Entwässerungsrinnen.
- Eine Entwässerung durch Längsrinnen (Liniengefälle) ist günstiger als eine Entwässerung in einzelne Dachabläufe (Trichtergefälle). Die Vorteile für den Pflasterbelag sind eine einfachere Verlegung und eine Stabilitätserhöhung, da

**Abb. 8.3-09:** Breite Fugen und Verschiebungen des Pflasters in der Nähe der Betoneinfassung des Dachablaufs

**Abb. 8.3-10:** Betoneinfassung direkt auf die XPS-Wärmedämmplatten aufbetoniert; Stark verzögerter Wasserabfluss vor dem Ablauf

**Abb. 8.3-11:** Entwässerung durch Längsrinne (Liniengefälle)

**Abb. 8.3-12:** Entwässerung über einzelne Abläufe (Trichtergefälle)

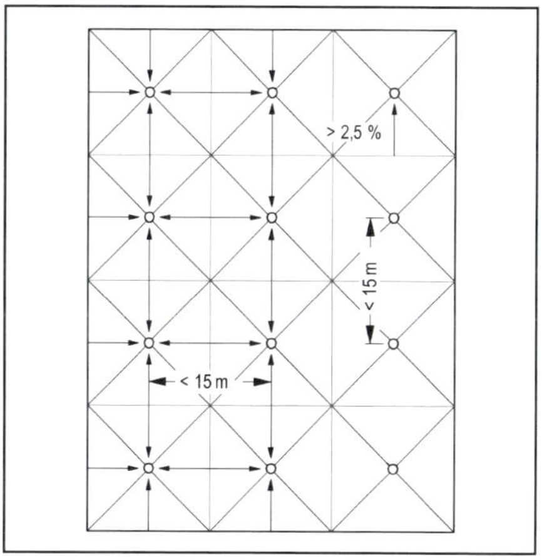

die Betoneinfassungen der Rinnen als ein Widerlager gegen die Verschieblichkeit des Belages wirken. Die üblichen Abstände zwischen den Abläufen sowie zwischen Hochpunkten und Rinne sind in Punkt 5.1.1 behandelt.

### 8.3.3 Horizontale Verschiebungen und vertikale Einsenkungen im Pflasterbelag durch Wasserstau vor den Abläufen wegen falscher Dränmatte

#### Sachverhalt

Auf einem Parkdach mit einem Belag aus Betonsteinpflaster gab es etwa zwei Jahre nach Fertigstellung Ausweitungen der Pflasterfugen in den Fahrstraßen. Bei einer anschließenden Dachöffnung wurde an einem Ablauf ein Wasserstau vor dem Betonkranz festgestellt, obwohl eine Dränmatte zwischen Betoneinfassung und Oberseite der Wärmedämmplatten eingebaut war.

#### Ursachen

Der Wasserstau konnte sich bilden, weil nicht die richtige Dränmatte eingebaut worden war. Die eingesetzte Dränmatte wird normalerweise für Terrassenbeläge verwendet und ist für ein Parkdach mit den auftretenden Pkw-Radlasten nicht druckfest genug. Der Durchflussquerschnitt hatte sich im Laufe von zwei Jahren bereits so sehr verringert, dass sich vor der Matte ein Stau einstellte.

#### Nachbesserung

Das Betonsteinpflaster und der Betonkranz um den Ablauf herum wurde bis Oberseite der Dämmplatte entfernt. Darauf wurde eine wesentlich druckfestere Dränmatte mit der richtigen Seite nach unten verlegt. In diesem Fall wurde eine Dränmatte mit einer Durchflusshöhe von 12 mm und einer Druckfestigkeit von > 0,5 N/mm² verwendet. Seit der Überarbeitung aller 26 Abläufe im Jahre 1998 gab es auf dem Parkdach keine erneuten Verschiebungen des Pflasterbelags in der Nähe der Abläufe, woraus auf eine jetzt funktionierende Entwässerung geschlossen werden kann.

#### Schlussfolgerungen

- Wichtig ist die richtige Anordnung einer geeigneten Dränmatte unter dem Betonkranz. Eine Eignung liegt vor, wenn die Langzeitdruckfestigkeit in der Größenordnung von mindestens 0,5 N/mm² für Pkw-Verkehr liegt und einen ausreichenden Querschnitt für den Wasserdurchfluss hat (Mattenhöhe mindestens 12 mm). Die Dränmatte sollte außerdem mindestens 10 cm breiter sein als der darüber angeordnete Betonbalken. Es muss beim Betonieren des Beton-

**Abb. 8.3-13:** Wasserstau vor einem Dachablauf

**Abb. 8.3-14:** Dränmatte mit zu geringer Langzeitdruckfestigkeit wird sichtbar

kranzes darauf geachtet werden, dass seitlich kein Beton in die Dränmatte eindringt. Aus demselben Grund muss die Dränmatte auch mit einem Vlies abgedeckt werden, um ein Einrieseln von Sand aus der Bettungsschicht oder den Pflasterfugen zu verhindern. Diese Forderungen gelten gleichermaßen für ein Umkehrdach wie für ein Warmdach.

### 8.3.4 Kantenabplatzungen der Betonpflastersteine durch zu schmale Pflasterfugen aufgrund einer zu engen Verlegung

#### Sachverhalt

Auf einem 1996 in fertiggestellten Parkdach mit einem Belag aus Betonsteinpflaster zeigten sich bereits nach kurzer Zeit zunächst wenige, nach fünf Jahren aber zahlreiche Abplatzungen der Steinkanten, hauptsächlich in den Tiefpunkten der Parkdachfläche. Die Abplatzungen traten fast nur dort auf, wo gehäuft in der Pflasterfläche extrem enge Fugen vorhanden waren (Abb. 8.3-15). Die Fugenbreite zwischen den meisten Steinen betrug nicht mehr als 0,5 mm. Andererseits gab es innerhalb der Hochpunkte Bereiche mit völlig unbeschädigten Betonsteinen zwischen ungefüllten und ausgeweiteten Plasterfugen bis zu 1,5 cm Fugenbreite (Abb. 8.3-16). Erstaunlich war das Ausmaß der Abplatzungen, obwohl die Pflastersteine gefast waren.

Bei einer Dachöffnung wurde folgender Umkehrdachaufbau festgestellt:

- Betonsteinpflaster, d = 8 cm, ungefast und ohne Abstandhalter
- Pflasterbettung, Splitt 2/5 mm, d = i. M. 5 cm

- Kunststoffvlies, diffusionsoffen
- Wärmedämmplatten aus Extruderschaum (XPS), hochdruckfest, d = 8 cm,
- Hochpolymerbahn aus EPDM, lose verlegt

Das Gefälle auf der Abdichtung und auf dem Belag betrug 2,0 – 2,5 %.

**Ursachen**

Als erstes fiel auf, dass der normalerweise am Betonstein anbetonierte Abstandhalter in der üblichen Dicke von ca. 1,5 mm nicht vorhanden war. Damit war die Gefahr gegeben, dass bei der Verlegung noch nicht einmal dieser Zwangsabstand eingehalten wurde. Ein ähnlicher Schadensfall wurde ausführlich in [103] behandelt.

Tatsächlich bestätigte der seinerzeitige Bauleiter, dass der ursprüngliche mittlere Fugenabstand zwischen den exakt gefertigten Betonsteinen auf der ganzen Parkdachfläche nur etwa 1,0 mm betragen hätte. Damit sei das optische Bild des Pflasterbelages besonders ansprechend gewesen.

Diese viel zu enge Verlegung hatte jedoch größere nachteilige Folgen:

- Wegen der zu engen Pflasterfugen konnte nur ein sehr feiner Sand der Körnung 0/1 zur Fugenfüllung verwendet werden.
- Da die Splittkörnung 2/5 der Bettungsschicht im Verhältnis zum Fugensand sehr offen war (mangelnde Filterstabilität), sickerte der größte Teil des Fugensandes in die Pflasterbettung ein. Die Fugen entleerten sich zunehmend in den Fahrstraßen.
- Die Folge davon war, dass die Betonsteine bereits nach kurzer Zeit durch den Pkw-Verkehr von den Hochpunkten ausgehend nach unten zusammen geschoben wurden. Dabei wurden die Pflasterfugen in den Tiefpunkten immer enger, während sie sich in den Hochpunkten ausweiteten.
- Die Betonsteine sind dabei nicht nur horizontalen Verschiebungen, sondern direkt unter dem Reifen auch kleinen, aber sehr heftigen vertikalen Drehbewegungen ausgesetzt. Diese Drehung des Steines führt bei Einhaltung der vorgeschriebenen Fugenbreite nicht zu einer Berührung zwischen den Steinen, da die nach DIN 18 318 [28] 3 – 5 mm gefüllte Fuge als Puffer dient. Im vorliegenden Schadensfall war dieser Sicherheitsabstand nicht vorhanden, deshalb kam es zu den beträchtlichen Abplatzungen an den oberen Kanten der Betonsteine.

Die Ursache war somit die viel zu enge Verlegung der Pflastersteine, bei der es unmöglich war, die Pflasterfugen mit einer Sandkörnung auszufüllen, die auf die Körnung der Bettungsschicht abgestimmt war und ein Einrieseln in das Pflasterbett verhindert hätte.

Die Abplatzungen wurden noch gefördert durch das Fehlen von Abstandhaltern und davon, dass die Steine keine Fase hatten.

Die Ursache für die Kantenabplatzungen liegt also nicht in einer zu geringen Druckfestigkeit der Steine, wie zunächst vermutet wurde. Diese Druckfestigkeit, ermittelt an 5 Pflastersteinen, muss nach DIN 18 501 [38] im Mittel 60 $N/mm^2$ betragen. Der gemessene Mittelwert aus 5 Proben betrug 63 $N/mm^2$, kein Einzelwert war kleiner als 50 $N/mm^2$.

### Nachbesserung

- Die Fahrbahnabschnitte mit sehr intensivem Verkehr erhielten einen Belag aus 12 cm dicken Ortbetonplatten. Es handelte sich hierbei um den Ein- und Ausfahrtsbereich sowie die Einmündungen in die Hauptfahrstraßen.
- Bei den weniger befahrenen Fahrstraßen wurde das Pflasterbett ebenfalls komplett entfernt und erneut ein Pflasterbelag unter Verwendung der intakten alten Betonsteine auch aus dem jetzt betonierten Bereich verlegt. Der Empfehlung, ganz neue Pflastersteine mit Abstandhaltern und einer Fase zu verwenden, wurde aus optischen und finanziellen Gründen nicht entsprochen. Der Neuaufbau sah die Verwendung eines Splittes der Körnung 1/5 mm vor (evtl. eine zusammen gesetzte Mischung aus den Körnungen 1/3 und 2/5 im Verhältnis 1:3), um das spätere Einsickern des neuen Fugensandes auszuschließen. Die alten unbeschädigten Betonsteine werden wieder verwendet, aber mit einem Fugenabstand von mindestens 3 mm. Die Fugenfüllung wird dann mit einem Brechsand der Körnung 1/3 vorgenommen. Diese Maßnahmen sind noch nicht abgeschlossen.

### Schlussfolgerungen

Die nachteiligen Folgen einer Pflasterverlegung auf Parkdächern mit zu engen Fugen wird in der Praxis immer wieder unterschätzt. Im Unterschied zu einer Verlegung im Straßenbau ist das Pflaster in den Fahrwegen eines Parkdaches ständigen Vibrationen ausgesetzt, die sich aus den Durchbiegungen der Betondecke infolge der dynamischen Verkehrsbelastung ergeben. Beim Umkehrdach können hohl liegende Wärmedämmplatten zusätzliche Schwingungen auf die Pflasterdecke ausüben, worauf schon sehr früh ausführlich in Schadensberichten hingewiesen wurde [102].

In [29], Anhang 2 gibt es eine Aussage zu möglichen Kantenabplatzungen:

*„Bei zu großer vertikaler Verformungsungleichheit und/oder engeren Fugen als nach der DIN 18 318 [28] vorgesehen, können auch Kantenabplatzungen des Pflaster- oder Plattenbelages auftreten."*

Ebenfalls in [28] gibt es eine Aussage zur Fugenfüllung:

*„Voraussetzung für das Funktionieren von Pflaster- und Plattenbelägen ist eine durchgehende Fugenfüllung. Bis zur endgültigen Konsolidierung sind Pflasterbeläge gegebenenfalls nachzusanden. Der Fugensand muss auf das Bettungsmaterial abgestimmt sein."*

Für die Praxis ergeben sich folgende Schlussfolgerungen:

- Die Fugenbreite soll zwischen 3 bis 5 mm betragen, empfohlen wird ein Wert von 3 mm, der während der gesamten Bauzeit immer wieder nachgeprüft werden muss.
- Zur Klarstellung sei an dieser Stelle betont, dass die anbetonierten Abstandhalter wesentlich schmaler sind als 3 mm. Der eigentliche Zweck für die Entwicklung des Abstandhalters ergab sich seinerzeit aus der maschinellen Pflasterverlegung und ist nicht gedacht als der Sollabstand der Pflasterfuge, wie leider irrtümlich immer wieder angenommen wird.
- Die Körnungen der Pflasterbettung und des Fugensandes müssen aufeinander abgestimmt sein, sie müssen miteinander „filterstabil" sein (Einzelheiten dazu in [94] und [97]).

Vereinfacht liegt man mit einem Splitt 2/5 für die Bettung und einem Fugensand 1/3 (grober Brechsand) immer auf der sicheren Seite. Wegen einer besseren Verzahnung sollte ein Brechsand dem Natursand vorgezogen werden.

- Ein eventuelles Nachsanden muss so frühzeitig wie möglich erfolgen. Dies ist deshalb so wichtig, weil sich dann der Steinverbund noch nicht gelockert hat. Ist dies bereits der Fall und liegt der Betonstein ohne Verbund („lose") auf dem Pflasterbett, sind die Chancen einer erfolgreichen Nachsandung stark eingeschränkt. In einem solchen Fall ist auch der Vorteil eines Verbundsteinpflasters, das normalerweise durch die geometrische Form und die besondere Ausbildung der Seitenkanten gegenüber einfachen Rechtecksteinen eine bessere Verzahnung hat, nicht mehr gegeben.
- Die Abplatzungen wären noch wesentlich häufiger aufgetreten, wenn die Pflastersteine keine Fase gehabt hätten. Grundsätzlich sollten daher nur gefaste Betonsteine verwendet werden. Diese Möglichkeit steht aber häufig im Widerspruch zu den Parkplatzbetreibern, die ungefaste Steine bevorzugen, da diese geringere Fahrgeräusche beim Überfahren durch Einkaufswagen verursachen.

Wenn aber Steine ohne Fase zum Einsatz kommen, dann muss der hier behandelte und vorgeschriebene Fugenabstand von 3–5 mm unbedingt eingehalten werden.

Abb. 8.3-15: Abplatzungen der Steinkanten im Bereich extrem enger Pflasterfugen (Rinnenbereich)

Abb. 8.3-16: Ausgeweitete Pflasterfugen an den Hochpunkten der Fahrstraßen

## 8.3.5 Vertikale Verformungen in den Fahrspuren des Pflasterbelages durch zu große Dicke der Pflasterbettung

### Sachverhalt

Ein intensiv befahrenes Parkdach eines Einkaufszentrums wies bald nach der Eröffnung Spurenbildung in der Ein- und Ausfahrt sowie vereinzelt in den Hauptfahrstraßen auf. Erst nach etwa zwei weiteren Jahren wurden außerdem größere Fugenöffnungen sichtbar. Die senkrechten Eindrückungen betrugen nach sechsjähriger Nutzung bis zu 20 mm, die horizontalen Verschiebungen führten zu Fugenöffnungen bis zu 30 mm (Abb. 8.3-17).

Eine Öffnung ergab folgenden Aufbau der Pflasterdecke:

- Betonsteine, Rechteckpflaster im Ellbogenverband verlegt, d = 8 cm
- Pflasterbettung, Splitt 2/8 mm, d = i. M. 10 cm (Abb. 8.3-18)
- Gefälle > 2,5 % , Entwässerungsrinnen

### Ursachen

- Die Hauptursache war die zu dicke Splittschicht der Pflasterbettung von 10 cm. Durch die zu große Dicke kommt es bei der dort gegebenen intensiven Verkehrsbelastung zu Kornumlagerungen innerhalb der Bettungsschicht, woraus sich die Spurenbildung erklärt.
- Darüberhinaus ist ein Rechteckstein grundsätzlich für einen so intensiven Pkw-Verkehr überfordert, obwohl der Ellbogenverband, in dem die Steine ver-

legt sind, grundsätzlich eine gute Lagestabilität aufweist. Ein Rechteckstein hat aber keine seitliche Verzahnung mit dem Nachbarstein. Der Belag zählt somit nicht zu den Verbundsteinpflasterbelägen, die in der Regel über einen besseren Widerstand gegenüber Eindrückungen und Horizontalverschiebungen verfügen.

## Nachbesserung

Bisher wurde die Pflasteroberfläche lediglich durch mehrmaliges Nachsanden überarbeitet, jedoch ohne Erfolg. Aus diesem Grunde wird jetzt intensiv über ein langfristig erfolgreiches Sanierungskonzept nachgedacht und folgende Nachbesserung vorgeschlagen:

Eine einfache und kostengünstige Lösung unter Verwendung der vorhandenen Materialien (Splitt 2/8, d = 10 cm und Rechteckpflaster, d = 8 cm) ist angesichts der hohen Verkehrsintensität, der ungeeigneten Körnung 2/8 für die Bettung sowie des Steintyps auszuschließen. Besonders problematisch ist die große Aufbauhöhe von 10 + 8 = 18 cm, die nach einem Abriss der Pflasterdecke ausgefüllt werden müsste, um die bestehenden Höhen an den Ein- und Ausfahrten, an den Verkaufseingängen sowie am Übergang zu den Stellplätzen einzuhalten.

Vorgeschlagen wurde folgende Sanierung für die Fahrstraßen:

- Totalentfernung des Pflasters
- Verlegen eines Belages aus Ortbetonplatten, d=10 cm oder Betonfertigteil-Platten im erhöhten Splittbett

**Abb. 8.3-17:** Senkrechte Eindrückungen und horizontale Verschiebungen eines Rechteckpflasters

**Abb. 8.3-18:** Dicke Bettungsschicht im Bereich des schadhaften Pflasterbelags

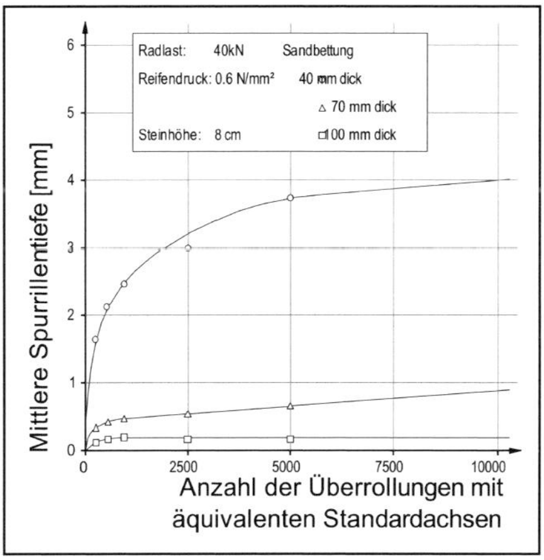


**Abb. 8.3-19:** Einfluss der Dicke der Bettungsschicht auf die Spurrillenbildung von Pflasterbeläge nach [97]

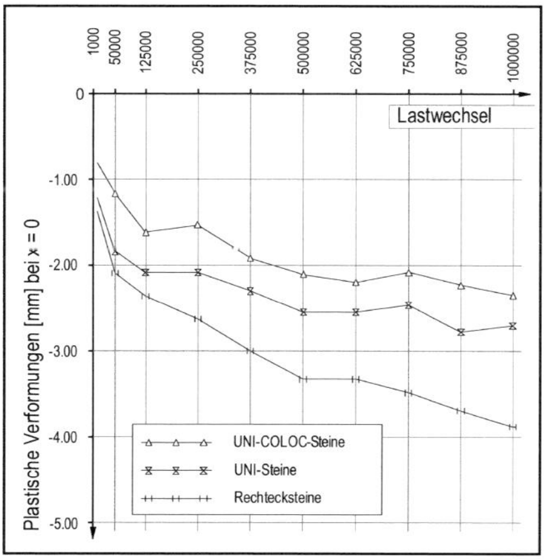


**Abb. 8.3-20:** Plastische Verformungen für Pflasteraufbauten mit verschiedenen Betonsteinen [97]

## Schlussfolgerungen

Aus Versuchen mit verschiedenen Pflasteraufbauten gibt es für diesen Schadensfall eindeutige Ergebnisse:

Nicht alle Aussagen aus Versuchen mit belasteten Pflasteraufbauten sind ohne weiteres auf Parkdächer mit Betonsteinpflaster übertragbar. Für diesen Schadensfall sind die Versuchsergebnisse aber eindeutig:

- Aus [97] ist bekannt, dass dickere Bettungsschichten größere Verformungen aufweisen als dünnere (Abb. 8.3-19). Die DIN 18318 [28] zu diesem Punkt: „Die Dicke eines Pflasterbetts beträgt im verdichteten Zustand 3–5 cm. Sie soll den oberen Wert nicht überschreiten, damit Verformungen der Pflasterdecke nicht eintreten können".
- Aus [97] geht hervor, dass die vertikalen Verformungen bei Belägen mit Rechteckpflastersteinen von allen untersuchten Steinformen die größten Einsenkungen aufweisen (Abb. 8.3-20).

### 8.3.6 Eindrückungen an der Überfahrt Betonrampe zum Pflasterbelag durch hohl liegende XPS-Platten eines Umkehrdaches

## Sachverhalt

Drei Jahre nach Fertigstellung eines Parkdaches mit einem Belag aus Betonsteinpflaster bildeten sich an der Überfahrt von der Betonrampe zum Parkdach auf ca. 2 m Breite im Verbundsteinpflaster bis zu 3 cm tiefe Eindrückungen sowie Verdrehungen und Abplatzungen bei einzelnen Steinen (Abb. 8.3-21). Nach einer Neuverlegung der Pflasterdecke ohne Überarbeitung der Wärmedämmung zeigten sich nach weiteren 2 Jahren die gleichen Schäden.

Daraufhin wurde eine Öffnung vorgenommen, sie ergab folgenden Dachaufbau:

- Verbundsteinpflaster, d = 8 cm
- Bettung, Diabassplitt 2/5, d = 4 cm.

Direkt am Übergang war nur noch 1 cm Splittbettung vorhanden.

- Kunststoffvlies, diffusionsoffen
- XPS-Platten, d = 8 cm, zul. Druckfestigkeit bei 2 % Stauchung 0,18 N/mm$^2$
- Abdichtung mit Bitumenbahnen
- Betonfertigteildecke mit Aufbeton im Gefälle von 2,5 %

Bei der Öffnung wurde festgestellt, dass die XPS-Platten an der Überfahrt mehrfach gebrochen und das Vlies zerrissen waren. Durch die Risse im Vlies war Splitt aus der Bettung in die Bruchspalten und offenen Fugen der Dämmplatten eingerieselt (Abb. 8.3-22). Teilweise war sogar etwas Splitt unter die Dämmplatten gelangt. Diese hatten keinen Verbund mehr miteinander.

## Ursachen

Die Überfahrten von starren Betonrampen zu verformbareren Pflasterbelägen sind grundsätzlich schadensanfälliger als die meisten anderen Parkdachbereiche. In dieser Zone ist zum einen die Beanspruchung durch Bremsen, Beschleunigen und Kurvenfahren sehr hoch, besonders dann, wenn die Durchfahrt unbeschrankt ist und daher ein hohes Tempo gefahren wird. Zum anderen verformt sich die Tragkonstruktion einschließlich des Pflasteraufbaues gegenüber der starren Betonrampe. Bei einem Dachaufbau als Umkehrdach ist an solchen Überfahrten die Qualität und Lagestabilität der XPS-Platten von großer Bedeutung. In diesem Schadensfall wurden bei der Wahl und Verlegung folgende Fehler gemacht:

(1) In einem so hoch beanspruchten Bereich des Parkdaches hätte eine XPS-Platte mit der höchsten Druckfestigkeit 0,25 N/mm$^2$ eingesetzt werden müssen, zumindest auf einem ca. 3,00 m breiten Streifen.

(2) Die Abmessungen der eingebauten Dämmplatte war zu klein. Anstelle ganzer Platten wurden geschnittene Passstücke verwendet. Es entstanden offene Fugen ohne Stufenfalz.

(3) Die kleinen Plattenstücke lagen nicht vollflächig auf dem Untergrund auf. Der Grund für die Hohllagen waren die Absätze zwischen den Bitumen-

Schweißbahnen des senkrechten Anschlusses zu der übrigen Abdichtungsfläche (Abb. 8.3-23). Diese Höhensprünge betrugen an den Überlappungen der Schweißbahnen 10 mm. Dieser Höhenunterschied hätte ausgeglichen werden müssen, z. B. mit einem mehrmaligen Heißbitumen-Aufstrich. Da dies nicht geschah, konnten die XPS-Platten nicht vollflächig verlegt werden. Durch die Hohllage entstand ein „Trampolineffekt", wodurch die kleineren Plattenstücke, die nicht im Verbund lagen, in alle Richtungen verschoben wurden. Die Folge waren Verdrückungen in der Bettungsschicht und im Pflasterbelag sowie Risse im Kunststoffvlies. Durch die Risse konnte dann sehr leicht Granulat zwischen und unter die Dämmplatten einrieseln.

### Nachbesserung

Die Nachbesserung bestand aus folgenden Schritten:

- Pflaster, Bettung, Vlies und XPS-Platten wurden im Bereich der Überfahrt in einer Breite von ca. 3,00 m aufgenommen. Die Abdichtung war voll funktionsfähig.
- Die Abdichtung erhielt einen 3 mm dicken zusätzlichen Heißbitumen-Deckaufstrich aus Oxidationsbitumen 100/25. Im Bereich der Anschlüsse wurden die Höhendifferenzen zwischen den Schweißbahnstreifen und der benachbarten Abdichtung noch mit zusätzlichen Deckaufstrichen ausgeglichen.
- Neue druckfestere XPS-Platten mit einer Druckfestigkeit von 0,25 $N/mm^2$ bei 2 % Stauchung wurden als ganze Platten passgenau von der Überfahrt zur restlichen Fläche verlegt.
- Die XPS-Platten wurden in den mit einem kleinen Flämmer erweichten Deckaufstrich vollflächig eingedrückt.
- Darauf wurden ein neues Vlies mit neuem Bettungssplitt und unversehrten Betonsteinen eingebaut.

### Schlussfolgerungen

Auf die Notwendigkeit, beim Umkehrparkdach mit einem Betonsteinpflasterbelag Hohllagen der Wärmedämmplatten zu vermeiden, wird bereits seit längerem in der Fachliteratur deutlich hingewiesen [102]. Das Merkblatt für Flächenbefestigungen mit Pflaster und Plattenbelägen [29] fordert daher:

*„Wärmedämmschichten müssen flächig auf ihrer Unterlage aufliegen. Eventuell vorhandene hohlraumbildende Unebenheiten müssen ausgeglichen werden."*

Grundlage für zulässige Ebenheitstoleranzen der Betondecke ist die DIN 18202 [2], Tabelle 3. Im Allgemeinen ist für Parkdächer beim Umkehrdachaufbau die Zeile 1 der Tabelle 3 (nicht flächenfertige Oberseiten von Decken, Unterbeton und Unterböden) ausreichend. Problematisch ist allerdings die Spalte 2 der Zeile 1

(10 mm Toleranz bei einem Messpunktabstand von 0,10 m). Dies ist praktisch die Toleranz für den Höhensprung zweier benachbarter Deckenplatten oder sinngemäß auch für den Absatz von Bitumenschweißbahnen (Höhenversprung in der Naht: 10 mm), die direkt auf die Betondecke aufgeschweißt werden, z. B. als Abdichtung im Umkehrdach). Dieses Toleranzmaß ist für eine so empfindliche Bauweise, wie ein Pflasterbelag auf Umkehrdach, viel zu groß (Abb. 8.3-24).

Dies gilt auch für die Spalte 3 (15 mm bei einem Messpunktabstand von 1,0 m), nicht aber für die Spalte 4 (20 mm bei der 4 m-Latte).

In Spalte 4 ist der Situation einer großen Mulde gegeben, in der die XPS-Platten fast keine Hohllage mit einem sehr geringen Stich aufweisen.

Somit ergeben sich folgende Anforderungen an die Ebenheit von Betondecken für Parkdachaufbauten:

- Parkdächer allgemein: Höhensprünge (Überzähne) zwischen zwei benachbarten Deckenplatten sollten nicht mehr als 4 mm betragen. Die DIN 18 202 erwähnt ausdrücklich, dass Absätze und Höhensprünge zwischen benachbarten Bauteilen gesondert zu regeln sind.
- Bei einem Umkehrdachaufbau mit Pflaster oder Betonfertigteilplatten muss wegen des nachfolgenden planparallelen Schichtenaufbaus selbst bei 4 mm noch ein Profilausgleich mit Bitumen und/oder mit Bitumenbahnen erfolgen.
- Warmdächer mit Belägen aus Betonfertigteilplatten, Ortbeton, Gussasphalt, Pflaster: DIN 18 202, Zeile 1 (bis auf Spalte 2).
- Umkehrdächer mit Ortbeton, Betonfertigteilplatten DIN 18 202, Zeile 1 (bis auf Spalte 2).
- Für alle Umkehrdächer gilt, dass praktisch eine Abdichtung mit 5 mm dicken Bitumenschweißbahnen behandelt werden muss wie ein Höhensprung einer Trägerdecke. Im Sinne einer möglichst ebenen Unterlage für die XPS-Wärmedämmplatten sind Ausgleichsmaßnahmen vorzunehmen oder dünnere Abdichtungsbahnen zu verwenden (z. B. im Gießverfahren).

Wie bereits erwähnt, muss bei Umkehr-Parkdächern mit Belägen aus Betonsteinpflaster grundsätzlich auf eine möglichst vollflächige Verlegung der Dämmplatten geachtet werden. Diese Forderung ist aber besonders wichtig für die Verlegung in den hochbelasteten Fahrbereichen, wie Ein- und Ausfahrten, Überfahrten von der Rampe, Wechsel der Fahrbeläge (z. B. Ortbetonbelag zum Pflaster, Asphalt zum Pflaster), enge schnell befahrene Kurven etc.

Eine wesentliche Verbesserung im Sinne einer möglichst vollflächigen Auflage der XPS-Platten ist die Anordnung einer Asphaltlage direkt auf den Bitumenbahnen [69]. Nach DIN 18 195-5, Punkt 8.3.7 besteht eine solche Abdichtung aus den Komponenten Epoxydharzgrundierung/-Versiegelung, vollflächiges Aufschweißen einer PYE-Schweißbahn mit hochliegender Einlage und einer Gussasphalt-

**Tab. 8.3-01:** Tabelle 3 – Ebenheitstoleranzen nach DIN 18202 [2]

| Spalten | 1 | 2 | 3 | 4 | 5 | 6 |
|---|---|---|---|---|---|---|
| Zeile | Bezug | Stichmaße als Grenzwerte in mm bei Messpunktabständen in m bis | | | | |
| | | 0,1 | 1[1)] | 4[1)] | 10[1)] | 15[2)] |
| 1 | Nichtflächenfertige Oberseiten von Decken, Unterbeton und Unterböden | 10 | 15 | 20 | 25 | 30 |
| 2 | Nichtflächenfertige Oberseiten von Decken, Unterbeton und Unterböden mit erhöhten Anforderungen, z.B. zur Aufnahme von schwimmenden Estrichen, Industrieböden, Fliesen- und Plattenbelägen, Verbund-estrichen. Fertige Oberflächen für untergeordnete wecke, z. B. in Lagerräumen, Kellern | 5 | 8 | 12 | 15 | 20 |
| 3 | Flächenfertige Böden, z.B. Estriche als Nutzestriche, Estriche zur Aufnahme von Bodenbelägen Bodenbeläge, Fliesenbeläge, gespachtelten und geklebte Beläge | 2 | 4 | 10 | 12 | 15 |
| 4 | Wie Zeile 3, jedoch mit erhöhten Anforderungen | 1 | 3 | 9 | 12 | 15 |

1) Zwischenwerte sind den Bildern 1 und 2 zu entnehmen und auf ganze mm zu runden.
2) Die Ebenheitstoleranzen der Spalte 6 gelten auch für Messpunktabstände über 15 m.

Absätze und Höhensprünge zwischen benachbarten Bauteilen sind gesondert zu regeln.
Die bei Baustoffen für die Ebenheit zulässigen Abweichungen sind in den Ebenheitstoleranzen nicht enthalten und daher zusätzlich zu berücksichtigen.

schicht von mindestens 25 mm. Neben einer Verbesserung der ebenen Unterlage für die nachfolgenden Schichten, vor allem der Wärmedämmplatten, bietet die Asphaltschicht auch einen mechanischen Schutz der Bitumenbahnen während des Einbaus der Pflasterdecke.

**Abb. 8.3-21:** Tiefe Eindrückungen und Abplatzungen in Pflastersteinen am Rampenübergang

**Abb. 8.3-22:** Gebrochene XPS-Platten, Splitt liegt zwischen und unter den Wärmedämmplatten

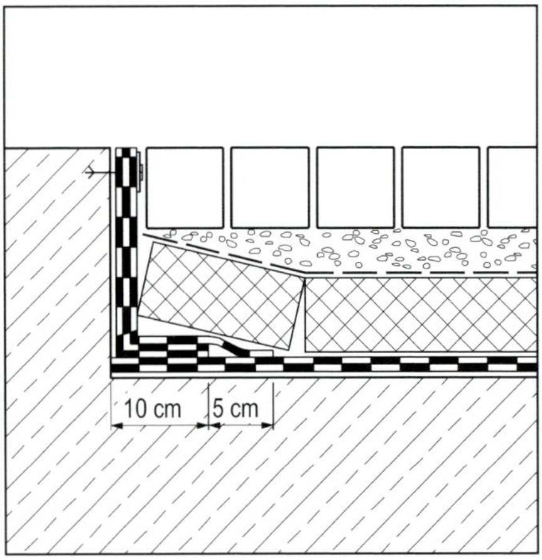


**Abb. 8.3-23:** Hohllagen der XPS-Wärmedämmplatten beim Umkehrdach über den Überlappungen der Bitumen-Schweißbahnen

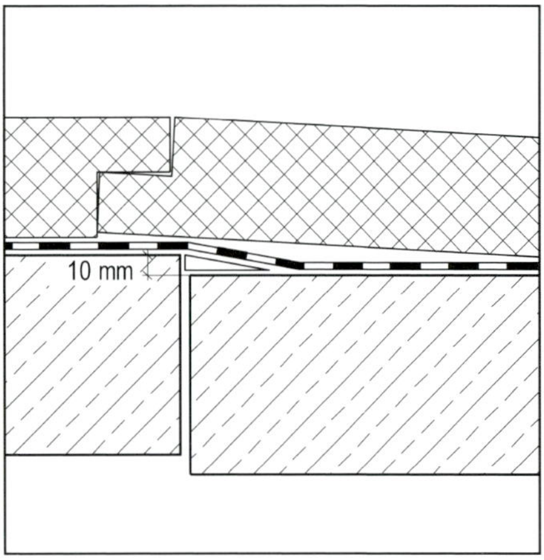


**Abb. 8.3-24:** Hohllagen der XPS-Wärmedämmplatten und möglicherweise auch der Abdichtung über einem Höhensprung in zwei benachbarten Deckenplatten

### 8.3.7 Horizontale Verschiebungen des gesamten Pflasterbelages in einer langen Fahrstraße aufgrund von Verlegefehlern

#### Sachverhalt

Auf einem Umkehrdach mit einem Belag aus Verbundsteinpflaster wurden bereits nach einem Jahr im Belag der Fahrspur horizontale Verschiebungen in Verkehrsrichtung sichtbar. Es handelte sich um eine 70 m lange schnell befahrene Ausfahrt, bei der sich die Verschiebungen bis zu 10 cm am Ende der Ausfahrt addierten (Abb. 8.3-25). Die Längsfugen hatten sich bei teilweiser Entleerung geringfügig gegeneinander verschoben (Abb. 8.3-26). Vertikale Verdrückungen gab es nicht.

Durch mehrfaches Nachsanden konnte mit der Zeit zwar eine stabile Fugenfüllung erreicht werden, die Pflasterverschiebung kam aber nur ganz allmählich zum Stillstand. Da für die Zukunft eine wesentlich höhere Verkehrsintensität und damit eventuell noch größere Verschiebungen nicht ausgeschlossen werden konnten, bestand der Bauherr nach vier Jahren auf einer genauen Ermittlung der Schadensursache und einer Nachbesserung.

Die Öffnung des Dachaufbaues an mehreren Stellen ergab ein Umkehrparkdach mit einem Verbundsteinpflaster, das im Längsverband verlegt war. Die Pflastersteine waren aber nicht quer zur Fahrtrichtung, sondern längs dazu eingebaut. Hohllagen in den Dämmplatten konnten an keiner Stelle festgestellt werden. Sowohl die Dicke der Bettungsschicht als auch deren Kornzusammensetzung waren ohne Beanstandungen. Eine ausreichende Filterstabilität zwischen den Körnungen der Bettung und des Fugensandes war ebenfalls vorhanden. Das Gefälle betrug 2,5 %, und es bildete sich kein Stauwasser vor den Entwässerungsrinnen.

#### Ursachen

Die Hauptursache war die Verlegung der Pflastersteine im Läuferverband und vor allem in Längsrichtung des Verkehrs (Abb. 8.3-27) in Verbindung mit der großen Beanspruchung aus Beschleunigen und Bremsen. Dadurch ist der Widerstand der Pflasterdecke gegenüber Horizontalverformungen stark reduziert. In Überrollversuchen im Jahre 1980 hat bereits [95] nachgewiesen, dass die größten Horizontalverformungen beim Läuferverband auftraten, insbesondere dann, wenn durchgehende Längsfugen in Richtung des Verkehrs anstatt quer dazu angeordnet sind. Diese Feststellung wurde in umfangreichen Überrollversuchen [93] in 1997 eindeutig bestätigt.

Eine weitere Schadensursache waren die zwar gezackten, letztlich aber durchlaufenden Längsfugen, wodurch die Verschieblichkeit noch erhöht wird. In [23] wird daher gefordert: „Um die erforderliche Fugenstandsfestigkeit des Pflasterbelages zu erhalten, sollten gerade durchlaufende Fugen, Kreuzfugen oder zu geringe Steindicken vermieden werden. Bei Wärmedämmung muss die Mindeststeindicke 8 cm betragen."

**Nachbesserung**

Die Nachbesserung bestand aus zwei Maßnahmen:

(1) Neuverlegung des vorhandenen Pflasters wiederum als Längsverband, aber quer zur Fahrtrichtung

- Auf der gesamten Länge der Fahrstraße und in einer Breite von 6 m wurde das Pflaster aufgenommen, gesäubert und palettiert für eine spätere maschinelle Verlegung.
- Bettung und Vlies wurden entsorgt. Da die XPS-Wärmedämmplatten sich in einwandfreiem Zustand befanden und keine Hohllagen erkennbar waren, wurde hieran nichts verändert.
- Ein neues zerreißfesteres Vlies von 140 g wurde auf die Dämmung aufgelegt.
- Die neue Bettungsschicht bestand aus Diabassplitt der Körnung 2/5.
- Die alten und völlig unbeschädigten Pflastersteine wurden jetzt quer zur Fahrtrichtung eingebaut, wobei besonders sorgfältig darauf geachtet wurde, dass die Fugen eine Mindestbreite von 3 mm aufwiesen.

(2) Anordnung von Querbalken über die Gesamtbreite der Fahrstraße

- Um die Stabilität des neuen Pflasterbelags noch weiter zu erhöhen, wurden im Abstand von 10 m Querbalken, b = 30 cm, eingebaut. Dafür wird die gesamte Höhe der Pflasterdecke oberhalb der Wärmedämmplatten für den Balkenquerschnitt (Abb. 8.3-29) genutzt. Hierbei wird das Pflaster zunächst durchgelegt, dann das Granulat der Bettung sowie die Pflastersteine entfernt und der Hohlraum mit Stahlbeton ausgefüllt. Bei der Ausbildung solcher Querbalken muss darauf geachtet werden, dass die Wasserführung nicht behindert wird.

  Die Wirkung solcher unverschieblichen Querbalken sollte aber nicht überschätzt werden, da sich auch innerhalb der kleineren Teilflächen Verformungen im Pflasterbelag einstellen können. Es ist daher nicht das Allheilmittel, mit dem ein verschiebliches Plaster gerettet werden kann, wie man vielleicht vermuten würde. Wenn die wesentlichen Schadensursachen, wie z. B. eine ungenügende Entwässerung, nicht beseitigt sind, wird auch die Anordnung von Querriegeln wenig Erfolg haben.

  Als ergänzende Maßnahme im Zuge auch anderer Verbesserungen ist in diesem Schadensfall der Einbau von Querbalken dennoch sinnvoll. Es kann davon ausgegangen werden, dass die Gesamtverformung des Plasters auf der Gesamtlänge durch die Unterteilung deutlich verringert wird.

- Wichtig ist, dass das Pflaster direkt über dem Querbalken ca. 0,5 cm höher eingebaut wird, da sich der angrenzende Pflasterbelag unter Verkehr im Laufe der Zeit um dieses Maß eindrückt [28].

**Schlussfolgerungen**

Neben den bisher behandelten wesentlichen Schadensursachen auf Parkdächern mit Belägen aus Betonsteinpflaster, wie:

- ungenügende Entwässerung
- zu enge Fugen
- fehlende Filterstabilität zwischen den Körnungen der Bettung und des Fugensandes
- zu dicke Bettungsschicht
- zu weiche Tragkonstruktion (z. B. Vibrationen bei weit gespannten Fertigteilplatten)
- hohl liegende XPS-Platten bei einem Aufbau als Umkehrdach

gibt es noch weitere Schadensursachen, die für Instabilitäten eines Pflasterbelages verantwortlich sein können. Diese Ursachen liegen:

- in der Form und Dicke der Betonsteine und
- im Verlegemuster des Pflasterbelages

Die wesentlichen Erkenntnisse aufgrund von Praxiserfahrungen und Überrollversuchen auf diesen beiden Gebieten führen zu folgenden Empfehlungen für die Anwendung von Pflasterbelägen mit Betonsteinpflaster:

(1) Steinform:
Aus der Vielzahl der Betonsteintypen sollte bei Parkdächern mit einer mittleren/größeren Verkehrsbelastung eine Entscheidung für Verbundsteine der Kategorie I [93] getroffen werden. Dabei handelt es sich um verzahnte Einheiten, die an allen vier Rändern ineinander greifen und bei Verlegung im Verband das Öffnen der Fugen parallel zur Längs- und Querachse des Verbandes verhindern.

(2) Steindicken:
Aufgrund des großen Widerstandes eines 10 cm hohen Pflastersteines gegenüber Verdrehungen unter überrollenden Reifen (Schadensbeispiel 8.3.4) sollen für Parkdächer grundsätzlich nur Pflastersteine mit dieser Mindestdicke gewählt werden [94].

(3) Verlegemuster:
In [99] wurde festgestellt, dass die Art des Pflasterverbandes einen größeren Einfluss auf die Lagestabilität hat als die Steinform.
Günstig für die Stabilität sind Fischgrätverbände [98], besonders dann, wenn sie diagonal verlegt werden (Abb. 8.3-30 und 8.3-31). Der Grund hier-

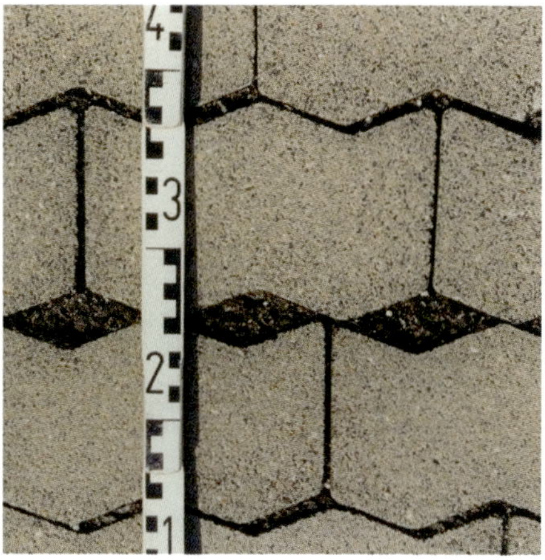

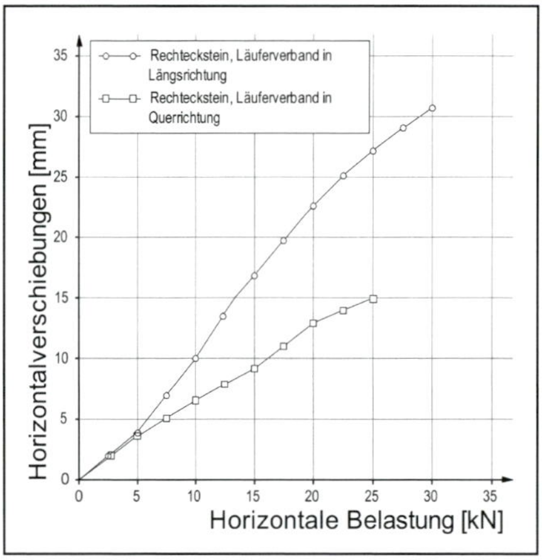


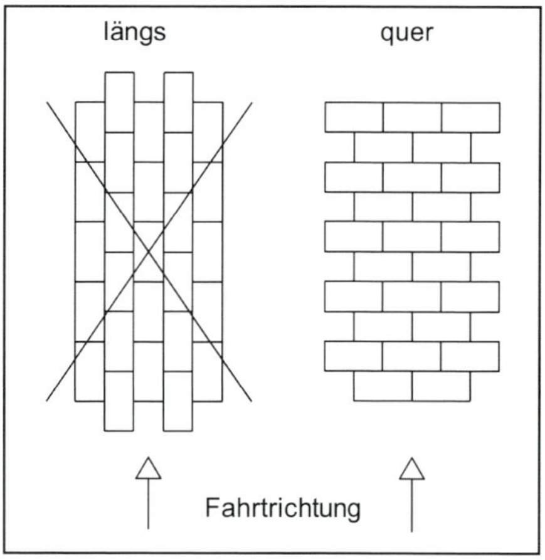


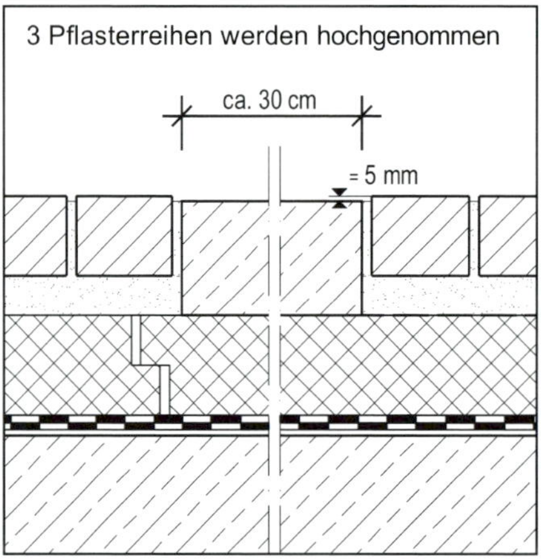


**Abb. 8.3-25 (oben links):** Horizontalverschiebungen im Pflasterbelag einer langen Fahrstraße

**Abb. 8.3-26 (oben rechts):** Typisches Bild für Verschiebungen in den Längsfugen bei Pflasterverlegung der langen Seiten in Fahrtrichtung

**Abb. 8.3-27 (Mitte links):** Horizontalverschiebungen in Abhängigkeit von der Verlegeart eines Läuferverbandes

**Abb. 8.3-28 (Mitte rechts):** Pflasterverlegung parallel zur Verkehrsrichtung (falsch) und quer (richtig)

**Abb. 8.3-29 (links):** Schnitt durch einen Betonbalken quer zur Verkehrsrichtung

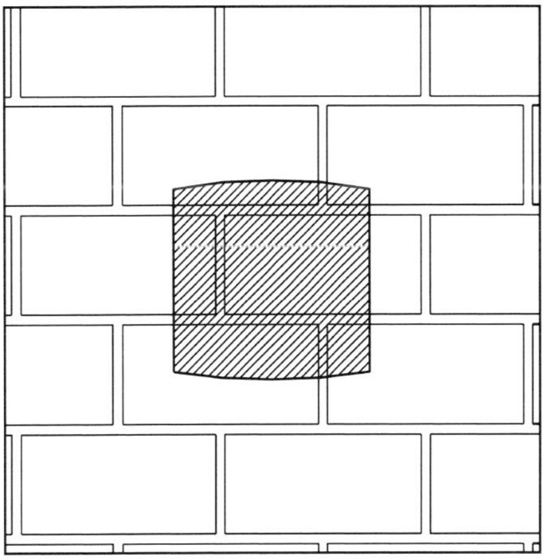

**Abb. 8.3-30:** Belastungsbereich durch einen Pkw-Reifen bei quer verlegten Betonsteinen

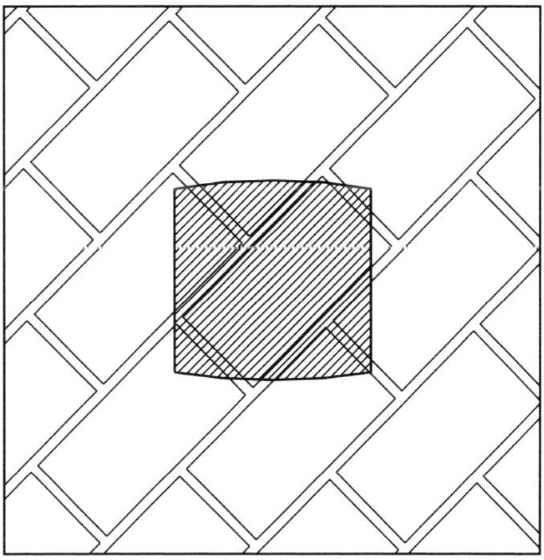

**Abb. 8.3-31:** Belastungsbereich durch einen Pkw-Reifen bei diagonal verlegten Betonsteinen

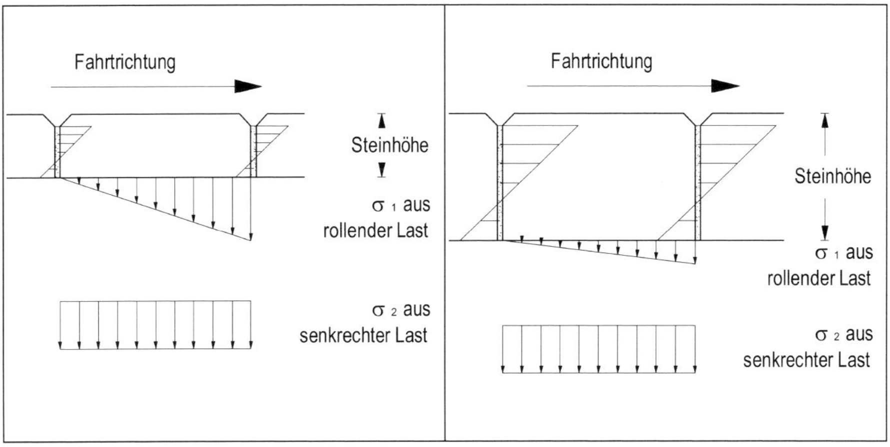


**Abb. 8.3-32:** Auswirkungen der Steinhöhe auf den Widerstand gegen Verdrehung

für ist die Tatsache, dass beim Überfahren mehr Steine erfasst und damit zur Lastverteilung herangezogen werden als bei quer verlegten Steinen. Ein diagonal verlegter Fischggätverband hat außerdem den Vorteil von geringeren Rollgeräuschen [98]. Nachteilig ist allerdings das aufwändigere Beiarbeiten des Pflasters an die vorhandenen Attiken, Rinnen, Aufbauten etc.

In [93] wird empfohlen, als Bettungsmaterial gebrochene Hartgesteine zu verwenden, die nach dem Abrütteln der Pflasterdecke eine hohe Stabilität aufweisen und durch die Verkehrsbeanspruchung nicht zerrieben werden. Letzteres ist aber im behandelten Schadensfall eingetreten.

Nach DIN 18318 [28] sollen Sand, Kies, Brechsand und Splitt für Bettungsschichten der TL Min-StB entsprechen. Obwohl es einige Kalksteinsplitte gibt, die die dort definierten Festigkeitswerte aufweisen, wird aufgrund zahlreicher Schadensfälle auf hoch beanspruchten Parkdächern auf das Risiko beim Einsatz von Kalksteinsplitt hingewiesen.

Empfehlungen für die Verwendung von Materialien in der Pflasterbettung von Parkdächern:

- Es sollten nur Edelsplitte der Gesteine Basalt, Diabas, Grauwacke sowie einige Hochofenschlacken eingesetzt werden. Wegen der besseren Verzahnung

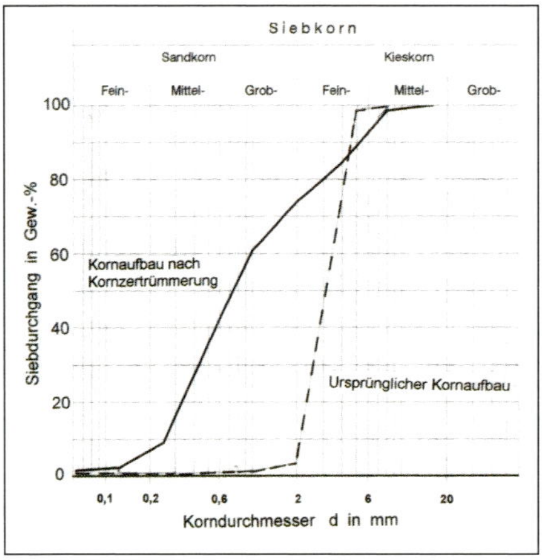


**Abb. 8.3-33:** Starke Zerstörungen im Pflasterbelag, mit breiten Fugen und Schrägstellung einzelner Steine; weiße Flecken auf der Oberfläche

**Abb. 8.3-34:** Verfestigte Oberfläche mit größeren Gesteinsklumpen in der Splittbettung

**Abb. 8.3-35:** Kornzertrümmerung des Bettungssplitts, erkennbar an der beträchtlichen Zunahme der Feinanteile in der Aufbruchprobe gegenüber dem ursprünglichen Kornaufbau (etwas verfälscht durch den eingerieselten Fugensand)

des gebrochenen Kornes sollte diesem der Vorzug gegenüber Kies gegeben werden. Der obere Grenzwert für die Widerstandsfestigkeit gegen Schlag (SZ-Wert) darf gemäß der ZTV Asphalt-StB 01 [31] (Bauklasse I-III, Tabelle 1.2) die Zahl 18 nicht überschreiten.

### 8.3.9 Vertikale Einsenkung im Pflasterbelag eines Umkehrdaches – Anlösen einer Wärmedämmplatte durch einsickerndes Benzin

#### Sachverhalt

Auf einer gering beanspruchten Parkfläche eines Parkdaches zeigte sich plötzlich an einer Stelle eine kreisförmige Einsenkung der Plasterdecke in einer Breite bis zu 100 cm und in einer Tiefe bis zu 4 cm (Abb. 8.3-36). Eine Öffnung der Schadstelle nach einer Woche ergab folgenden Dachaufbau:

- Betonsteinpflaster, d = 10 cm
- Bettung aus Schlackengranulat, 1/5 mm, d = 4 cm
- Kunststoffvlies, diffusionsoffen
- XPS-Platten, d = 10 cm
- Abdichtung mit Bitumenbahnen

Im Granulat der Bettungsschicht waren leichte Benzingerüche wahrnehmbar. In der Dämmplatte wurde ein deutliches Loch mit einem Durchmesser von 40 cm gefunden, die Lochgröße verjüngte sich nach unten und betrug etwa 20 cm an der Plattenunterseite. Die Seitenränder waren angefressen (Abb. 8.3-37). Die bitumenhaltige Abdichtung war nur in der Oberfläche leicht angelöst und etwas durchweicht.

#### Ursachen

Die Ursache war ausgelaufenes Benzin aus einem parkenden Fahrzeug, vermutlich durch einen undichten Tank oder durch unsachgemäßes Befüllen des Tanks. Die nicht verdunstete Benzinmenge floss durch die Plasterfugen in den Dachaufbau. Dort wurde ein Teil des Benzins durch die Oberfläche der Pflastersteine und der Splittkörnung absorbiert. Da offensichtlich eine größere Menge an Benzin eingeflossen war, gelangte immer noch genug an die Dämmplatte.

Polystyrol-Extruderschaum ist nicht beständig gegenüber Lösungsmitteln, Benzin und Diesel. Bei Kontakt dieser Flüssigkeiten mit XPS-Wärmedämmplatten wird die Schaumstruktur aufgelöst.

Auch Bitumenbahnen sind im Unterschied zu einigen Kunststoffbahnen nicht beständig gegenüber Lösungsmitteln und Kraftstoffen. Der Anlöseprozess bei Bitumen erfolgt aber wesentlich langsamer als bei Extruderschaum. Die erweichte Schicht in der Bitumenbahn war nur 1–2 mm dick, so dass die Abdichtung zum

Zeitpunkt der Öffnung voll funktionsfähig war. Zu Undichtigkeiten ist es infolge dieses Schadens nicht gekommen.

### Nachbesserung

Mit folgenden Maßnahmen wurde der Schaden behoben:

- Die weiche Bitumenschicht wurde mit einem Spachtel gründlich abgekratzt, so dass sich keine Benzinreste mehr innerhalb der Abdichtung befanden. Hierauf wurde ein Flicken einer Polymerbitumen-Dachdichtungsbahn mit Bitumen aufgeklebt. Auf den Einsatz einer Bitumen-Schweißbahn wurde verzichtet, um die angrenzenden XPS-Platten beim Aufflämmen mit einem Gasflämmer nicht zu beschädigen.
- Die beschädigte Dämmplatte wurde durch eine neue Platte ausgetauscht.
- Abschließend wurde der Pflasterbelag beigepflastert

### Schlussfolgerungen

Bei einem Umkehrparkdach mit Belägen aus Betonsteinpflaster oder Betonfertigteilplatten mit offenen Fugen muss grundsätzlich mit der Möglichkeit gerechnet werden, dass auslaufendes Benzin oder Diesel in den Dachaufbau eindringen und dabei unter Umständen die Dämmplatte aus extrudiertem Polystyrol (XPS) auflösen kann. Wenn die Dämmplatte in ganzer Dicke zersetzt ist, werden Abdichtungen aus Bitumenbahnen und in geringerem Ausmaß auch einige Abdichtungen aus Kunststoffbahnen, wie z. B. PVC oder EPDM, ebenfalls angelöst.

Dieser Nachteil der Umkehrdachbauweise sollte jedoch aus den nachfolgenden Gründen relativiert werden:

- Bei einem Aufbau als Umkehrdach wird der Schaden leicht erkennbar, da sich in der Oberfläche infolge der Auflösung der XPS-Platte eine Einsenkung im Pflaster- oder Plattenbelag ausbildet. Besonders dann, wenn sich eine solche Senke in einem Bereich mit geringerem Verkehr (Parkflächen) und vor allem plötzlich zeigt, kann eine Auflösung der Dämmplatte durch Benzin oder Diesel vermutet werden (Frühwarnsystem).
- Wie aus dem obigen Schadensbeispiel ersichtlich, ist die Beseitigung des Schadens im Normalfall einfach. Lediglich bei der Verwendung von Betonfertigteilplatten muss je nach Gewicht der Platten gegebenenfalls ein Vakuumhebegerät eingesetzt werden, das aber bei den meisten örtlichen Geräteverleihern bezogen werden kann.
- Undichtigkeiten in den Abdichtungen sind nicht bekannt geworden.
- Aus Erfahrungen an mehreren Zehntausend Quadratmetern von Umkehrdächern mit den oben genannten Beläge kann festgestellt werden, dass dieser Schadensfall relativ selten eintritt.

**Abb. 8.3-36:** Senke im Pflaster bis zu einer Tiefe von 4 cm

**Abb. 8.3-37:** Loch in der XPS-Wärmedämmplatte

Auch Warmdachkonstruktionen mit einer Abdichtung aus Bitumenbahnen sind nicht völlig resistent gegenüber eindringendem Benzin, z. B. bei undichten Fugen eines Ortbetonbelages. Wollte man das spezifische Risiko ganz ausschließen, dürften nur noch Warmdächer mit kraftstoffbeständigen Kunststoffbahnen eingesetzt werden. Aber gegen eine solche Lösung sprechen eine Reihe wichtiger Argumente, wie z. B. das größere Risiko von Beschädigungen sowie von Undichtigkeiten und unkontrollierbaren Unterläufigkeiten.

## 8.3.10 Fugenrisse im vermörtelten Pflasterbelag eines Umkehrparkdaches

### Sachverhalt

In einem intensiv befahrenen Teilabschnitt eines Parkdaches zeigten sich zwei Jahre nach Fertigstellung offene Fugen zwischen den Pflastersteinen und kleinere Horizontalverschiebungen im Pflaster. Das Umkehrdach hatte folgenden Schichtenaufbau:

- Verbundsteinpflaster, d = 8 cm
- Diabas-Splitt 2/5 als Pflasterbettung, d = 4cm
- Kunststoffvlies
- XPS-Wärmedämmplatten aus Extruderschaum, d = 8 cm, zul. Druckfestigkeit 0,18 N/mm$^2$ bei einer Stauchung < 2 %
- Abdichtung aus Bitumenbahnen
- Tragkonstruktion aus Betonfertigteilplatten, im Gefälle von 2,5 % verlegt

Nach einigen ergebnislosen Nachsandungen der offenen Pflasterfugen entschied man sich für eine Vermörtelung des Pflasters. Dadurch hoffte man, einen druckfesteren und unverschieblichen Fahrbelag ähnlich einer großformatigen Betonplatte zu erhalten.

Nach Entfernung des Pflasters, der Splittbettung und des Vlieses wurde auf neuem Vlies ein Spezialbettungsmörtel in einer Schichtdicke von 4 cm im verdichteten Zustand aufgetragen. In diese Mörtelschicht verlegte man neue Pflastersteine mit einer Fugenfüllung bis etwa zur halben Höhe des Pflastersteines. Am Folgetag hat man die Fuge vollständig mit fließfähigem hydraulisch bindenden Spezialfugenmörtel eingeschlämmt und anschließend gesäubert.

In der ersten Zeit war die vermörtelte Pflasterfläche erwartungsgemäß lagestabil. Nach etwa einem Jahr zeigten sich auf der 40 m langen Fläche in Abständen von 4 bis 5 m weiße Flecken von etwa 50 cm x 50 cm (Abb. 8.3-38). Bei genauerem Hinsehen sah man feine Risse, aus denen milchiges Wasser durch überfahrende Räder herausgedrückt wurde (Abb. 8.3-39).

Nach und nach bildeten sich die Risse an beiden Flanken der Pflastersteine. so dass der Fugenmörtel nicht mehr an den Steinen haftete (Abb. 8.3-40) und einige Fugenfüllungen bald durch den Reifensog aus der Fuge entfernt wurden. Aus diesen offenen Fugen trat in den Fahrspuren zum Teil eine weiße Flüssigkeit, an anderen Stellen ein hellbrauner Mörtelschlamm heraus (Abb. 8.3-41).

Nach einem weiteren halben Jahr breiteten sich die Fugenrisse in der gesamten Fläche aus. Schließlich lockerten sich in den Fahrspuren einzelne Pflastersteine aus der Mörtelbettung. Da hierdurch eine verkehrsgefährdende Situation gegeben war, wurde eine Totalsanierung erforderlich.

### Ursachen

Bereits 1991 wurden in einem Schadensbericht größere Verschiebungen im Verbundsteinpflaster eines Parkdachs und deren Ursachen dargestellt. Trotz weiterer Veröffentlichungen zu diesem Thema zeigen sich aber immer noch gerade bei Parkdächern Verschiebungen, Eindrückungen, Kantenabplatzungen und Verdrehungen der Pflastersteine. So ist es nicht verwunderlich, dass vereinzelt Parkdachbeläge aus Verbundsteinpflaster in Erwartung einer größeren Lagestabilität vermörtelt wurden.

Die Vermörtelung hochbelasteter Pflasterbeläge ist eine bewährte Technik für die Befestigung von Plätzen, Straßen, Hofkellerdecken etc. Sie setzt aber immer voraus, dass die Untergründe unverschieblich und nicht verformbar sind. Gerade diese Voraussetzung war im Schadensfall nicht gegeben, da die Wärmedämmplatten aus Extruderschaum aus den nachfolgenden Gründen zumindest geringfügig verschieblich und verformbar sind.

(1) Die elastische Stauchung von Extruderschaumplatten unter Verkehr. Für Parkdächer sind zulässige Druckspannungen bei einer Langzeitbelastung maßgebend. Diese werden ermittelt bei einer Stauchung von 2 % der Dämmplattendicke. Bei einer 80 mm dicken Dämmplatte sind somit maximale Verformungen von 1,6 mm denkbar, realistisch kann aber mindestens von 1 mm ausgegangen werden.

(2) In einer Abdichtung aus Bitumenbahnen gibt es zwangsläufig Unebenheiten in der Oberfläche aufgrund der Überlappungen der Bahnen an den Stößen und Nähten. Die Folge hiervor sind Hohllagen unter den Extruderdämmplatten, so dass es unter Verkehr auch aus diesem Grund zu elastischen Durchbiegungen der Platten kommt. In der Summe können die Verformungen in der Dämmschicht aus beiden Ursachen mehrere Millimeter betragen, zuviel für einen vermörtelten Pflasterbelag.

## Nachbesserung

Das vermörtelte Pflaster einschließlich der Mörtelbettung wurde entfernt. Auf das vorhandene intakte Umkehrdach hat man erneut ein Umkehr-Parkdach mit einem Verbundsteinpflaster und einer Splittbettung aufgebaut.

Um die Lagestabilität gegenüber dem ursprünglichen Zustand vor der Vermörtelung zu verbessern, bei dem es ja bereits zu Pflasterverschiebungen gekommen war, erreichte man mit folgenden Maßnahmen eine Verbesserung:

- Einbau eines Bettungssplitts mit etwas Unterkorn im Brechsandbereich. Die Mischkörnung 1/5 mm setzte sich aus den Körnungen 1/3 mm und 2/5 mm im Verhältnis 1:2 zusammen.
- Außerdem hat man einen grobkörnigen Fugensand 1/3 verwendet. Durch diese beiden Maßnahmen wird das schnelle Einrieseln eines zu feinen Fugensandes in die Bettung verhindert und somit die „Filterstabilität“ des Pflasteraufbaus wesentlich verbessert.

Die Pflasterer haben genau darauf geachtet, dass die in der DIN 18318 geforderte Fugenbreite zwischen 3 und 5 mm lag.

## Schlussfolgerungen

In der Fachliteratur [79] wird schon seit einigen Jahren davon abgeraten, normale Pflasterbeläge im Straßenbau oder auf Parkdächern zu vermörteln. So wird darauf hingewiesen, dass sich durch Risse eindringendes Wasser im Pflaster staut und zu Frostschäden führen kann. Es wird von hydraulisch gebundenem oder Kunststoffmörtel als Bettungsmaterial und Fugenfüllung abgeraten, weil die Gefahr besteht, dass sich Pflastersteine unter Verkehrsbelastung aus der Bettung lösen. Es sollten daher für die Herstellung von Pflasterdecken ungebundene Mineralstoffe den gebundenen vorgezogen werden.

**Abb. 8.3-38:** Weiße Flecken in der Fahrspur

**Abb. 8.3-39:** Feine Risse im vermörtelten Pflaster

**Abb. 8.3-40:** Vermörtelte Fugen ohne Flankenhaftung

**Abb. 8.3-41:** Entleerte Fugen mit bräunlichem Mörtelschlamm

Die weitere Entwicklung dieser interessanten Bauweise bleibt abzuwarten. Zurzeit können die bestehenden Probleme mit den Pflasterverschiebungen auf Parkdächern noch nicht oder nur ausnahmsweise gelöst werden.

## 8.3.11 Starke Verschiebungen im Pflasterbelag einer Rampe

### Sachverhalt

Eine vor sechs Jahren gebaute und intensiv von Pkws befahrene Rampe zum Parkdach eines Verbrauchermarktes weist starke horizontale Verschiebungen im

Pflasterbelag auf, hauptsächlich in einer 90°-Kurve. Diese Schäden sind deshalb so bemerkenswert, weil der Pflasterbelag inkl. des gesamten Aufbaues bereits vor drei Jahren erneuert worden war. Die Betonrampe hat eine Länge von 45 m und eine Steigung von ca. 10 %.

### Ursachen

Da mehrere Nachbesserungsversuche dieser ersten Mängel erfolglos blieben, entschloss man sich vor drei Jahren zu folgender Totalsanierung:

- Entfernen des Pflasters, der Bettungsschicht, des Kunststoffvlieses, der Wärmedämmplatten und der Stahlwinkel, die ein Abrutschen der Pflasterdecke verhindern sollten.
- Die noch voll funktionsfähige Abdichtung wurde lediglich überarbeitet.
- Erstellung eines ungedämmten Schichtenaufbaues aus einem Kalksteinsteinmineral der Körnung 2/11, d = 8 cm, einer Bettung aus Diabassplitt 2/5 und eines Verbundsteinpflasters, d = 8 cm, im Fischgrätverband

In den ersten zwei Jahren blieb der neue Rampenbelag stabil, obwohl schon bald in der Kurve mehrmalig nachgesandet werden musste. Danach kam es erneut zu leichten und schließlich zu deutlichen Horizontalverschiebungen im Pflaster der Rampenkurve.

Bei der ersten Sanierung ging man von der Annahme aus, dass die XPS-Dämmplatten wegen möglicher Hohllagen und eines dadurch hervorgerufenen „Trampolineffektes“ für die Verschiebungen in der Kurve verantwortlich waren. Der Sanierungsaufbau sah daher keine Dämmung mehr vor, stattdessen wurde die Betondecke unterseitig gedämmt. Der gewählte Aufbau der Gesteinsschichten entsprach dem Wissensstand erfahrener Pflasterverleger. Größere Vibrationen in

**Abb. 8.3-42:** Horizontalverschiebungen im Pflasterbelag in einer 90°-Kurve einer ungedämmten Rampe

der massiven Betonrampe – noch dazu ohne Dämmung – waren nicht vorhanden. Die einzige aber wohl nicht entscheidende Fehlentscheidung war die Wahl von 8 cm anstatt von 10 cm dicken Betonsteinen, zumal die Bauhöhe vorhanden war.

Unter Berücksichtigung aller Fakten bleibt die Verwendung eines Belages aus Verbundsteinpflaster in einer Rampe mit hoher Verkehrsbelastung in den Fahrspuren die Hauptursache für die aufgetretenen Mängel.

## 8.4 Schäden an Gussasphaltbelägen

Asphaltbeläge sind als Straßenfahrbelag praktisch überall anzutreffen, vorwiegend als Walzasphalt, seltener als Gussasphalt (Ausnahme: Autobahnen). Auf Parkdächern dagegen findet man fast ausschließlich Gussasphaltbeläge und wesentlich seltener Oberflächen aus Walzasphalt (Ausnahme: Tiefgaragen). Der Hauptgrund für diesen unterschiedlichen Einsatz der zwei wichtigsten Asphaltbauweisen ist die Einbautechnik. Ein Walzasphalt wird mit schweren Fertigern eingebaut und muss durch Walzen mit hohem Gewicht verdichtet werden, weshalb er für die üblichen schlankeren Deckenkonstruktionen von Parkdächern nicht eingesetzt werden kann.

Im Unterschied dazu benötigt der Gussasphalt aufgrund seiner Zusammensetzung keine Verdichtung. Gussasphalt ist ein Gemisch aus mineralischen Zuschlägen (meist Kalksteinmehl, Sand, Kies und Splitt) und dem Bindemittel Bitumen (Anteil meist 6,5 bis 8,5 Gew.-%), das den Hohlraum der Mineralmasse voll ausfüllt. Richtig zusammengesetzter Gussasphalt enthält somit fast keine Hohlräume, ist im Einbauzustand viskos und daher ohne großen Maschineneinsatz auf den Parkdächern zu verarbeiten.

Als thermoplastischer Baustoff ist Gussasphalt nicht über die Druckfestigkeit sondern über seine Härte definiert. Sie hängt ab von der Zuschlagsart und dem Körnungsaufbau des Gesteins sowie dem Anteil und der Bitumensorte. Das entscheidende Kriterium für die Härte eines Gussasphaltes ist der Wert der Eindringtiefe. Das Prüfverfahren wird in DIN 1996-13 beschrieben. Schäden können sowohl entstehen, wenn der Belag zu weich ist; dann kommt es zu Eindrückungen insbesondere auf den Stellplätzen (siehe Schadensfall 8.4.1), aber auch in stark dynamisch beanspruchten Fahrbahnen. Ist der Gussasphalt zu hart eingestellt, kann er besonders bei tiefen Außentemperaturen auftretende Spannungen nicht mehr über Relaxation abbauen, und es können Risse entstehen.

Richtig zusammengesetzter Gussasphalt ist aufgrund seines geringen Hohlraums praktisch wasserdicht, sofern keine durchgehenden Risse vorhanden sind. Bedingt durch die hohe Verarbeitungstemperatur von 230 bis 250 °C verkürzt sich die Asphaltschicht aber nach dem Einbau. An den Rändern und Anschlüssen entstehen infolgedessen offene Spalten. Gussasphaltbeläge sind daher an allen Rändern nicht dicht und benötigen zur Abdichtung unter dem sich bildenden Fugenspalt sowie im gesamten Anschlussbereich bahnenförmige Abdichtungen.

Diese Fehleinschätzung der Abdichtungswirkung von Gussasphaltbelägen, insbesondere an Rändern, Stützen und Fugen, ist eine häufige Schadensursache, die in den folgenden Schadensfällen mehrfach dargestellt wird.

In der Fläche sind Abdichtungen mit Bitumenbahnen nach [15] ebenfalls die Regel, auf weniger stark beanspruchten oder überdachten Parkdächern wird aus Kostengründen aber immer noch eine Asphaltmastixschicht anstelle der Bahnen eingebaut. Asphaltmastix ist ein Gemisch aus Bitumen, Gesteinsmehl und Sand und einem Bitumenanteil von 13–22 Gew.-%. Auch diese etwas veraltete Abdichtung ist der neuen DIN 18 195 erwähnt.

Die Abdichtung besteht in der Regel im Flächenbereich aus einer Kombination einer Spezial-Polymerbitumenschweißbahn mit hoch liegender Einlage, die auf einem durch Epoxydharzgrundierung/-versiegelung vorbehandelten Untergrund vollflächig aufgeschweißt wird, einer mindestens 25 mm dicken Lage im Verbund mit Gussasphalt. Hierauf wird in der Regel eine weitere Lage aus Gussasphalt als Deckschicht eingebaut. Wird für untergeordnete Verkehrsflächen nur eine Lage Gussasphalt aufgebracht, so muss diese eine Mindestdicke von 35 mm haben.

Zur Reduzierung der Oberflächentemperaturen und zur Erhöhung der Rutschsicherheit werden die Gussasphaltbeläge in bewitterten Flächen hellfarbig abgesplittet, Im Innenbereich mit staubfreiem Quarzsand abgesichert.

Um ein einwandfreies Gefälle in der Oberfläche eines Gussasphaltbelags zu erzielen, sollte bereits die Betondecke ein Mindestgefälle aufweisen, für abgesplittete Beläge 2 %, für abgesandete 1,5 % (bei Gefälle über 5 % Sondermaßnahmen erforderlich [54]).

Eine ebenfalls häufigere Schadensquelle ergibt sich aus der unzureichenden Berücksichtigung der hohen Verarbeitungstemperaturen von Gussasphalt bei der Auswahl der Bitumenbahnen (siehe Schadensfall [8.4.2.6]) und Randuntergründe.

Gussasphalt ist dampfdicht. Es ist daher von besonderer Wichtigkeit, dass in der darunter liegenden Schicht keine Feuchtigkeit vorhanden ist, die unter dem Einfluss von Wärme und der dunklen Oberfläche zu einer Blasenbildung führen könnte.

Wenn aber die Anwesenheit von Wasser nicht ausgeschlossen werden kann, sollte die untere Schicht sehr hohlraumoffen aufgebaut sein (siehe Schadensfall [8.4.1.8]).

Walzasphalt (vielfach auch unter der Bezeichnung „Asphaltfeinbeton") wird bei wesentlich niedrigeren Temperaturen (160 bis 180 °C) eingebaut. Infolgedessen benötigen er als Abdichtungsbahn keine Spezialschweißbahn mit oben liegender Einlage, wie in [15] gefordert. Vorteilhaft sind außerdem die geringere Neigung zur Blasenbildung, zum Erweichen und zu Eindrückungen bei hohen Temperaturen. Nachteilig ist, wie bereits erwähnt, der Einsatz von schweren Einbaugeräten, die massive Deckenkonstruktionen voraussetzten. Die nachfolgenden Schadensfälle beziehen sich daher ausschließlich auf Parkdächer mit Gussasphaltbelägen.

## 8.4.1 Schäden am Gussasphaltfahrbelag

### 8.4.1.1 Mulden im Gussasphaltbelag aufgrund falscher Gussasphaltzusammensetzung und falscher Gefällegebung

#### Sachverhalt

Das aufgrund der Durchfahrtshöhen und Zufahrtsradien ausschließlich für Pkw-Nutzung zugängliche, wärmegedämmte Parkdach über einem Supermarkt war über ein Stahlbetonfertigteil-Tragkonstruktion mit einem Warmdachaufbau und einem Schutzbeton hergestellt worden. Der Fahrbelag bestand aus zweilagigem Gussasphalt. Nach etwa 15-jähriger Standzeit hatten sich jeweils auf den Pkw-Stellplätzen im Bereich der Aufstandsflächen der Pkw-Räder bis zu 7 cm tiefe Mulden gebildet, die die Nutzung der Parkdachfläche ausgesprochen gefährlich machte: Parkdachbenutzer kamen beim Begehen der Gussasphaltoberfläche im Bereich der Dellen ins Stolpern und verletzten sich.

**Abb. 8.4-01:** Delle im Gussasphaltbelag

Abb. 8.4-02: Stempeleindrucktiefe des untersuchten Gussasphalts

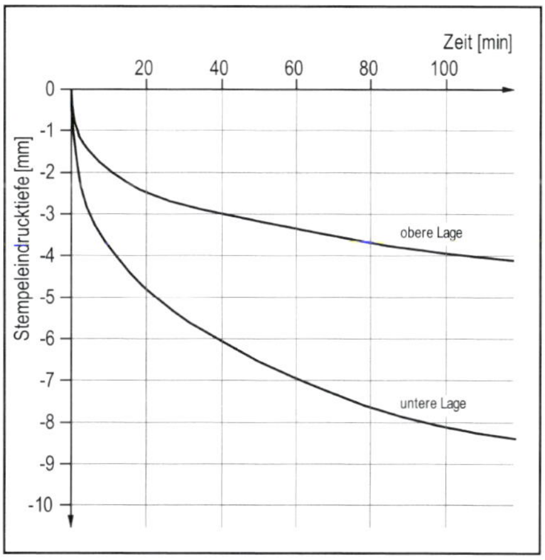


## Ursachen

Der Mangel hatte im Wesentlichen zwei Ursachen

Aus dem Gussasphalt wurden Proben entnommen, die nach DIN 1986-13 mit einem Prüfstempel von 500 $mm^2$ Fläche und einer Prüftemperatur von 40 °C untersucht wurden. Für die obere Lage wurde nach 30 Minuten Prüfdauer eine Eindringtiefe von im Mittel 2,76 mm festgestellt; für die untere Lage eine Eindringtiefe von im Mittel 5,5 mm. Erschwerend kam aber hinzu, dass bei länger andauernder Prüfung die Verformung noch sehr erheblich zunahm.

Der Gussasphalt war demnach viel zu weich.

Als zweite Ursache ist die viel zu große Dicke der Gussasphaltschicht zu nennen: Die gesamte Parkdeckfläche war in der Unterkonstruktion gefällelos hergestellt. Um Pfützenbildungen auf der Belagsoberfläche zu vermeiden, war der Gussasphaltbelag selbst als Gefälleschicht ausgebildet worden. Da die Abläufe

Abb. 8.4-03: Bohrkern mit extremer Aufbauhöhe des Gussasphaltbelags (120 mm)

jeweils in der Mitte der Fahrstraßen lagen, ergaben sich dadurch im Bereich der Stellplätze Gussasphaltbelagsdicken von über 120 mm. Diese sehr große Belagsdicke in Kombination mit der zu geringen Härte des Gussasphalts erklärt das o. a. Schadensbild.

### Nachbesserung

Da insbesondere die untere Gussasphaltschicht eine zu geringe Härte aufwies, erschien ein lediglich oberflächliches Abfräsen der Gussasphaltschicht nicht erfolgversprechend. Es wurde vorgeschlagen, den gesamten Gussasphalt auszubauen, die Gefällegebung so weit wie möglich zu minimieren und einen zweilagigen Gussasphalt mit größerer Härte zu verwenden.

### Schlussfolgerungen

Ganz besonders auf bewitterten Parkdächern sollte die Gefällegebung der Oberflächen – die zur Vermeidung von Pfützen unabdingbar ist – nicht in der Gussasphaltschicht hergestellt, sondern bereits im Untergrund vorgesehen werden. Dabei ist es günstig, auch die Abdichtungslage ins Gefälle zu legen, d. h. die Gefällegebung entweder in der Ebene der Wärmedämmung oder – noch besser – in der Ebene des tragenden Untergrundes anzuordnen. Es ist eine Gefälle von etwa 1,5 % (ggf. im Bereich der Kehlen 0,5 %) vorzusehen.

Im Hinblick auf die Härte von Gussasphalt darf zum einen die Eindringtiefe nicht zu hoch liegen, damit die oben beschriebenen Schäden nicht entstehen, andererseits ist ein zu niedriger Wert ebenfalls ungünstig, da dann das Relaxationsverhalten des Gussasphaltbelags – insbesondere bei tiefen Außentemperaturen – sich verschlechtert und eher Rissbildungen auftreten.

Gussasphalte auf Pkw-Parkdecks sind der Härteklasse GE 40 nach DIN 18 560-1 [30] einzuordnen. Demnach ist bei einer Prüfdauer von 30 Minuten und 40 °C bei einem Stempelquerschnitt von 500 $mm^2$ eine Eindringtiefe zwischen 1,5 bis 4 mm einzuhalten. Die ZTV-Gussasphalt [31] macht wichtige Angaben zum weiteren Verformungsverhalten bei längerfristiger Beanspruchung. Sie fordert für Gussasphalt der Körnungsgruppe 0/8 bzw. 0/11 unter den gleichen o.a. Prüfbedingungen eine Eindringtiefe zwischen 1,0 bis 5,0 mm und weiterhin eine maximale Veränderung des Eindringverhaltens bei einer um 30 Minuten verlängerten Prüfdauer auf max. 0,6 mm. In [54] werden die Werte in Parkdeckabdichtungen mit Bitumenwerkstoffen noch deutlich stärker eingegrenzt: Die Eindringtiefe soll demnach nach 30-minütiger Prüfdauer nicht über 3,5 mm liegen und in den weiteren 30 Minuten nicht mehr als 0,4 mm zunehmen.

Die Lieferung eines Gussasphalts, der die hier beschriebenen Grenzwerte einhält, gehört sicherlich zur Grundleistung eines Fachunternehmens, das Parkdach-Gussasphaltbeläge einbaut. Ein ausdrücklicher Hinweis in der Ausschreibung ist aber trotzdem sinnvoll.

### 8.4.1.2 Fließender Gussasphalt

#### Sachverhalt

Ein Parkdach mit einem Warmdachaufbau und einem Fahrbelag aus Ortbetonplatten wurde bereits nach wenigen Jahren wiederholt undicht. Da die Suche nach den Ursachen immer schwieriger und teurer wurde, entschloss man sich für eine provisorische, aber preiswerte Lösung, die gesamte Ortbetonfläche mit einer Lage Gussasphalt zu überziehen.

Dieser Gussasphaltbelag zeigte dann aber auf einer Gefällestrecke von 25 m im Laufe von etwa 15 Jahren deutliche Fließerscheinungen vom First in Richtung der tiefer gelegenen Attika. Das Satteldach hatte ein Gefälle von 3 %. Die ursprüngliche Dicke der Gussasphaltschicht betrug überall auf dem Parkdach ca. 40 mm. Das plastische Fließen des Belages führte zu einer Ansammlung von stark verformtem Gussasphalt vor den Rammborden der Attika und einer beträchtlichen aber kaum erkennbaren Ausdünnung im Firstbereich. Gemessen wurden im Tiefpunkt Dicken von bis zu 90 mm und am First an einigen Stellen von nur 12 mm.

Es handelt sich um eine Parallele zum Schadensfall 8.4.1.1, nur mit dem Unterschied, dass die ursprüngliche auf der ganzen Fläche gleiche Schichtdicke des eingebauten Gussasphalts sich durch plastisches Fließen zwischen First und Tiefpunkt deutlich verändert hatte. Im Tiefpunkt hatten sich große Falten und Mulden gebildet.

**Abb. 8.4-04:** Fließerscheinungen in einem Gussasphaltbelag eines Parkdaches

**Abb. 8.4-05:** Querschnitt einer Aufbruchprobe. Ausdünnung der Gussasphaltlage am First

**Abb. 8.4-06:** Große Falten und Mulden im Tiefpunkt der Gefällestrecke

## Ursachen

Obwohl in diesem Fall keine Laboruntersuchungen über die Zusammensetzung des Gussasphalts vorliegen, kann davon ausgegangen werden, dass die Ursachen für die Fließneigung sowohl in einem zu hohen Bindemittelgehalt und möglicherweise einer zu weichen Bitumensorte als auch in einem nicht standfesten Mineralgerüst liegen. Die Fließneigung wurde durch das relativ große Gefälle von 3 % sowie die langanhaltende Sonneneinstrahlung auf der Südseite gefördert.

## Nachbesserung

Aufgrund der Feststellungen, dass der Gussasphaltfluss nicht zum Halten gebracht werden konnte und da erneut immer wieder Undichtigkeiten auftraten, entschloss man sich für einen Totalabriss und einem Neuaufbau .

### 8.4.1.3 Ausbrüche im Gussasphaltbelag mit Undichtigkeitsfolgen

## Sachverhalt

Ein mehrgeschossiges Parkhaus war in Stahlbetonfertigteil-Skelettbauweise aus Stahlbetonstützen, Stahlbetonunterzügen und Stahlbeton-$\pi$-Fertigteilplatten errichtet worden.

Auf der Fertigteildeckenkonstruktion waren ca. 80 mm bewehrter Ausgleichsbeton aufgebracht und darüber in den nicht unmittelbar bewitterten mittleren Parkdeckflächen ein Gussasphaltbelag ausgeführt worden. Unter dem Gussasphalt wurden keine weiteren Abdichtungslagen eingebaut; lediglich an den Randanschlüssen war mit Abdichtungsbahnen gearbeitet worden. Nach einigen Jahren Betrieb der Parkdecks kam es in den Fahrstraßen jeweils in der Nähe der Abläufe zu Ausbrüchen im Gussasphaltbelag.

**Abb. 8.4-07:** Überklebte Ausbrüche im Gussasphaltfahrbelag in der Nähe der Abläufe

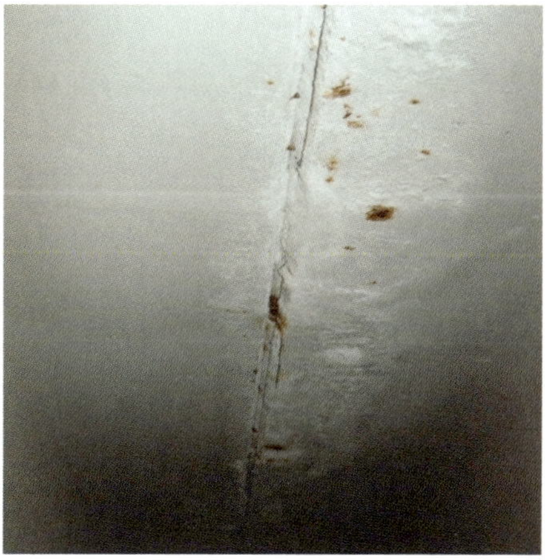

**Abb. 8.4-08:** Korrosionsschäden an den Fugen der Stahlbetonfertigteildeckenplatten

Die betroffenen Parkdeckflächen waren zwar nicht unmittelbar durch die Witterung beansprucht. Über die nicht geschlossenen Fensterbänder und das Druckwasser von den mit hoher Frequenz die Flächen befahrenden Pkws kam es aber doch zu einer deutlichen Feuchtebelastung der Flächen. Das Wasser gelangte über die Ausbrüche in den Betonuntergrund und führte in Teilbereichen zu Korrosionsschäden am Beton.

## Ursachen

Die unmittelbare Ursache des Schadens war eine viel zu geringe Dicke des Gussasphaltbelags, die sich aus dem Sachverhalt ergab, dass der Untergrund selbst nicht im Gefälle verlegt wurde, so dass eine ausreichende Gefällegebung der Gussasphaltoberfläche durch den Gussasphaltbelag selbst hergestellt werden sollte. Aufgrund der vorgegebenen Maximalhöhe an den Hochpunkten hatte man den Gussasphaltbelag in der Nähe der Abläufe bis auf ca. 1,5 cm dünn auslaufen lassen.

Da zudem der Gussasphalt auf Trennlage aufgebracht war – also keinen Haftverbund mit dem Untergrund hatte –, kam es aufgrund der geringen Belagsdicke zu Schäden durch die Pkw Belastung.

Die Schichtdicke des Gussasphaltbelags betrug an den dünnsten Stellen ca. 1,5 cm.

Letztlich war auch beim vorliegenden Fall die fehlende Gefälleplanung eine grundsätzliche Ursache des Schadens.

**Abb. 8.4-09:** Bohrkern aus der Dachfläche

### Nachbesserung

Nachdem der Schädigungsumfang am Betontragwerk genauer untersucht und durch Betoninstandsetzungsarbeiten die ermittelten Schäden beseitigt waren, wurde auf der gesamten Fläche ein Gussasphaltbelag auf Verbundabdichtung eingebaut, Mindestschichtdicke 35 mm in der Nähe der Abläufe.

### Schlussfolgerungen

Parkdeckflächen, die mit Gussasphaltbelägen versehen werden sollen, sollten grundsätzlich bereits im Untergrund ein ausreichendes Gefälle zu den Abläufen hin aufweisen, damit der Gussasphaltbelag in gleichmäßiger Dicke eingebracht werden kann und die oben dargestellten Probleme vermieden werden. Weiterhin ist es grundsätzlich vorteilhaft, Gussasphaltbeläge mindestens zweilagig auszubilden. Am ehesten kann aber noch im hier dargestellten Fall der nicht unmittelbar bewitterten und sonnenbeschienenen Belagsfläche auf einlagige Gussasphaltschichten zurückgegriffen werden. Die Schichtdicke von 35 mm sollte nicht unterschritten werden.

## 8.4.1.4 Blasenbildung im Gussasphalt

### Sachverhalt

Das obere, frei bewitterte Parkdach eines mehrgeschossigen Parkhauses war mit einem zweilagigen Gussasphaltbelag (etwa 15 mm Gussasphaltmastix und 25 mm Gussasphalt) über Vliestrennlage auf im Gefälle liegenden Stahlbetondeckenplatten hergestellt worden. Lediglich an den Rändern waren zweilagige Dachdichtungsbahnen (Polymerbitumenbahnen mit Polyesterfaservlies) verwendet worden. Diese Dichtungsbahnen-Randstreifen reichten ungefähr 22 cm weit

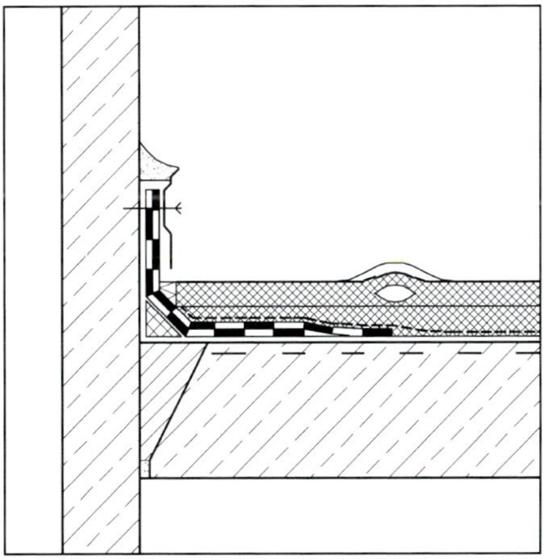

**Abb. 8.4-10 (oben links):** Typische „Blasenlandschaft" auf der Gussasphaltoberfläche

**Abb. 8.4-11 (oben rechts):** Konstruktive Situation zur Schichtenfolge und zur Lage der Blasen

**Abb. 8.4-12 (rechts):** Im Anschnitt geöffnete Blase

unter die Gussasphaltschichten. Nach ca. zehnjähriger Standzeit hatten sich bis zu 20 cm hohe Blasen entlang der Dichtungsbahnränder gebildet, die das Begehen der Fläche an den Rändern äußerst unfallträchtig machten.

## Ursachen

Die erheblichen Blasen demonstrieren das thermoplastische Verhalten von Gussasphalt und zeigen ein weiteres beachtenswertes Problem bei Gussasphaltbelägen. Aufgrund der hohen Verarbeitungstemperatur des Gussasphalts von etwa 250°C sind nicht alle Dichtungsbahnen zur Kombination geeignet – Bitumenbestandteile mit niedrigerem Siedepunkt sind offenbar beim Einbau des Gussasphalts im vorliegenden Fall aus den Bahnen verdampft und haben entlang der Bahnenränder zu Blasenkeimen im Gussasphalt geführt, die dann mit der Zeit beträchtlich angewachsen sind.

Auch die Literatur berichtet über die Notwendigkeit, mit Sorgfalt Lufteinschlüsse im Gussasphalt zu vermeiden, die zu Blasenkeimen führen können.

**Nachbesserung**

Da die gesamte Fläche auch noch Rissbildungen aufwies, die die nur geringe Leistungsfähigkeit von Gussasphaltmastix-Abdichtungen auf bewitterten Flächen zeigten, wurde vorgeschlagen, die gesamte Parkdeckfläche abzuräumen. Nach Abtragen des Untergrunds und Vorbehandlung des Betons über einer Epoxydharzhaftbrücke eine vollflächige, einlagige Dichtungsbahn und einen zweilagigen Gussasphalt aufzubringen.

**Schlussfolgerungen**

Bei der Kombination von Abdichtungslagen mit Gussasphalt ist auf die hohe Verarbeitungstemperatur von Gussasphalt und die daraus folgenden Probleme für die Temperaturbeständigkeit der Dichtungsbahnen zu achten. Es sollten daher Dichtungsbahnen verwendet werden, die Tabelle 4 von DIN 18 195 Teil 2 entsprechen, d. h. Polymerbitumenschweißbahnen mit hochliegender Trägereinlage auf Polyestervlies bzw. edelstahlkaschierte Bitumen-Schweißbahnen.

### 8.4.1.5 Risse im Gussasphaltbelag eines ungedämmten Parkdachs

**Sachverhalt**

Das obere Parkdach eines mehrgeschossigen Parkhauses war in der Fläche über 27 cm hohen Hohlkörper-Fertigteil-Stahlbetonplatten mit einer Gussasphaltmastixschicht auf Vliestrennlage und einer Gussasphalt-Verschleißschicht (Gesamtaufbauhöhe ca. 40 mm) versehen worden. An den Randanschlüssen waren zweilagige Polymerbitumenbahnen mit Polyesterfaservlies eingebaut worden. Nach gut zehnjähriger Standzeit zeigten Wasserabtropfungen aus den Fugen der Stahlbeton-Fertigteile mit Rostspuren deutliche Undichtigkeiten des Gussasphaltbelags. Die genauere Untersuchung ergab, dass meist im Bereich der Arbeitsfugen der oberen Fahrbelagsschicht, teilweise aber auch regellos Risse in der Belagsschicht aufgetreten waren. Über die Risse sickerte Wasser in den Betonuntergrund und führte zu den Korrosionsschäden.

**Ursachen**

Gussasphaltbeläge mit Abdichtungsschichten aus Asphaltmastix werden gemäß der älteren Version von DIN 18 195 aus dem Jahr 1983 auf Vliestrennlage als Entspannungsschicht verlegt. Die Belagsoberfläche ist damit praktisch ein schwimmender Belag. Bei thermisch bedingten Längenänderungen kommt es dann zu Normalspannungen im Belag, die mit der Flächengröße zunehmen und be-

**Abb. 8.4-13 (oben links):** Typische Rissbildung – überwiegend im Bereich der Arbeitsfugen der Gussasphaltdeckschicht. Hier insbesondere ausgeprägt an einer vorspringenden Schrammbordecke

**Abb. 8.4-14 (oben rechts):** Schichtenfolge des Fertigteildaches. Die beiden Gussasphaltlagen mit der bitumenreicheren unteren Mastixschicht ist gut erkennbar.

**Abb. 8.4-15 (rechts):** Undichtheiten auf der Parkdachunterseite mit Kalkhydratläufern und Rostspuren

sonders an den schwächsten Stellen wie einspringenden Ecken oder aber auch an Arbeitsfugen zu Rissen führen können. Dies ist dann meist im Winter der Fall, wenn die Verformbarkeit und das Relaxationsverhalten des Gussasphaltbelags besonders ungünstig ist.

## Nachbesserung

Es wurde empfohlen, den gesamten Belag abzuräumen und durch einen zweilagigen Gussasphaltbelag auf Verbundabdichtung neu aufzubauen. Der Betonuntergrund war in einem ausreichenden Gefälle zu Grabenrinnen entlang der Brüstungen verlegt, so dass in dieser Hinsicht günstige Instandsetzungsbedingungen vorlagen.

### Schlussfolgerungen

Gussasphaltbeläge auf Vliestrennlage haben sich zumindest im stark klimatisch belasteten, frei bewitterten Parkdachbereich aus den dargestellten Gründen nicht bewährt. Sie neigen zur Rissbildung und zu Undichtheiten. Die auch in der neuen DIN 18 195 aufgeführte Regellösung sollte bei ungedämmten Parkdecks daher aus einer für Gussasphaltschichten geeigneten, mit Epoxydharzhaftbrücke vorbehandeltem Untergrund aufgebrachte Verbundabdichtung und darüber einem zweilagigen Schutz-Gussasphalt und einer Gussasphaltdeckschicht (Aufbauhöhe insgesamt: mind. 55 mm) hergestellt werden. Bei einer solchen Verbundkonstruktion kommt es nicht zur Aufaddition von Längenänderungen, da der Gussasphalt kontinuierlich an seinen Längenänderungsbestrebungen behindert wird.

## 8.4.1.6 Risse im Gussasphalt und Undichtigkeiten in einem Parkdach mit Verbundabdichtung

### Sachverhalt

Auf einem ungedämmten ca. 1983 gebauten Parkdach für Pkw-Nutzung mit einem Fahrbelag aus Gussasphalt zeigten sich in zunehmendem Umfang Risse im Gussasphalt und Undichtigkeiten in der Abdichtung. Die Risse verliefen zunächst systematisch über den Unterzügen der Betonfertigteilkonstruktion. Am deutlichsten wurden sie sichtbar beim Abtrocknen des Daches nach einem Regenguss an der Restfeuchtigkeit in der Gussasphaltbesplittung. Durch direktes Aufflämmen von Schweißbahnstreifen über den sichtbaren Rissen konnten die Wassereinbrüche bisher in Grenzen gehalten werden.

Nach einigen Jahren entstanden immer häufiger auch unsystematische und schräg verlaufende Risse. Die Undichtigkeiten wurden auch noch dadurch verstärkt, dass in einigen Bereichen die Betonkonstruktion und damit auch der Gussasphaltbelag gefällelos ausgebildet wurden, wodurch diese großflächig mit Wasserpfützen bedeckt waren.

Öffnungen an den Rissen ergaben folgenden Aufbau von oben:

- eine Lage Gussasphalt, d = 60 mm, mit heller Besplittung
- Spezial-Bitumenschweißbahn G 200 S5 als erste Lage, kaschiert mit einer Alufolie, vollflächig aufgeflämmt
- Bitumenvoranstrich
- Konstruktion aus Betonfertigteilstützen und -balken, auf Konsolen aufgelagerten Betonfertigteil-Hohldielen und einem Ortbeton-Ringbalken zwischen den Hohldielen über den Stützen.

Risse in der Abdichtung entstanden einerseits am Übergang zwischen den Ortbetonbalken sowie den Fertigteilplatten und andererseits in der Vermörtelung zwischen den Fertigteilplatten. Schleppstreifen zur Überbrückung der Risse waren nicht vorhanden. Die Schweißbahn ließ sich teilweise leicht von der Betondecke ablösen, so dass zumindest in Teilbereichen von einer unterläufigen Abdichtung ausgegangen werden musste. Dagegen wurde eine gute Haftung zwischen dem Gussasphalt und der Schweißbahn angetroffen.

### Ursachen

- Die **Risse in der Abdichtung** sind damit zu erklären, dass in der ungedämmten Konstruktion, im Wesentlichen bestehend aus Betonfertigteilen, größere Verformungen, hauptsächlich temperaturbedingt in der Ebene der Dachplatten entstehen. Der vorliegende Schichtenaufbau ist ein Vorläufer der heutigen Abdichtung nach DIN 18 195-5 (8.3.7) mit Bitumen-Schweißbahnen und Verbindung mit Gussasphalt, aber mit wesentlichen Unterschieden zum jetzigen Stand.

(1) Es gab keine oder nur eine unzureichende Vorbehandlung der Betondecke. Eine vollflächige Haftung zwischen Bitumenbahn und Betondecke wurde jedenfalls nicht erzielt. Unkontrollierte Unterläufigkeiten im Falle von Leckstellen sind die Folge.

(2) Für eine so verformungswillige Konstruktion aus Betonfertigteilen standen Anfang der 80er Jahre noch nicht die heutigen Polymerbitumen-Schweißbahnen mit Trägereinlagen aus Polyestervlies zur Verfügung. Daher hätten mindestens zwei Bitumenschweißbahnen der seinerzeit verfügbaren Qualität (die oberste Bahn mit Alu-Kaschierung) vorgesehen werden müssen. Auf jeden Fall hätten außerdem über die kritischen Fugen zwischen den einzelnen Fertigteilen einseitig geheftete Schleppstreifen angeordnet werden müssen, um die Gefahr einer Rissbildung zu vermindern.

- Ursächlich für die **Risse im Gussasphalt**, die nicht immer direkt über den Rissen in der Abdichtung liegen, ist ebenfalls die zu geringe Flexibilität des Gussasphaltes bei der verformungswilligen Konstruktion. Ungewöhnlich ist auch die Dicke der einlagigen Gussasphaltschicht von 50 bis 60 mm. Normalerweise führt dies zu Standsicherheitsproblemen, z. B. zu Spurrillenbildung in den Fahrstraßen. Diese sind aber nicht erkennbar. Der Verdacht legt daher nahe, dass im Aufbau der Bitumenmenge am unteren Limit liegt, so dass die Risse auch Sprödrisse sein können.

### Nachbesserung

Eine Nachbesserung des undichten Parkdaches wurde bisher aus Kostengründen nicht vorgenommen. Das Ausmaß und die Folgen der Undichtigkeiten konnten bis jetzt durch das Überkleben der sichtbaren Risse in Grenzen gehalten werden.

**Abb. 8.4-16 (oben links):** Sichtbare Risse im Gussasphalt beim Abtrocknen der Besplittung

**Abb. 8.4-17 (oben rechts):** Unsystematische und schräg verlaufende Risse

**Abb. 8.4-18 (links):** Große Wasserpfützen auf der Gussasphaltfläche in den Tiefpunkten

## Schlussfolgerungen

Bei einer so verformungswilligen Konstruktion muss für eine Sanierung vor allem die Aufnahme der Zugspannungen bzw. deren Einleitung in den Dachaufbau berücksichtigt werden. Dies gilt sowohl für die Wahl der Abdichtung, des Fahrbelags als auch des Dachaufbaus. Bei einer erneuten Verwendung von Gussasphalt sollte aber auf jeden Fall die Abdichtung nach DIN 18 195-5 vorgesehen werden – unter Verwendung von PYE-Schweißbahnen mit hoch liegenden Trägereinlagen. Zur Vermeidung von Unterläufigkeiten muss durch entsprechende Vorbehandlung der Betondecke [7.4] die Haftung verbessert werden. Bei einer erneuten Verwendung von Gussasphalt sollte auf jeden Fall ein zweischichtiger Aufbau für den Gussasphalt vorgesehen werden, ebenfalls in einer Gesamtdicke von 60 mm [15].

Außerdem muss das Gefälleproblem in einigen Flächenbereichen gelöst werden.

### 8.4.1.7 Risse im Gussasphaltbelag im wärmegedämmten Parkdach

#### Sachverhalt

Im Untergeschoss eines größeren Einkaufszentrums war ein Supermarkt angeordnet, dessen Deckenfläche überwiegend als Parkdach, an den Rändern aber auch als Aufstandsfläche für weitere Ladenlokale, diente. Die Parkdachfläche war sowohl durch Pkw, in Teilbereichen aber auch zumindest durch Lieferwagen, befahren. Über einer Stahlbetondecke aus Ortbeton war ein bis zu 130 mm hoher Gefällebeton, darüber dann ein Warmdachaufbau, bestehend aus einer Dampfsperre mit Aluminiumeinlage, 80 mm Schaumglas und einer in der Regel zweilagigen Polymerbitumenbahnenabdichtung mit Polyesterfaservlies abgedichtet worden. Als Druckverteilungsschicht war über einer Polyethylenfolientrennlage ein 90 mm dicker Schutzbeton mit Bewehrungsmatteneinlage ausgeführt; darüber als Fahrbelag eine Gussasphaltdeckschicht auf Vliestrennlage aufgebracht.

Im Gussasphaltbelag bildeten sich sowohl Risse als auch Wülste, die überwiegend die Fugen der in Einzelfelder von ca. 5 x 5 m aufgeteilten Schutzbetondruckverteilungsplatten abzeichneten.

Die dargestellten Schäden waren deutlich störend. Da der Gussasphaltbelag im vorliegenden Fall allerdings keine Abdichtungsfunktionen übernahm, sondern lediglich Fahrbelagsverschleißschicht darstellte, führten diese Schäden hier nicht zu Dachundichtheiten.

#### Ursachen

Auf Dämmschichten und Abdichtungen mit Trennlage aufliegende Schutzbetonschichten sind großen tages- und jahreszeitlich bedingten thermischen Längenänderungen ausgesetzt, die auch der auf dem Schutzbeton aufliegenden Gussasphaltsschicht mitgeteilt werden. Vliestrennlagen stellen nämlich keine völlig reibungsfreie Trennung zwischen den Schichten dar, sondern es muss trotz der Trennlage mit der Übertragung der Bewegungen gerechnet werden. Die Fugen der Schutzbetondruckverteilungsschichten unter Gussasphaltbelägen im wärmegedämmten Dach stellen daher grundsätzlich Schwachstellen dar. Deswegen wird in den Regelwerken grundsätzlich empfohlen, im Bereich der Fugen Schleppstreifen unterzulegen, die die Längenänderungen des Untergrundes im Fugenbereich etwas besser vom Gussasphaltbelag abkoppeln. Erfahrungsgemäß reicht dies zur Vermeidung von Rissen im Winterfall meist nicht aus, da der Schleppstreifen nicht zu einer wesentlichen Verteilung der Längenänderungen beiträgt.

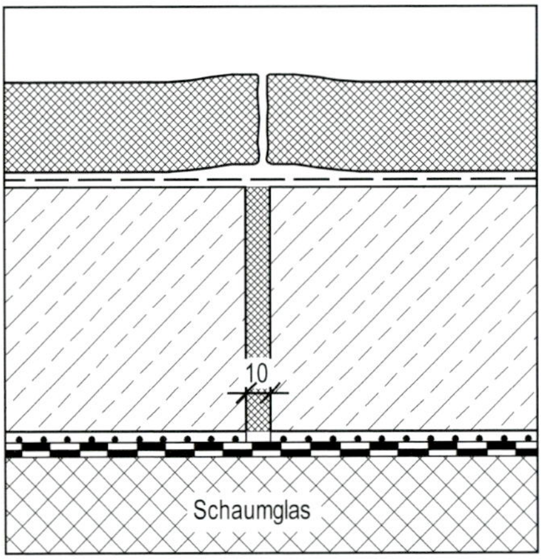


**Abb. 8.4-19 (oben links):** Parallel zur Gussasphaltarbeitsfuge über der Fuge des Schutzbetonuntergrundes verlaufende Risse im Gussasphaltbelag, bereits nachgeschnitten und nachvergossen

**Abb. 8.4-20 (oben rechts):** Typische Wulstbildung im Gussasphaltbelag, die Fugen der Schutzbetonschicht nachzeichnend

**Abb. 8.4-21 (links):** Riss- und Wulstbildung im Gussasphaltbelag (Dicke 35 mm) auf Vliestrennlage über der Dehnfuge des Schutzbetons

## Nachbesserung

Im Hinblick auf den Bereich mit Aufwölbungen wurden keine Nachbesserungen empfohlen, sondern es wurde vorgeschlagen, die Erscheinung als geringen optischen Mangel zu akzeptieren. Da die Rissbildungen teilweise auch zu deutlichen Ausbrüchen führten, wurde vorgeschlagen, in Teilbereichen den Gussasphaltbelag zonenweise zu erneuern und auf Schleppstreifen von 30 cm Breite aufzulegen.

## Schlussfolgerungen

Gussasphaltbeläge im wärmegedämmten Parkdach sind nach Auffassung der Verfasser grundsätzlich schadensanfällig, da die in kleinere Felder eingeteilten druckverteilenden Schutzbetonschichten thermische Längenänderungen hervorrufen, die in Gussasphaltbelägen nicht sicher beherrschbar sind.

Den Vorschlag, die Abdichtungslage oberhalb der Schutzbetonschicht als Verbundbelag auszuführen, halten die Verfasser für wenig erfolgversprechend, da dann eine feuchte, frisch aufgebrachte Betonschicht gemeinsam mit der Wärmedämmung zwischen Dampfsperre und Abdichtung „verpackt" werden, was bauphysikalisch mit Sicherheit ungünstig ist. Weiterhin können sich dann die Längenänderungen der Schutzbetonschichten auch auf die Abdichtung auswirken. Die dann entstehenden Rissbildungen sind viel gravierender als die hier dargestellten, da dann auch die Abdichtung durch die Rissbildung betroffen ist und damit das gesamte Dach undicht wird.

Aufgrund der äußerst schwierigen Leckortung und der langen Sickerwege in der Ebene der Schutzbetonplatten hat eine solche Konstruktion eine geringe Zuverlässigkeit.

In wärmegedämmten Parkdächern sollte daher auf Gussasphaltkonstruktionen verzichtet werden – es sei denn, sie werden als toleranzausgleichende Schutzschichten, z. B. im Umkehrdach mit Betonbelägen oder in Warmdachaufbauten mit Schaumglas verwendet.

### 8.4.1.8 Blasenbildung durch unzureichende Entwässerung unter einem Gussasphalt

#### Sachverhalt

Auf einem rot eingefärbten Gussasphaltbelag eines Parkdaches aus dem Jahr 1999 traten im Laufe der Jahre zunehmend in den Sommermonaten Blasen auf. Die Blasen hatten einen Durchmesser von 5 bis 20 cm und eine Höhe von bis zu 4 cm; sie traten in einigen Flächenbereichen vermehrt auf.

Die Blasen wurden in den ersten Jahren ausgeschnitten und durch neuen Gussasphalt ersetzt. Später hat man sie erwärmt und nach einer Dampfdruckentspannung wieder eingeebnet (Abb. 8.4-23).

Da sich Blasen in den warmen Monaten immer wieder bildeten, wurden sie auf dem sehr belebten Parkdach nicht nur aus optischen, sondern auch aus verkehrstechnischen Gründen als störend empfunden. Man musste also die Ursachen ermitteln und ein wirksames Konzept für deren Vermeidung finden.

Aus den Leistungsverzeichnissen und in mehreren Ortsterminen wurden folgende Fakten ermittelt:

- Schichtenaufbau
  - Roter Gussasphalt, Gesteinskörnung 0/8, d=35 mm
  - Asphaltbinder 0/16, d = 60 mm, im oberen Bereich mit Gefällekeil

- Schutzlage aus einer Bitumenbahn mit Metallbandeinlage
- Vollflächig haftende Spezial-Verbundabdichtung aus einem Spezial-Kautschukbitumen und einer Polymerbitumenbahn
- Lösungshaltiger Bitumenvoranstrich

An keiner Stelle war Wasser ins Gebäudeinnere eingedrungen.

- Eine Laboruntersuchung ergab einen Gussasphalt ohne technische Mängel
- Da ein maschineller Einbau des Gussasphaltes nicht möglich war, wurde dieser in zahlreichen kleineren Abschnitten per Hand verlegt. Die dadurch entstandenen Arbeitsfugen schloss die Asphaltfirma mit Fugenmassen. Es wurde aber festgestellt, dass ein Teil der Fugen Ablösungen an den Fugenflanken aufwiesen und somit nicht mehr dicht waren (Abb. 8.4-24).
- Das im Gefälle von ca. 2 % liegende Parkdach entwässert über eine 20 m lange Gefällestrecke zu den am Tiefpunkt eingebauten Einläufen vor einer Attika.
- Zwischen dem aufgehenden Gebäude und dem Asphaltaufbau gibt es ein Pflanzbeet, das durch Natursteine und einen Bordstein eingefasst ist. Die angrenzende Binderschicht ist nicht gegen eindringendes Wasser aus dem Pflanzenbeet abgedichtet, was man z. B. durch einen Heißbitumen-Deckaufstrich erreicht hätte (Abb. 8.4-25).

### Ursachen

Eine Blasenbildung in diesem Ausmaß ist mit hoher Wahrscheinlichkeit auf Feuchtigkeit unterhalb der dampfdichten Gussasphaltdeckschicht zurückzuführen. Die jetzt nahe liegende Frage war daher, wie ständig Wasser in den Dachaufbau gelangt:

Durch Öffnungen wurde festgestellt, dass im Bereich des Pflanzbeetes keine nennenswerten Wassermengen in die Binderschicht eindringen konnten. Als hauptsächliche Ursache für die Wassereintrittsstellen wurde die nicht mehr vorhandene Flankenhaftung in den Vergussfugen ermittelt.

Da unter dem gasdichten Gussasphalt aber eine hohlraumreiche Asphaltbinderschicht angeordnet worden war, konnte die Blasenbildung allein mit dem Zutritt von Regenwasser durch die Belagsfugen nicht erklärt werden. Lt. ZTV Asphalt-STBO1 [31] soll der Hohlraumgehalt eines Binders 0/16 4,0 bis 7,0 Vol.-% aufweisen. Da die Binderschicht mit der Hand eingebaut worden war, liegt der Hohlraum mit großer Wahrscheinlichkeit in der Nähe von 7 Vol.-%. Bei dieser Größenordnung findet ein Dampfdruckausgleich innerhalb des Asphaltbinders statt, ohne dass es zu Blasen im Gussasphalt kommen sollte. Außerdem hätte eingedrungenes Wasser über die im Tiefpunkt vorhandenen Abläufe ablaufen müssen (Abb. 8.4-26).

Daraufhin wurde die Funktionsfähigkeit der Abläufe genauer untersucht. Nachdem man den Einlaufkranz entfernt hatte, wurde tatsächlich festgestellt, dass die

**Abb. 8.4-22 (oben links):** Blasenbildung in einem Gussasphaltbelag

**Abb. 8.4-23 (oben rechts):** Blasenbeseitigung durch Erwärmen der Blasen

**Abb. 8.4-24 (rechts):** Sichtbar austretende Feuchtigkeit an den Fugen

offene Asphaltbinderschicht nicht sauber an die untere Einlaufebene angeschlossen worden war und deswegen nicht schnell genug entwässert wurde. Es entstand ein Stau vor dem Ablauf und ein Rückstau bis in die oberen Bereiche des Parkdaches (Abb. 8.4-27).

### Nachbesserung

Die Funktionsfähigkeit der Abläufe wurde wie folgt wiederhergestellt.

- Ausbau der Einlaufkränze aller Abläufe
- Entfernen aller Reste von Gussasphalt und ausgetretenem Bitumen
- Ein umlaufender Ring eines Einkornbetons in einer Schichtdicke von 6 cm wurde in der Binderebene um den Ablauf herum eingebaut.

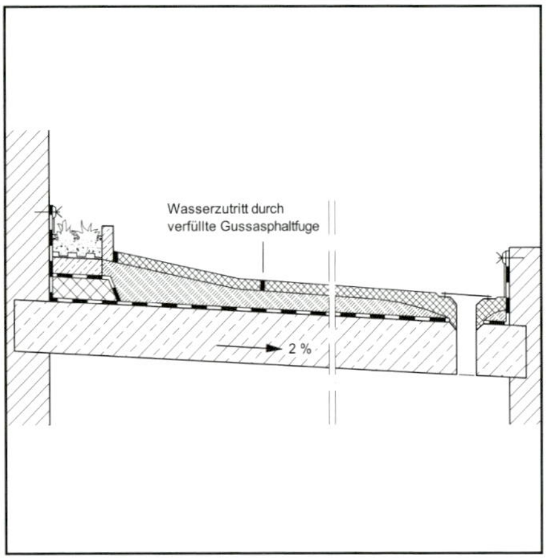

**Abb. 8.4-25 (oben links):** Pflanzbeet am oberen Ende des Parkdaches als eine Möglichkeit für den Wassereintritt in die Asphaltbinderschicht

**Abb. 8.4-26 (oben rechts):** Querschnitt durch den Schichtenaufbau vom Pflanzbeet bis zum Ablauf

**Abb. 8.4-27 (links):** Ablauf ohne ausreichende Entwässerungsmöglichkeit für die Binderschicht. Sichtbare Wassertropfen nach einer langen Trockenperiode

Eine weitere wichtige Maßnahme war die Nachbesserung der Vergussfugen, um das Eindringen größerer Wassermengen auszuschließen. Der schadhafte Fugenverguss wurde ausgebaut und durch neue Fugenmasse ersetzt.

Die Blasenbildung ist durch diese Maßnahmen zum Stillstand gekommen

## Schlussfolgerungen

Eine Blasenbildung im dampfdichten Gussasphalt kann durch zwei Maßnahmen vermieden werden:

- Anordnung einer Schicht unter dem Gussaspalt, die auch einen sehr geringen Hohlraum hat und damit kein Wasser zur Entstehung eines Dampfdrucks aufnehmen kann: Diese Lösung sollte dann gewählt werden, wenn der Einbau der Gussasphaltschicht zeitnah auf den Einbau des Binders erfolgt, ohne dass Wasser auf dem Binder steht.

- Aufbau einer etwas hohlraumreicheren Schicht von mindestens 10 Vol.-% unter dem Gussasphalt, in die zwar Feuchtigkeit eindringen kann , in der aber innerhalb der offeneren Schicht ein Dampfdruckausgleich stattfindet. Am konsequentesten ist der Einbau einer Schicht aus Dränasphalt mit einem Hohlraum von 15–20 Vol.-%. Entschließt man sich aber für diese Lösung, muss eine funktionsfähige Entwässerung dieser offenen Schicht am Tiefpunkt unbedingt erreicht werden.

Ein weiterer wichtiger Punkt ist die regelmäßige Wartung der Fugen, für die als „Wartungsfugen" ein Wartungsvertrag mit einer Fachfirma abgeschlossen werden sollte.

## 8.4.2 Details

### 8.4.2.1 Undichtigkeiten wegen fehlender senkrechter Anschlüsse

#### Sachverhalt

Die befahrene Betondecke über einem Kellerraum hatte einen Gussasphaltfahrbelag, der 1975 eingebaut worden war. Da der Kellerraum nicht genutzt wurde und der Belag weder Risse noch Blasen oder Radspuren aufwies, bemerkte man viele Jahre nicht die sich immer mehr ausbreitenden Undichtigkeiten und deren Folgen. Erst als der Bauherr in einem Gutachten darauf aufmerksam gemacht wurde, dass die bereits stark fortgeschrittene Korrosion an der Stahlbewehrung der Kellerdecke deren Tragfähigkeit zunehmend in Frage stellen würde, entschloss man sich zu einer genaueren Untersuchung und schließlich zu einer Totalsanierung.

Eine Öffnung (Abb. 8.4-28) der ungedämmten befahrbaren Hofkellerdecke ergab die Schichtenfolge:

- Gussasphalt, d = 35 mm
- Aspaltmastix, d = 10 mm
- Trennlage aus Glasvlies

Auf der Betondecke stand etwa 1 mm Wasser. Das Gefälle betrug etwa 1 %.

#### Ursachen

Die Ursache für den Wasserzutritt und die Unterläufigkeit im gesamten Flächenbereich wurde schnell gefunden: Beim Einbau des Belages hatte man keine senkrechten Anschlüsse an das Gebäude und die Attika ausgebildet. Durch die Abkühlung des Gussasphalts nach dem Einbau entsteht eine Verkürzung, die sich bei diesem Fall auf etwa 5 mm an beiden Senkrechten auswirkte. In diese Spalten drang später das Regenwasser ein und verteilte sich schnell unterhalb der Mastix, der ja bewusst von der Betondecke durch das Glasvlies zur Vermeidung von Blasenbildung getrennt wurde. Das ständig auf die Betondecke einwirkende Wasser fand schließlich den Weg zu den unten liegenden Stahlstäben und schädigte diese sehr (Abb. 8.4-29).

### Nachbesserung

Aufgrund der vorliegenden Situation entschloss sich der Bauherr zu einer Totalsanierung des Fahrbelages und einer gründlichen Betonsanierung der stark korrodierten Stahlbewehrung:

- Totalabriss bis auf die Betondecke
- Grundieren des gesäuberten und intensiv getrockneten Betons mit einem lösungsmittelfreien Epoxydharz
- Vollflächiges Aufflämmen einer Polymerbitumen-Schweißbahn mit hochliegender Trägereinlage aus Polyestervlies entsprechend DIN 18 195, Teil 5, geeignet für die Abdichtung in Verbindung mit Gussasphalt
- Einbau eines Gussasphaltes 0/8 entsprechend ZTV Asphalt-STBO1 [31] Tabelle 5.1 Gussasphalt als Schutzschicht und einer weiteren Lage Gussasphalt als Deckschicht. Vor den senkrechten Anschlüssen wird die spätere Fuge mit einem Stahlprofilstab, 3 x 3 cm ausgespart („abgestellt"), der nach dem Erkalten des Gussasphaltes entfernt wird. Die Fuge wird anschließend mit einer Fugenvergussmasse verfüllt.
- Ausbildung der Anschlüsse mit PYE-Schweißbahnen mit hochliegender Trägereinlage und einem 140 mm breiten Aluminium-Klemm- und Abdeckprofil.

### Schlussfolgerungen

Aus diesem Schadensfall können zwei wesentliche Schlussfolgerungen gezogen werden:

- Bei Gussasphalt-Bauweisen muss nicht nur die Fläche zuverlässig abgedichtet, sondern insbesondere der Übergang zwischen der waagerechten Fläche und den aufgehenden Wänden/Attiken stets durch einen separaten Anschluss hergestellt werden. Zwischen dem Gussasphaltbelag und dem Anschluss ist eine Fuge auszubilden, die mit einer Fugenmasse zu dichten ist.
- Vielfach besteht für die Abdichtung untergeordneter Räume kein Bewusstsein dafür, dass auch deren Decken sorgfältig abgedichtet werden müssen. Aus dem vorliegenden Schadensfall geht hervor, dass es nicht nur um trockene Räume geht, sondern auch um die Dauerhaftigkeit der Stahlbetondecke.
- Ein Aufbau mit Gussasphalt als Schutzschicht sollte nach Möglichkeit im Verbund mit einer Spezial-Schweißbahn nach vorheriger Grundierung mit einem lösungsmittelfreien Epoxydharz gemäß DIN 18 195-5, Punkt 8.3.7 ausgeführt

**Abb. 8.4-28:** Die Öffnung des Gussasphaltbelags zeigte stehendes Wasser auf der Betondecke

**Abb. 8.4-29:** Starke Korrosionsschäden an der Unterseite der Betonkellerdecke

werden. Dadurch ist ein wesentlich größeres Maß an Sicherheit gegenüber dem Risiko einer unkontrollierten Unterläufigkeit als bei einer Kombination mit einem Asphaltmastix gegeben.

Durch den Einbau einer zusätzlichen Gussasphaltlage als Deckschicht ist eine weitere zusätzliche Sicherheit für den Gesamtaufbau gegeben [54].

### 8.4.2.2 Undichtigkeiten wegen zu geringer Randaufkantung und unzureichender Randverwahrung

#### Sachverhalt

Der Zulieferhof eines Supermarktes war auf der Decke einer Tiefgarage angeordnet. Die mit 2 % Gefälle versehene, 30 cm dicke Tiefgaragendecke war mit einer Verbundabdichtung, bestehend aus einer Polymerbitumengießschicht und einer Polymerbitumendachbahn mit Polyesterfaservliesabdichtung abgedichtet worden. Darüber war eine 130 mm dicke bewehrte Schutzbetonschicht ausgeführt, die wiederum einen zweilagigen, 50 mm dicken Asphaltbelag trug.

Die Zulieferung zu den Lagerräumen des Supermarkts erfolgte über mehrere Stahltüren mit niveaugleicher Schwelle. Die Türen waren durch Vordächer wettergeschützt.

An den für den Zulieferverkehr in das anschließende Gebäude fast niveaugleich (Schwellenhöhe 10 mm) ausgebildeten Türschwellenanschlüssen war die Abdichtung lediglich bis ca. 30 mm unter Oberkante Belag aufgekantet. Sie war weiter nicht am Rand mechanisch fixiert, sie unterfuhr auch nicht das Schwellenprofil der Türkonstruktion (Abb. 8.4-30, 8.4-31).

Besonders am seitlichen Anschluss an die Stahlzarge der Tür – dort war die Abdichtung auf eine Höhe von 15 cm über Oberkante Schrammbord hochgeführt – klaffte im Untergrund eine deutliche Lücke.

Neben geringen Feuchtigkeitserscheinungen im anschließenden Werksteinbelag war es sonst lediglich zu Durchfeuchtungen des aus Schaumglas bestehenden Dreieckkeils gekommen, der in der Kehle des Wandanschlusses angeordnet war (Abb. 8.4-33).

### Ursachen

Ursache der Feuchtigkeitserscheinungen ist der unsachgemäße Anschluss der Abdichtung im Bereich der Türschwelle und des seitlichen Türrahmens. Die geringe Aufkantungshöhe kann selbst nicht bemängelt werden, da aus funktionellen Gründen bei derartigen Türdurchfahrten keine größeren Schwellenhöhen möglich sind. Dieser besonderen Situation wurde zwar durch Vordächer Rechnung getragen, trotzdem muss durch eine Anflanschkonstruktion für einen dichten Anschluss der Abdichtung gesorgt werden.

Aufgrund der unmittelbar auf dem Untergrund im Verbund verklebten Abdichtung hatte die deutliche Undichtigkeit am Randanschluss allerdings keine großflächigeren, schwerwiegenderen Folgen.

### Nachbesserung

Der Gussasphaltbelag und der Schutzbeton waren im Randanschlussbereich auf einem ca. 30 cm breiten Streifen aufzunehmen. Die Abdichtung war mit einer Klemmflanschkonstruktion an der Türschwelle und am Türrahmen anzuschließen. Bei Neueinbau des Schutzbetons war zugleich die fehlende Randdehnfuge einzubauen.

### Schlussfolgerungen

Wenn aus funktionellen Gründen deutliche Aufkantungshöhen über Oberkante Belag nicht möglich sind, muss umso sorgfältiger auf eine sachgerechte Anflanschung der Abdichtung an die Türkonstruktion geachtet werden – oder die Türkonstruktion muss insgesamt hinterfahren werden. Darauf weist DIN 18 195-9, ausdrücklich hin.

Die Feuchtigkeitsansammlung im Schaumglas-Dreieckskeil in der Wandanschlusskehle wirft die Frage auf, ob in Verbundkonstruktionen ein derartiger Keil sinnvoll ist, da er – zumindest am unmittelbaren Wandanschluss – aufgrund des meist doch nicht völlig hohlraumfreien Einbaus des Schaumglaskeils einen lang-

**Abb. 8.4-30:** Übersicht zur Türanschlusssituation

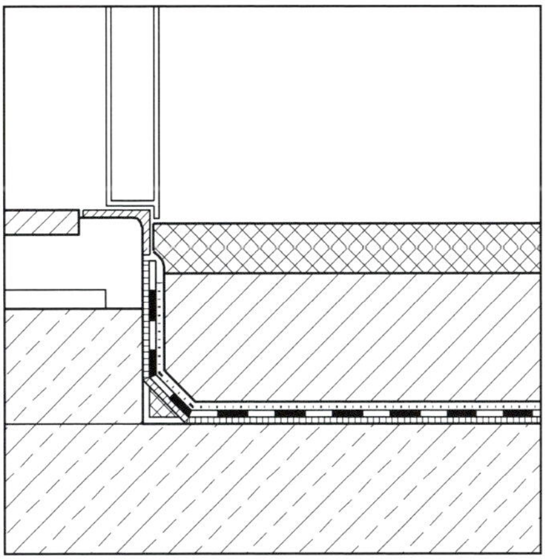

**Abb. 8.4-31:** Detailsituation der Abdichtungsführung an der Türschwelle

**Abb. 8.4-32:** Eckanschlusssituation

**Abb. 8.4-33 :** Insbesondere am Türrahmeneckanschluss war eine deutliche Lücke zu beobachten; im Schaumglasdreieckskeil steht Wasser

gestreckten Kanal bildet, in dem sich dann doch wieder Wasser entlang des Dachrands verteilen kann.

Angesichts der hohen Flexibilität von Polymerbitumendachbahnen mit Polyesterfaservlieseinlage halten die Verfasser eine Ausführung ohne Dreieckskeil in Abweichung von DIN 18 195-9, bei Verbundabdichtungen und entsprechend flexiblen Abdichtungslagen für zuverlässiger. Der Zwickel hinter der in sehr kleinem Radius in der Kehle umgelenkten Abdichtungsbahn sollte selbstverständlich mit der Polymerbitumengießschicht völlig ausgefüllt sein.

### 8.4.2.3 Undichtigkeiten aufgrund nicht abdichtbarer Türanschlüsse

#### Sachverhalt

Die wärmegedämmte Decke eines Supermarktes wurde als Parkdach benutzt. Oberhalb der Stahlbetondecke war über einer Dampfsperre 80 mm Schaumglas als Wärmedämmung, darüber eine dreilagige Bahnenabdichtung ausgebildet. In einem nicht befahrbaren Teilbereich folgte darauf unmittelbar ein 35 mm dicker Asphaltbelag; in den befahrenen Bereichen über einem 100 mm dicken Schutzbeton ein ebenfalls 35 mm dicker Asphaltbelag.

Im Gebäude kam es zu extremen Undichtigkeiten entlang einer unter dem Fassadenanschluss liegenden Deckenfuge. In der Schaumglaswärmedämmung wurde stehendes Wasser festgestellt.

#### Ursachen

Die Randanschlüsse der dreilagigen Dachabdichtung aus Bitumendachdichtungsbahn war mit eingeklebten Kupferblechen hergestellt. Mit den Abdichtungsarbeiten war offensichtlich erst begonnen worden, nachdem die Türrahmen montiert waren. Da an kunststoffbeschichtete Aluminiumrahmen nicht mit Heißbitumen angeschlossen werden konnte, hatte man Kupferbleche gewählt, die in die horizontal endenden Bahnen eingeklebt, die lediglich 45 mm über Oberkante Belag aufgekantet waren und am Aluminiumprofil der Fensteranlage vernietet waren. Auch in die Fuge zwischen Festerrahmen und Blech eingeschmierter Dichtstoff konnte hier eine Dichtigkeit nicht herstellen. Da die Fassadenfläche ohne Vordach unmittelbar der Hauptwetterrichtung zugewandt war, kam es zu den beschriebenen Hinterläufigkeiten der Abdichtung, zu Feuchtigkeit in der Wärmedämmung und zu den starken Durchfeuchtungen im Gebäudeinneren.

#### Nachbesserung

Die gesamte Anschlusssituation musste vollkommen neu konzipiert werden. Die Anschlusshöhe war insgesamt erheblich zu niedrig, so dass eine dauerhafte Lösung nur durch Ausbau und Neueinbau von Türanlagen mit höherer Grundschwelle und völliger Erneuerung der Abdichtungsaufkantung **vor** Einbau der Türen gefunden werden konnte.

#### Schlussfolgerungen

Bei der Detailplanung und bei der Bauablaufplanung eines Objekts ist auf die sachgerechte Abdichtungsführung an den Dachrändern ganz besonders zu achten, da hier in aller Regel mehrere Gewerke zusammentreffen. Sonst sind grobe Schäden – wie im vorliegenden Fall – vorprogrammiert. Dies gilt ganz besonders für die Türanschlüsse. Manche Rahmenmaterialien (insbesondere Kunststoffrahmen) sind

**Abb. 8.4-34:** Übersichtssituation im Bereich der Türanlage

**Abb. 8.4-35:** Nahaufnahme des lediglich am Türprofil vernieteten Kupferaufkantungsblechs

**Abb. 8.4-36:** Stehendes Wasser in der Schaumglaswärmedämmung unterhalb des Anschlusses

**Abb. 8.4-37:** Durchfeuchtungsfolgen im Gebäudeinneren

nicht hitzebeständig genug, um unmittelbar mit heiß verlegten Bitumenbahnen kontaminiert werden zu können. Dies ist aber bei Asphaltbelägen der Regelfall. Da die Abdichtungsarbeiten wegen des Beschädigungsrisikos möglichst nach Abschluss der Arbeiten an aufgehenden Fassaden ausgeführt werden sollten, muss besonders bei Fensteranlagen ein Bahnenstreifen mit der Fenstermontage eingebaut werden, damit die hier dargestellten Probleme vermieden werden.

### 8.4.2.4 Zerstörung des Asphaltbelags am Dehnfugenanschluss einer Zufahrtsrampe

#### Sachverhalt

Die Decke eines Supermarkts war über eine Rampe als Pkw-Parkdach befahrbar. Der Übergang zwischen der nicht unterkellerten Rampe und der Parkdachfläche war mit einem Dehnfugenprofil versehen worden. Unmittelbar hinter dem Dehnfugenprofil kam es im gedämmten Parkdachbereich nach wenigen Jahren zu erheblichen Rissbildungen im Asphaltbelag. Der Asphaltbelag senkte sich bis zu 2 cm ab, auch der darunter liegende Schutzbeton war deformiert, allerdings noch nicht undicht.

#### Ursachen

Das Parkdach war als wärmegedämmtes Parkdach mit 80 mm Schaumglaswärmedämmung, einer mehrlagigen Bitumenbahnenabdichtung, einem in der Fläche überwiegend 80 mm dicken Schutzbeton und einem 35 mm dicken Asphaltbelag versehen worden. Da die Gefällegebung lediglich durch die Oberflächenschichten hergestellt wurde, war am Übergang zur Rampe der Schutzbeton allerdings nur noch 60 mm dick. Unmittelbar neben dem Dehnfugenprofil ergab sich aufgrund der Konstruktionshöhe des Profils und dessen Anschlussbahnen eine weitere Verminderung der Schutzbetondicke auf ca. 40 mm. Am Rampenknick (Übergang zwischen der stärker geneigten Rampe und der eigentlichen Parkdachfläche) kam es zu sehr hohen Belastungen durch den Fahrverkehr. Gerade an dieser Stelle war aber der lastverteilende Betonuntergrund extrem geschwächt. Deshalb kam es zum Versagen der Schutzbetonschicht und den o. a. Folgeschäden.

#### Nachbesserung

Die gesamte Konstruktion musste am Rampenanschluss verändert werden. Da die anschließende Rampe nicht unterkellert und eigentlich auch nicht zwingend abzudichten war, konnte eine andere, fest mit dem Deckenuntergrund verbundene Anschlusskonstruktion mit Stahlwinkeln gewählt werden. Die Wärmedämmung wurde reduziert, um eine ausreichende Konstruktionshöhe für eine dickere Schutzbetonschicht zu gewährleisten.

#### Schlussfolgerungen

Rampenübergänge gehören zu den besonders extrem mechanisch belasteten Stellen von Parkdächern. Dehnfugenprofile können prinzipiell Schwächungen und Verminderungen der Konstruktionshöhe zur Folge haben, die unbedingt bei der Detailplanung dieser für die Funktionsfähigkeit des Daches wesentlichen Stelle berücksichtigt werden müssen.

**Abb. 8.4-38:** Übersicht zum Übergang zwischen Rampe und Parkdach mit erheblichen Rissbildungen

**Abb. 8.4-39:** Absenkung des Belags im Bereich des Übergangs

### 8.4.2.5 Risse im Gussasphalt und Betonschäden im Bereich mangelhaft entwässerter Teildachflächen neben Dehnfugen

#### Sachverhalt

In einer mit Wärmedämmung, Abdichtung, Schutzbetonschicht und darauf aufgebrachter 3,5 cm dicker Gussasphaltlage versehenen Parkdachfläche mussten aufgrund der komplizierten geometrischen Situation des darunter liegenden Gebäudes mehrere sich kreuzende Dehnfugen angeordnet werden. Die Dehnfugenausbildung erfolgte aus vorgefertigten Profilen mit eingeklemmten Dichtbahnenlappen, die unter der Schutzbetonschicht in die Abdichtung einfingerten.

In einem kleineren Teilabschnitt der Dachfläche kam es zu deutlichen Rissen in der Gussasphaltoberfläche und auch zu Absenkungen des Gussasphaltbelags.

#### Ursachen

Die nähere Untersuchung ergab, dass die schadensbetroffene Teilfläche des Gussasphaltbelags keinen eigenen Ablauf erhalten hatte. Das über die Gussasphaltrandfugen in den Betonuntergrund eindringende Wasser konnte daher nicht abgeleitet werden, sondern stand langanhaltend im Schutzbeton. Mit der Feuchtigkeit wurden offensichtlich auch Chloride in den Betonuntergrund eingebracht. An der stark zerstörten Stelle des Schutzbetons war die eingelegte Mattenbewehrung völlig durchkorrodiert (Abb. 8.4-41). Dies hatte insgesamt einen weitgehenden Festigkeitsverlust des Betons im schadensbetroffenen Bereich zur Folge und führte zu den Zerstörungen in der darauf liegenden Gussasphaltschicht.

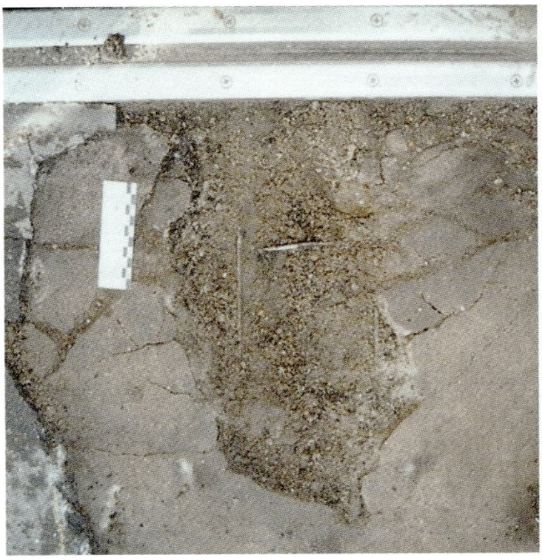

**Abb. 8.4-40:** Starke Zerstörungen im Beton und im darüber liegenden Gussasphaltbelag im nicht entwässerten Teilbereich der Dachfläche neben der Dehnfuge

**Abb. 8.4-41:** Nahaufnahme der völlig durchkorrodierten Bewehrungsmatte

## Nachbesserung

Der Belag musste im schadensbetroffenen Bereich insgesamt aufgenommen werden. Über Kernbohrungen musste für den schadensbetroffenen Bereich ein weiterer mehrstöckiger Ablauf eingebaut werden. Dies war aufgrund der darunter liegenden, einfach demontablen abgehängten Elementdecken leicht möglich. Anschließend war die gesamte Fläche zu erneuern.

## Schlussfolgerungen

Wie u.a. in DIN 18195-8, ausdrücklich dargestellt, sollen Dehnfugen aufgrund der schwierigen Abdichtbarkeit nicht im stehenden Wasser liegen. Sie bilden daher Firstlinien in der abgedichteten Konstruktion. Die abgedichtete Dehnfugenkonstruktion reicht bei Asphaltbelägen bis zur Gussasphaltoberfläche. Unter diesem Gussasphalt sickert aber Wasser. Dies trifft erst recht im vorliegenden Fall zu, in dem eine Schutzbetonschicht unter der Gussasphaltschicht angeordnet wurde. Dann müssen die zu beiden Seiten der Dehnfuge liegenden Felder, insbesondere im Untergrund, auch getrennt voneinander, entwässern können. Darauf ist also bei der Entwässerungsplanung in solchen Situationen bereits im frühen Planungsstadium zu achten.

Der Fehler schleicht sich wohl deshalb besonders leicht bei Gussasphaltbelägen ein, da fälschlich davon ausgegangen wird, dass Wasser nur auf der Gussasphaltoberfläche fließt. Dies ist aber nicht der Fall.

### 8.4.2.6 Undichtigkeiten am Parkdachrand durch falsche Materialwahl der Abdichtung

#### Sachverhalt

Ein wärmegedämmtes Parkdach über einem Einkaufszentrum war über einer Fertigteilstahlbetondecke und einer Kunststoff-Dampfsperre aus 50 mm Polystyrol-Automatenplatten PS 25 wärmegedämmt und darauf mit einer ECB-Bahn vlieskaschiert, 2 mm dick, abgedichtet worden. Darüber waren auf PE-Trennfolie 75 mm Schutzbeton und darauf in unterschiedlicher Aufbauhöhe ein zweilagiger Gussasphaltbelag aufgebracht.

In verschiedenen Bereichen des darunter liegenden Einkaufszentrums kam es zu Abtropfungen – insbesondere an Durchbrüchen und Fugen der Fertigteildeckenplatte, die zu einer langwierigen Suche nach den Ursachen führte, da innerhalb

**Abb. 8.4-42 (rechts):** Typische Schichtenfolge des Daches

**Abb. 8.4-43 (unten links):** Nicht verwahrte und nicht gegen mechanische Beschädigung geschützte Randaufkantung

**Abb. 8.4-44 (unten rechts):** Konstruktive Situation am Randanschluss

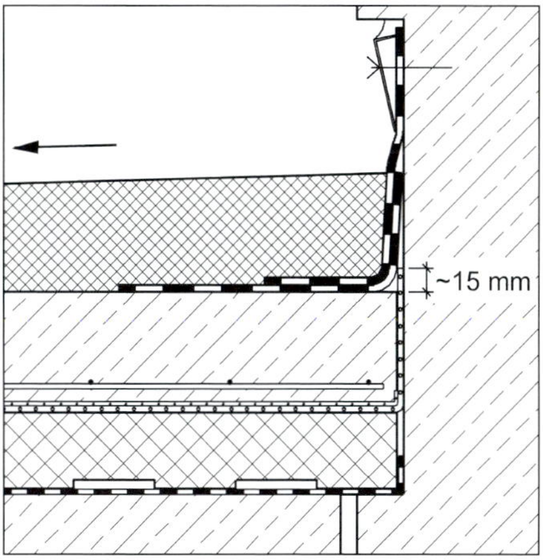

der Wärmedämmung auf der gefällelosen Betonunterkonstruktion das Wasser zwischen der Eintrittstelle und der Austrittstelle im Gebäudeinneren große Sickerwege zurücklegen konnte.

## Ursachen

Eine der Ursachen für die Undichtigkeiten lag in einer mangelhaften Anschlussausbildung an die aufgehenden Bauteile. Da ECB-Bahnen bei den Verarbeitungstemperaturen von Asphalt nicht beständig sind, hatte man die ECB-Bahn praktisch an der Oberfläche Schutzbetonschicht abgeschnitten und anschließend auf den Schutzbeton mit einer zweilagigen Bitumenbahn (Qualitätsstufe etwa G200, oberseitig besandet) abgedichtet, an die dann der Asphaltbelag anschloss. Die Bahnen waren dann bis ca. 10 cm über Oberkante Belag aufgekantet, aber

**Abb. 8.4-45 (links):** Die ECB-Bahn endet an der Oberkante der Schutzbetonschicht (Pfeil)

**Abb. 8.4-46 (unten links):** Feuchtigkeitsschäden mit Stalaktitenbildungen im Gebäudeinneren

**Abb. 8.4-47 (unten rechts):** Weitere Laufspuren am Rand der Platten

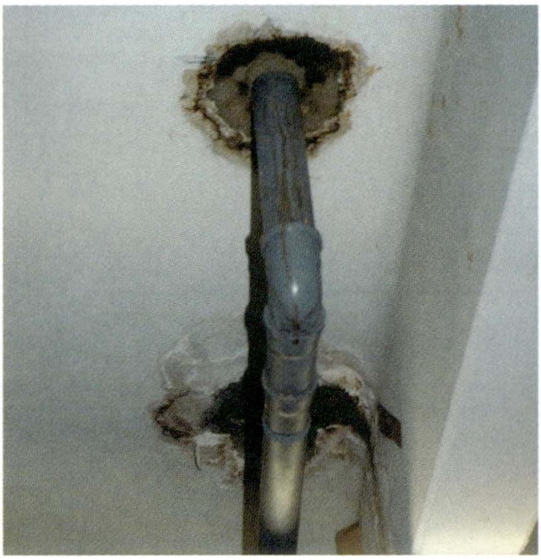

weder an den oberen Rändern mechanisch fixiert noch gegen mechanische Beschädigungen geschützt. Im Schutzbeton und auf der Schutzbetonoberfläche sickerndes Wasser konnte an den Abdichtungsrändern der ECB-Abdichtungsbahn hinterlaufen, da sie ja an der Oberkante der Stahlbetonfläche endete. Weiterhin war mit Beschädigungen an der nicht geschützten Abdichtungsaufkantung als Undichtigkeitsursache zu rechnen.

### Nachbesserung

Angesichts der vielen weiteren Probleme an diesem äußerst schlecht konstruierten Parkdach wurde vorgeschlagen, die gesamte Konstruktion völlig abzuändern und in Umkehrdachbauweise mit großformatigem Betonfertigteilfahrbelag auf einem im Gefälle versehenen und bahnenförmig abgedichteten Untergrund zu arbeiten. Die Abdichtung wurde 15 cm über Oberkante Belag hochgeführt und durch ein mehrfach gekantetes Blech über die gesamte aufgekantete Höhe hinweg vor mechanischer Beschädigung geschützt und fixiert.

### Schlussfolgerungen

Bei der Wahl der Abdichtungsart ist ganz besonders bei Gussasphaltbelägen auf die Hitzebeständigkeit der Abdichtung zu achten, da bei weitem nicht alle Bahnen – insbesondere Kunststoffbahnen – für die Kombination mit Gussasphalt geeignet sind. Weiterhin müssen gerade im stark genutzten Parkdeckbereich die Aufkantungen der Abdichtung gegen mechanische Beschädigungen geschützt werden. Dies geschieht am einfachsten durch Klemmprofile, die bis unmittelbar auf den Belagsuntergrund reichen. DIN 18 195 weist sowohl im Teil 5 als auch im Teil 9 ausdrücklich auf den mechanischen Beschädigungsschutz – gerade der aufgekanteten Ränder der Abdichtung – hin.

## 8.4.2.7 Undichtigkeiten an einer Dehnfuge wegen fehlender Abdichtung der Fläche

### Sachverhalt

Eine nicht wärmegedämmte, als Parkplatz genutzte Hofkellerdeckenfläche, unter der sich eine weitere Parkebene befand, war mit einem Gussasphaltbelag versehen worden. Die Dehnfugen waren mit Dehnfugenprofilen mit Kunstkautschukanschlussbahnen hergestellt worden, die ca. 25 cm weit unter die Gussasphaltschicht reichten.

Im Dehnfugenverlauf kam es im darunter liegenden Gebäudeinneren immer wieder zu Durchfeuchtungen. Da der am Dehnfugenanschluss nur sehr dünne (ca. 25 mm) Gussasphaltbelag beim Überfahren gebrochen war, sah man die Ursache des Abdichtungsmangels in der Beschädigung des Gussasphaltbelags.

**Abb. 8.4-48 (oben links):** Übersicht zum Dehnfugenprofil und den Anschlussbahnen nach Entfernen des Gussasphaltbelags

**Abb. 8.4-49 (oben rechts):** Beschädigungen an den Anschlussdichtbahnen

**Abb. 8.4-50 (links):** Schichtenfolge der Hofkellerdecke ohne weitere Abdichtungsmaßnahmen

Daher wurde ein Asphaltunternehmen beauftragt, in einem Streifen rechts und links der Dehnfugenkonstruktion den Gussasphaltbelag zu erneuern. Bei den Aufstemmarbeiten zur Beseitigung des alten Gussasphalts war es zu Beschädigungen an den Abdichtungsanschlussbahnen der Dehnfugenkonstruktion gekommen, die nicht beseitigt wurden. Als nach der Fertigstellung der Gussasphaltarbeiten erneut Undichtigkeiten auftraten, war der Bauherr der Meinung, dass nun diese Beschädigungen ursächlich seien.

## Ursachen

Die weitere Untersuchung der Dehnfugenkonstruktion bestätigte zwar einige Beschädigungen im Bereich der seitlichen Kunstkautschukanschlussbahnen; weitere Öffnungsarbeiten zeigten aber, dass der Gussasphaltbelag in der Fläche der Hofkellerdecke überhaupt keine weiteren Abdichtungen aufwies, sondern auf dem Stahlbetonuntergrund unmittelbar ca. 50 mm Gussasphalt zweilagig hergestellt worden war. Die Ursache der Undichtigkeit lag daher in erster Linie in der mangelhaften Abdichtung der Fläche selbst.

### Nachbesserung

Die beschädigten Dichtlappen mussten ausgetauscht werden. Anschließend war die Parkdeckfläche vollständig neu mit einer bahnenförmigen Abdichtung auf einer im Verbund aufgebrachten Asphaltbelagschicht zu versehen.

### Schlussfolgerung

Ein mit Abdichtungsanschlussbahnen versehenes Dehnfugenprofil kann selbstverständlich nur dann Dichtfunktionen übernehmen, wenn die Anschlussbahnen auch in der Fläche an eine Abdichtung angeschlossen werden können. Der tiefere Grund für den groben Abdichtungsmangel liegt also darin, dass dem Gussasphaltbelag selbst offenbar Abdichtungsfunktionen zugeordnet wurden. Diese Funktionen kann er aber – insbesondere an den Rändern – nicht übernehmen.

## 8.4.2.8 Mängel in der Abschottung eines undichten Parkdaches

### Sachverhalt

Ein intensiv genutztes Parkdach über einem großen Einkaufzentrum, Baujahr 1992, war an mehreren Stellen undicht. Besonders störend waren die Wassereinbrüche in den Verkaufsraum aus einer Bewegungsfuge im Einfahrtsbereich des Parkdaches.

Im Jahre 1999 wurde eine Dachöffnung bis auf die Betondecke vorgenommen; sie ergab folgenden Aufbau:

- eine Lage Gussasphalt, d = 3,5 cm, besplittet
- Ortbeton, d = 10 cm als Druckverteilungsplatte
- zwei Lagen Elastomerbitumen-Schweißbahnen
- Schaumglasdämmplatten, d = 8 cm in Heißbitumen verklebt
- Nicht vollflächig verklebte Bitumenschweißbahn mit Alueinlage als Dampfsperre
- Bitumenvoranstrich
- Stahlbetondecke

Im Öffnungsloch sammelte sich sehr schnell das Wasser. Nach mehrmaligem Absaugen wurde ein Nachlaufen vor allem aus dem Bereich unter der Dampfsperre festgestellt. Die genauen Ursachen für das Eindringen des Wassers in den Dachaufbau konnten seinerzeit nicht ermittelt werden. Aufgrund der späteren Sanierung eines Großteils der Anschlüsse an aufgehende Gebäudeteile und

Durchdringungen, wodurch sich die Zahl der Undichtigkeiten deutlich verringerte, ist von mangelhaft geplanten (zu niedrige Anschlusshöhen) bzw. nicht fachgerecht ausgeführten Anschlüssen auszugehen (Hinterläufigkeit).

In diesem Schadensbericht steht die Abschottung des Bereiches vor der Bewegungsfuge im Vordergrund. Wegen der intensiven Wasserabtropfungen aus der Fuge in einen Verkaufsraum wurde eine sofortige Abschottung beschlossen, ohne dass vorher die eigentlichen Ursachen für das ständig nachlaufende Wasser ermittelt und beseitigt werden konnten. Der Sanierungsvorschlag sah folgende Ausführung vor:

- Entfernen der Gussasphaltschicht und der Betonplatte beidseits der Fuge auf einer Länge von je 75 cm. Ausbau des vorhandenen Fugenprofils sowie eines Trapezkeiles aus der Dämmung bis auf die Betondecke. Da die seitlichen Gebäudeanschlüsse in gutem Zustand waren, wurden der vertikale Teil des Anschlusses inklusive der Klemmschiene nicht entfernt.
- Vollflächiges Abdichten der Betondecke mit einer Verbundabdichtung aus modifiziertem Bitumen und einer bitumenverträglichen Kunststoffbahn, um die Höhenversprünge an den Überlappungen möglichst niedrig zu halten. Die Abdichtung wird an die vorhandene Dampfsperre angeschlossen.
- Montieren eines von oben nach unten durchgehenden Fugenprofils.
- Einbau eines Trapezkeiles aus Schaumglasplatten und Abdichten gemäß Abbildung
- Aufdübeln einer Pressschiene aus nichtrostendem Stahl, 60 x 6 mm, mit Verbundankern m 12, Dübelabstand 15 cm.
- Einbau von Schaumglasplatten oberhalb des Klemmprofils
- Wiederherstellen der Betonplatte und des Fahrbelags aus Gussasphalt.

Zur Verwunderung aller Beteiligten gab es bereits nach nur einigen Wochen erneut geringe Abtropfungen unter der Bewegungsfuge, die im Rahmen der Gewährleistung beseitigt werden mussten.

Mit Hilfe eines Sachverständigen wurde das Problem nun gründlich untersucht. Ein Freilegen des zuvor sanierten Bereiches zeigte in der Fläche keine Unterläufigkeiten zwischen der unteren Verbundabdichtung und der Betondecke. Dort hat also die Abschottung funktioniert. Feuchtigkeit wurde aber direkt im Eckbereich des Anschlusses festgestellt.

### Ursachen

Es waren vor allem Planungsfehler, die zum Scheitern der Sanierung führten:

- Der Sanierungsbereich hätte wesentlich größer gewählt werden müssen (Abstand von der Fuge ca. 2 m)

Abb. 8.4-51: Mangelhafte Ausbildung der Pressschiene im Anschlussbereich. Ecke und senkrechter Anschluss sind ohne Anpressung, dadurch ist weiterhin eine Unterläufigkeit in Längsrichtung gegeben

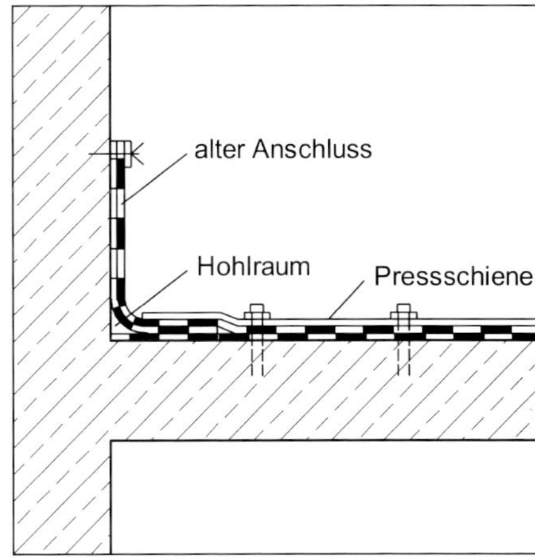


- Die vorhandenen, scheinbar intakten vertikalen Anschlüsse wurden nicht in das Sanierungskonzept einbezogen. Sie hätten ebenfalls entfernt werden müssen.
- Das Klemmprofil hätte auch in der Vertikalen des Anschlusses angebracht werden müssen
- Vielleicht wäre die Abschottung trotzdem erfolgreich gewesen, wenn der Abstand zwischen der Ecke bis zum ersten Bolzen der Pressschiene zur Erzielung eines ausreichenden Anpressdrucks nur 5 cm anstatt 15 cm betragen hätte.

## Nachbesserung

Entsprechend der Schadensanalyse wurde der Sanierungsbereich auf je zwei Meter beidseits der Fuge erweitert, das Klemmprofil auch vertikal ausgebildet, der Bolzenabstand in der Ecke auf je 5 cm verringert. In das Klemmprofil wurden keine Bitumenbahnen aus der oberen Abdichtungsebene eingebunden, um die volle Anpressung nur auf die Dampfsperre wirksam werden zu lassen.

Seit dieser zweiten Abschottung im Jahre 1999 sind keine Undichtigkeiten an der Bewegungsfuge mehr aufgetreten.

## Schlussfolgerungen

Die Kosten für die beschriebenen Nachbesserungsarbeiten sind sehr hoch, hauptsächlich durch die aufwändigen Abbrucharbeiten und den Ersatz der Nutzschichten. In diesem Schadensfall mussten die Sanierungsarbeiten außerdem im Einfahrtsbereich des Parkdaches durchgeführt werden, wodurch sich zusätzliche Schwierigkeiten mit erhöhten Kosten ergaben. In solchen Fällen ist vor allem eine konsequente Planung erforderlich und die Ausführung nur mit Fachkräften erforderlich. Eine zweimalige Öffnung eines so sensiblen Bereiches darf nicht vorkommen.

Grundsätzlich stellt sich für diesen Fall die Frage, ob die Abschottungsmaßnahme überhaupt zweckmäßig war, bevor das Grundproblem, nämlich das ständig nachlaufende Wasser aus dem übrigen Flächenbereich, nicht gelöst worden war. Eine Abschottungsmaßnahme dieser Art kann in der Regel nur ein kurzfristiges Ziel sein, um z. B. schnell größere Schäden zu vermeiden. Es muss daher auch die Frage gestellt werden, ob für diese Abschottungsmaßnahme eine Gewährleistung von fünf Jahren hätte gegeben werden dürfen.

# Literaturverzeichnis

## Normen und Regelwerke

Die wichtigsten Regelwerke zum Sachgebiet der genutzten Dächer sind im Kapitel 4 aufgelistet und kommentiert.

Folgende weitere Regelwerke sind zitiert:

[35] Bauberatung Zement, Zement-Merkblatt: Nachbehandeln von Beton. In: Bundesverband der Deutschen Zementindustrie e.V. Köln

[36] Bauberatung Zement, Zement-Merkblatt: Risse im Beton. In: Bundesverband der Deutschen Zementindustrie e.V. Köln

[37] DIN 18 030: 2002: Barrierefreies Bauen

[38] DIN 18 501: 1982-11: Pflastersteine aus Beton

[39] DIN EN 12 970: 2001-02: Gussasphalt und Asphaltmastix für Abdichtungen

[40] Deutscher Ausschuss für Stahlbeton (DAfStb): Richtlinie zur Nachbehandlung von Beton, Fassung 1990/91/92

[41] Deutscher Ausschuss für Stahlbeton (DAfStb): Richtlinie Schutz und Instandsetzung von Betonbauteilen, Fassung 1990/91/92

[42] Forschungsgesellschaft für Straßen- und Verkehrswesen: Hinweise zur Versickerung von Niederschlagswasser im Straßenraum, Ausgabe 2002 FGSV Verlag Köln

[43] Forschungsgesellschaft für Straßen- und Verkehrswesen: Merkblatt für Flächenbefestigungen mit Pflasterdecken und Plattenbelägen (M FP 1), Ausgabe 2003, FGSV Verlag, Köln

## Fachbücher

[45] Bludau, H.; Ertl, R.; Weber, D.: Maßgerechtes Bauen, Toleranzen im Hochbau. 5. Auflage, Verlagsgesellschaft Rudolf Müller, Köln 2002

[46] Busse, von, H. B.; Waubke, N.V.; Grimme, R.; Mertins, J.: Atlas Flache Dächer, Nutzbare Flächen. Verlagsgesellschaft Rudolf Müller, Köln 1992

[47] Cziesielski, E.; Schrepfer, T.: Schäden an Industrieböden, Band 4 der Fachbuchreihe Schadenfreies Bauen, 2., erw. Aufl., Fraunhofer IRB Verlag, Stuttgart 1999

[48] Cziesielski, E.: Lufsky Bauwerksabdichtung. 5. Aufl., Teubner Verlag, Stuttgart 2001

[49] Ernst, W.; Fischer, P. ; Jauch, M.; Liesecke, H. J.: Dachabdichtung, Dachbegrünung, Teil 3, Grundlagen und Erkenntnisse zur Konstruktion, Abdichtung und extensiven Dachbegrünung. Fraunhofer IRB Verlag, Stuttgart 2003

[50] Ernst, W.; Liesecke, H. J.: Dachabdichtung, Dachbegrünung, Teil 2, Praxisorientierte Grundlagen für die Flachdachzukunft. Eigenverlag 1999

[51] Ernst, W.: Dachabdichtung, Dachbegrünung, Band 1. FEHLER – Ursachen, Auswirkungen und Vermeidung. Fraunhofer IRB Verlag, Stuttgart 2002

[52] Forschungsgesellschaft Landschaftsentwicklung Landschaftsbau (FLL) e.V.: Schadenfallsammlung GaLaBau. Fraunhofer IRB Verlag, Stuttgart

[53] Götze, H.: Flachdächer beurteilen und instandsetzen. Landesinstitut für Bauwesen und angewandte Bauschadensforschung LBB, Aachen 1992

[54] Haack, A.; Emig, K.F.; Hilmer, K.; Michalski, C.: Abdichtungen im Gründungsbereich und auf genutzten Deckenflächen. Verlag Ernst & Sohn, Berlin 1995

[55] Hegner, H.D.; Vogler, I.: Energieeinsparverordnung EnEV – für die Praxis kommentiert. Verlag Ernst & Sohn, Berlin 2002

[56] Klawa, N.; Haack, A.: Tiefbaufugen, Fugen- und Fugenkonstruktionen im Beton- und Stahlbetonbau. Verlag Ernst & Sohn, Berlin 1990

[57] Liesecke, H.J.; Krupka, B.; Lösken, G.; Brüggemann, H.: Grundlagen der Dachbegrünung. Patzer Verlag, Berlin 1989

[58] Lohmeyer, G.; Ebeling, K.: Betonböden im Industriebau, Hallen und Freiflächen, Schriftenreihe Bauberatung Zement, 6. Auflage 1999, Verlag Bau + Technik, Düsseldorf

[59] Oster, N.: Schäden an Balkonen. Band 33 der Fachbuchreihe Schadenfreies Bauen, Fraunhofer IRB Verlag, Stuttgart 2004

[60] Oswald, R.; Abel, R.: Hinzunehmende Unregelmäßigkeiten bei Gebäuden. 2. Auflage, Bauverlag, Wiesbaden und Berlin 2000

[61] Oswald, R.; Klein, A.; Wilmes, K.: Niveaugleiche Türschwellen bei Feuchträumen und Dachterrassen. Bauforschung für die Praxis Band 3, Fraunhofer IRB Verlag, Stuttgart 1994

[62] Oswald, R.; Spilker, R.; Wilmes, K.: Überprüfbarkeit und Nachbesserbarkeit von Bauteilen – untersucht am Beispiel der genutzten Flachdächer. Bauforschung für die Praxis Band 53, Fraunhofer IRB Verlag, Stuttgart 1999

[63] Oswald, R.; Spilker, R.: Flachdachsanierung über durchfeuchteter Dämmschicht. Bauforschung für die Praxis Band 61, Fraunhofer IRB Verlag, Stuttgart 2003

[64] Pohlenz, R.: Der schadenfreie Hochbau, Band 3, Wärmeschutz, Tauwasserschutz, Schallschutz. 2. Auflage, Verlagsgesellschaft Rudolf Müller, Köln 1995

[65] Schild, E.; Oswald, R.; Rogier, D.; Schnapauff, V.; Schweikert, H.; Lamers, R.: Schwachstellen, Band 1, Flachdächer, Dachterrassen, Balkone. 4. Auflage, Bauverlag, Wiesbaden und Berlin 1987

[66] Schlee, J.P.: Wärmegedämmtes Parkdach, Hofkellerdecke, wärmegedämmte Verkehrsfläche. Ingenieur-Büro für Fachplanung GmbH, Hamburg 1998

[67] Stiegler, W.: Baugrundlehre für Ingenieure, 4. Auflage 1973, Werner Verlag, Düsseldorf

[68] Zimmermann, G.: Schäden an Belägen und Bekleidungen mit Keramik- und Werksteinplatten. Band 25 der Fachbuchreihe Schadenfreies Bauen, Fraunhofer IRB Verlag, Stuttgart 2001

## Fachaufsätze

[69] Barth, G.: Parkhäuser und Parkdecks – Abdichtungs- und Belagsausbildung. In: Bitumen 2/95, Arbeitsgemeinschaft der Bitumenindustrie e.V., Hamburg

[70] Bayer, E.: Parkhäuser – fachgerecht gebaut. In: Bayer, E.: Parkhäuser – aber richtig. Verlag Bau + Technik, Düsseldorf 1993

[71] Cziesielski, E.; Fechner, O.; Merkel, H.: Grundsätze zur Planung von Umkehrdächern. In: Bauphysik Kalender 2001, Verlag Ernst & Sohn, Berlin 2001

[72] Emig, K.-F.; Haack, A.: Abdichtungen von Parkdecks, Brücken und Trögen mit Bitumenwerkstoffen. In: Arbit-Schriftenreihe 62/2000, Arbeitsgemeinschaft der Bitumenindustrie e.V., Hamburg

[73] Haack, A.: Bauwerksabdichtungen, Parkhäuser und Parkdecks. Fachtagung Reinartz Asphalt, Köln 1987

[74] Haack, A.: Die Abdichtung von Fugen in Flachdächern und Parkdecks aus WU-Beton. In: Aachener Bausachverständigentage 1997, Bauverlag, Wiesbaden und Berlin 1997

[75] Haack, A.: Parkdecks und befahrbare Dachflächen mit Gussasphaltbelägen. In: Aachener Bausachverständigentage 1986, Bauverlag, Wiesbaden und Berlin 1986

[76] Hoch, E.: Detailprobleme bei bepflanzten Dächern. In: Aachener Bausachverständigentage 1986, Bauverlag, Wiesbaden und Berlin 1986

[77] Janssen, D. J.; Snyder, N. B.: D-cracking in portland cement concrete; bausil – 13. Internationale Baustofftagung 1997; Beitrag Nr. 1.122

[78] Künzel, H.M.: Bieten begrünte Umkehrdächer einen dauerhaften Wärmeschutz? In: IBP-Mitteilung, 22/1995

[79] Kurth, N.: Schadenprobleme bei Pflasterbelägen auf Parkdecks und Parkplatzflächen. In: Aachener Bausachverständigentage 1997, Bauverlag, Wiesbaden und Berlin 1997

[80] Lohmeyer, G.: Oberflächen von Parkdecks, Abplatzungen durch Zuschlagskörner. In: Bauschäden Sammlung 7/01, 2., unveränd. Aufl., Fraunhofer IRB Verlag, Stuttgart 1986

[81] Oswald, R.: Begrünte Dachflächen – Konstruktionshinweise aus der Sicht des Sachverständigen. In: Aachener Bausachverständigentage 1986, Bauverlag, Wiesbaden und Berlin 1986

[82] Oswald, R.: Dachterrassentürschwellen und Vordächer – über den Umgang mit schadensträchtigen Gebäudebereichen. In: deutsche bauzeitung 03/01

[83] Oswald, R.: Die Abdichtung von Bewegungsfugen genutzter Dachflächen. In: deutsche bauzeitung 11/02

[84] Oswald, R.: Die Randverwahrung von Dachabdichtungen. In: deutsche bauzeitung 03/03

[85] Oswald, R.: Funktion contra Bauphysik? In: deutsche bauzeitung 07/93

[86] Oswald, R.: Gussasphalt auf Parkdecks. In: deutsche bauzeitung 05/00

[87] Oswald, R.: Kontrollen beim genutzten Dach. In: deutsche bauzeitung 05/99

[88] Oswald, R.: Pfützen auf dem Dach. In: Aachener Bausachverständigentage 1997, Bauverlag, Wiesbaden und Berlin 1997

[89] Oswald, R.: Sinterspuren an Außentreppen. In: deutsche bauzeitung 11/03

[90] Oswald, R.: Zur Funktionssicherheit von Dächern. In: Aachener Bausachverständigentage 1986, Bauverlag, Wiesbaden und Berlin 1986

[91] Prüfamt für Bau von Landverkehrswegen TV München, Forschungsbericht: Überrollversuche an Betonverbundsteinpflaster auf Polystyrol-Extruderschaumplatten Floormate 500 und 700. Bericht Nr. 1366 vom 28.01.1991

[92] Rogier, D.: Untersuchungen der Schäden an lang liegenden Flachdächern mit Bitumendachhaut – Folgen für den Unterhalt, die Nachbesserung und die Neuplanung, Dissertation, Aachen 1980

[93] Ruhr-Universität Bochum, Fakultät für Bauingenieurwesen, Institut für Straßenwesen und Eisenbahnbau; Untersuchung über die Verteilung von auftretenden Schub- und Torsionskräften in Pflasterbelägen, Bochum 12/97

[94] SF-Kooperation: Grundsätze für dauerhafte Pflasterflächen, Bremen 1997

[95] Shakel, B.: An Experimental Investigation of the Roles oft the Bedding and Jointing Sands in the Performance of Interlocking Concrete Block Pavements. In: Concrete/Beton No 19/1980, nachzulesen in der Festschrift Betonwerk + Fertigteil-Technik, Heft 8/1987

[96] Steinhöfel, H.J.: Nutzschichten bei Terrassendächern. In: Aachener Bausachverständigentage 1986, Bauverlag, Wiesbaden und Berlin 1986

[97] Wellner, F.; Geitz, T.: Das Tragverhalten von Pflasterkonstruktionen unter dynamischer Belastung; Straße und Autobahn, Heft 1/1996, Kirschbaum Verlag GmbH, Bonn

[98] Wellner, F.; Köhler, M.; Ulonska, D.: Dauerhafte Verkehrsflächen mit Betonpflastersteinen. In: Informationsstelle Beton-Bauteile

[99] Wolf, G.: Begrünte Flachdächer aus der Sicht des Dachdeckerhandwerks. In: Aachener Bausachverständigentage 1986, Bauverlag, Wiesbaden und Berlin 1986

[100] Zimmermann, G.: Die Detailausbildung bei Dachterrassen. In: Aachener Bausachverständigentage 1986, Bauverlag, Wiesbaden und Berlin 1986

[101] Zimmermann, G.: Das Langzeitverhalten von Umkehrdächern. In: DDH Fachzeitschrift Das Dachdeckerhandwerk, Heft 22 und 23/90. Verlagsgesellschaft Rudolf Müller GmbH, Köln

[102] Zimmermann, G.: Betonverbundstein-Pflasterdecke auf Umkehrdach, Verformungen des Pflasters. In: Bauschäden Sammlung, Band 8, 3., unveränd. Aufl., Fraunhofer IRB Verlag, Stuttgart 2000

[103] Zimmermann, G.: Betonverbundsteine auf Umkehrdächern, Kantenabplatzungen der Betonsteine. In: Bauschäden Sammlung Band 9, 2., durchges. Aufl., Fraunhofer IRB Verlag, Stuttgart 1998

[104] Zimmermann, G.: Schäden an Parkdächern und ihre Vermeidung. Vortrag auf der IBK-Fachtagung 232 über Tiefgaragen, Parkdecks und Parkdächer am 09. und 10.09.1998 in Berlin. Niederschrift der Vorträge, In: IBK, Institut für das Bauen mit Kunststoffen e.V., Darmstadt

[105] Zimmermann, G.: Parkdach mit Fahrbelag aus Ortbetonplatten, Ungenügender Frost-Tausalz-Widerstand. In: Bauschäden-Sammlung Band 13, Fraunhofer IRB Verlag, Stuttgart 2001

# Sachregister